3D STRUCTURE DESIGN OF MAGNETIC FUNCTIONAL GRAPHENE AND MICROWAVE ABSORBING COMPOSITES

磁功能化石墨烯三维结构设计及其吸波复合材料

陈 平 等著

化学工业出版社

·北京·

内 容 简 介

本书共 7 章，主要包括四部分内容：磁功能化石墨烯空心微球的设计制备及其吸波性能；磁功能化三维石墨烯纳米复合材料及其吸波性能；磁功能化石墨烯泡沫的设计制备及其吸波性能；磁功能化石墨烯气凝胶的设计制备及其吸波性能。系统地研究了三维磁功能化石墨烯复合材料的吸波性能及其吸波机制，重点阐述了各种磁功能化石墨烯复合材料的结构与性能的关系。

本书可供从事碳吸波材料及其复合材料科学研究、技术开发的各类研发人员，以及高等院校相关专业的师生参考。

图书在版编目（CIP）数据

磁功能化石墨烯三维结构设计及其吸波复合材料/陈平等著. —北京：化学工业出版社，2020.12
ISBN 978-7-122-37858-3

Ⅰ.①磁…　Ⅱ.①陈…　Ⅲ.①石墨-纳米材料-研究
Ⅳ.①TB383

中国版本图书馆 CIP 数据核字（2020）第 191217 号

责任编辑：赵卫娟　　　　　　　　　　装帧设计：张　辉
责任校对：边　涛

出版发行：化学工业出版社（北京市东城区青年湖南街 13 号　邮政编码 100011）
印　　装：河北鹏润印刷有限公司
710mm×1000mm　1/16　印张 17¾　字数 303 千字
2021 年 12 月北京第 1 版第 1 次印刷

购书咨询：010-64518888　　　　　售后服务：010-64518899
网　　址：http://www.cip.com.cn
凡购买本书，如有缺损质量问题，本社销售中心负责调换。

定　　价：128.00 元　　　　　　　　　　版权所有　违者必究

本书由辽宁省优秀自然科学学术著作出版资助

辽宁省优秀自然科学著作·2020年

前言

　　隐身技术作为现代战争中提高武器系统生存、突防以及纵深打击能力的最为重要和有效的技战术手段，已被当今世界各国视为重点开发的军事高新技术。隐身技术的快速发展对电磁吸波材料提出了"薄、宽、轻、强"的综合性能要求，因此如何构筑和制备轻质、宽频、高效吸波材料并深入理解其吸波作用本质依然是一个具有挑战性的课题。

　　传统的电磁吸波材料主要包括铁氧体、金属微粉、羰基铁、纳米金属氧化物及其混合物等磁性吸波剂，具有磁损耗强、成本低、制备技术门槛低等优势，在吸波材料领域发挥着十分重要的作用。然而，在实际应用中发现磁性吸波剂普遍存在密度大、易团聚、易氧化、损耗机制单一、低频区吸收差、整体吸收频带窄等缺点。为此，研究人员积极尝试与其他介电损耗型吸波材料结合，例如采用包覆技术构筑了 $Fe_3O_4@TiO_2$、$Fe_3O_4@ZnO$、$CoNi@SiO_2@TiO_2$ 及 $CoNi@Air@TiO_2$ 等核壳型吸波结构，将磁损耗与介电损耗组分有机结合起来，使吸波性能有了较大提高，在一定程度上改善了传统磁性吸波剂的不足。

　　近年来，随着材料科学的不断发展，纳米碳材料脱颖而出，成为极具应用潜力的介电损耗型纳米吸波材料之一，其种类已经得到了广泛的拓展，既包括传统的活性炭、炭黑、石墨和金刚石，也包括碳纳米管、洋葱碳、富勒烯和石墨烯等新型材料。自2004年英国曼彻斯特大学安德烈·盖姆和康斯坦丁·诺沃肖洛夫二位科学家用微机械剥离法从石墨中成功分离出单层石墨烯以来，石墨烯以其优异的光、热、力、电等性能，引起了各行业科研工作者的广泛关注。石墨烯因超大比表面积和良好的导热性等优点也可被用作吸波材料。但作为吸波材料使用时，石墨烯自身没有能带隙往往使介电性能不易调控，其吸波性能也不能满足实际应用要求；通过对石墨烯进行杂原子掺杂，打开能带隙可以调节其介电性能，从而改善石墨烯的阻抗匹配和衰减吸收特性，但能力有限。因此，将介电损耗型石墨烯与磁损耗型吸波材料复合可以显著改善石墨烯的电磁匹配特性，是一种提高吸波性能的有效手段。目前文献报道的大部分石墨烯基吸波材料主要聚焦于对二维石墨烯片层结构的电磁组分调控与吸波性能研究，所获得的石墨烯材料的电磁波吸收性能还远低于期望值。

为了更好地发掘石墨烯材料的微波吸收潜能，人们开始把目光投向基于二维石墨烯构筑的新型三维吸波结构，希望能为提高传统二维石墨烯材料的微波吸收性能提供一条新的思路。这方面的研究工作是当今比较有挑战性的课题。

基于此，本书作者及其所带领的"先进聚合物基复合材料"创新团队，在精细化工国家重点实验室、三束材料改性教育部重点实验室和辽宁省先进聚合物基复合材料重点实验室等科研平台的大力支持下，在承担完成国家重点科研项目（A35201XXXXX、10201XXXX）；国家自然科学基金项目（51303106）；辽宁兴辽英才计划-创新领军人才项目（XLYC1802085）、青年拔尖人才项目（XLYC1807003）；大连市科技创新基金-重点学科重大课题研究项目（2019J11CY007）；中央财政基本科研业务费项目（DLUT18GF107、DLUT20TD207）；航空科学基金项目（2014ZF54030、20173754009）等过程中，针对国内目前高性能吸波隐身复合材料品种少、涂覆型吸波隐身材料吸波频段窄、易剥落等关键技术难题，进行了多年的潜心研究，相继攻克了由二维石墨烯片层基元自组装来构筑具有多孔褶曲球壁的三维磁功能化石墨烯空心微球结构、三维磁功能化石墨烯泡沫和气凝胶的制备等一系列关键技术。现将相关的研究内容进行系统归纳与整理，并撰写成本书。

全书由陈平教授统稿，于祺教授、熊需海教授、曾强博士、徐东卫博士、褚海荣硕士、杨森硕士、郭翔硕士、刘佳良硕士、王静博士、朱晓宇博士、邱红芳博士、陈冠震硕士等参加了相关章节的编辑与整理工作。衷心地期望本书的出版发行对我国从事高性能碳材料和复合材料研究的科技工作者了解与运用该研究领域的最新成果有所裨益。

在这里要感谢所有为传承材料科学与工程文明接力而不计荣誉的国内外文献资料的著作者。正是他们的辛勤努力才使我们的科学知识得以延续。特别要感谢辽宁省优秀自然科学学术著作出版资助重点项目的大力支持。感谢中国工程院院士雷清泉教授、中国科学院金属研究所曾尤研究员和大连理工大学董星龙教授鼎力支持。

著者

2021 年 6 月

目录

第1章

绪论

1.1　概述

　　电磁波由相互垂直的磁场与电场在自由空间中交替作用，以波动的形式传播，具有波粒二象性。根据波长、频率范围不同，电磁波可应用于不同领域（见表1.1）[1]。随着现代通信系统、电子设备、医疗及国防工业等行业的飞速发展，电磁波在其中有着举足轻重的作用。在民用领域中，电子产品如手机、平板、电视机及无线局域网等设备都会利用到电磁波；在军事领域中，电磁波在战斗装备上的电子系统、反隐身雷达探测等方面有着至关重要的作用[2]。

表1.1　电磁波种类及应用

波段名称	波长范围	频段名称	频率范围	用途
超长波	100000～10000m	超低频	3～30kHz	水下用途
长波	10000～1000m	低频	30～300kHz	电报通信
中波	1000～100m	中频	300～3000kHz	无线电广播
短波	100～10m	高频	3～30MHz	无线电广播、电报通信、业余电台
米波	10～1m	甚高频	30～300MHz	无线电广播、电视、警用通信、飞机、轮船导航
分米波	10～1dm	特高频	300～3000MHz	微波通信、微波雷达、导弹控制、跟踪卫星、侦查洲际导弹和宇宙火箭、卫星遥感、全息技术、微波波谱学、微波等离子体、微波加热、微波探测、微波医疗和诊断
厘米波（微波）	10～1cm	超高频	3000～30000MHz	通信、导航、雷达、遥感、等离子体、波谱学和射电天文学
毫米波	10～1mm	极高频	30000～300000MHz	通信、导航、雷达、遥感、等离子体、波谱学和射电天文学
亚毫米波	1mm 以下	至高频	300000MHz 以上	通信、导航、雷达、遥感、等离子体、波谱学和射电天文学

随着科技的发展与进步，科研工作者们也正广泛地开发和拓展电磁波的应用领域。因此，人类生存环境周边充斥着不同频段的电磁波。但是，电磁波会对人体、精密仪器及电子设备进行辐射而造成干扰和不利影响。近年来，电磁污染已被公认为除空气、水、噪声污染的又一大污染。研究表明，电磁辐射可导致人体细胞变异造成遗传畸变，还可造成失眠、头晕、神经功能紊乱等危害。此外，电磁辐射还会影响电子设备及精密仪器，干扰设备本身的信号，影响其功能的发挥。因此，开发出可以吸收有害电磁波的吸波材料，有重大意义[3]。

与此同时，随着各国军事技术的发展，对武器装备的生存能力提出了更高的要求。雷达探测技术能够高效、准确地探测到战斗机、潜艇或坦克等的活动状态。因此，需要研发吸波材料，使武器装备可以吸收雷达发射出的电磁波，让雷达接收不到信号，从而不被敌方发现以提高战斗生存能力[4]。

因此，越来越多的科学家开展了吸波材料的研究。吸波材料不仅可以提升武器装备的生存战斗力；也可以有效治理电磁污染，使通信、电子设备免受不必要电磁波的干扰；更可以使人类免受电磁波辐射的危害[3]。传统的铁氧体等吸波材料存在密度大、吸收频带窄、厚度大等缺点，限制了其在实际中的应用。因此研发出厚度薄、吸收强、质量轻、吸收频带宽且兼具有智能化，满足现代需求的吸波材料具有重要意义。微波频段的电磁波为应用最为广泛的频段，主要分为 L、S、C、X、Ku 和 K 六个波段，而其中又以 X 和 Ku 波段最常用，如表 1.2 所示[3]。

表 1.2　电磁波频率与波长范围

波段代号	频率范围/GHz	波长范围/cm	中心波长/cm
L	1.0～2.0	30.0～15.0	22.0
S	2.0～4.0	15.0～7.5	10.00
C	4.0～8.0	7.5～3.75	5.00
X	8.0～12.50	3.75～2.4	3.00
Ku	12.50～18.00	2.4～1.67	2.00
K	18.00～26.50	1.67～1.13	1.25

1.2　吸波材料

吸波材料是指介质能够吸收入射电磁波，并与电磁波相互作用使电磁能转化为热能或其他形式的能量进行耗散从而使电磁波损耗掉的一类功能材料，被广泛应用于军事与民用领域。

1.2.1 吸波材料的分类

(1) 以吸波材料的成型工艺和承载能力分类

大体上可分为涂覆型吸波材料和结构型吸波材料。

涂覆型吸波材料[5]是通过喷涂工艺将均匀混合的吸波剂与黏结剂喷涂到设备表面，从而在设备表面形成一层吸波涂层，因此涂覆型吸波材料也被称为吸波涂层。此类型吸波材料具有成型工艺简单、厚度可调节以及对涂覆设备几乎无改动等优点，特别适用于现有武器装备外形结构，但也具有密度大、附着力小、易剥落以及对电磁波吸收频带窄等缺点。

结构型吸波材料[6]是先进复合材料发展的成果，是将吸波剂分散在基体或增强材料中，然后通过一定的成型工艺制备的兼具力学承载和电磁波吸收的结构功能一体化复合材料，其优点是可大量减轻飞行器的质量，而且结构具有较好的可设计性，可成型各种形状复杂的部件。

(2) 以电磁波于吸波材料内的衰减机理分类

大体上，可分为电阻型、电介质型以及磁介质型电磁波吸波材料。电阻型吸波材料具有较高的介电损耗角正切，主要是由电阻生热来衰减电磁波[7]，炭黑、碳纳米管、碳纤维、碳化硅、导电高聚物、石墨烯等为电阻型吸波材料代表。理论上吸波材料的电阻越高，其电磁吸波能力越强，然而电阻越高，会导致其内部形成的电流越小，因此能够产生的热能有限，对电磁波的损耗能力也有限，因此单一损耗机理的电阻型吸波材料无法达到极佳的吸波性能。电介质型吸波材料是通过介质内部的极化来吸收损耗电磁波，如界面极化、电子极化、离子极化等[8-10]，以钛酸钡、铁电陶瓷等为代表；电介质型吸波材料也具有较高的介电损耗角正切，但是该类型材料的介电常数太高，匹配性能较差，有碍于更多电磁波进入吸波材料内部，导致吸波性能减弱。磁介质型吸波材料对电磁波的吸收损耗是通过材料的磁滞损耗、涡流损耗、畴壁共振、铁磁共振、自然共振等机理而实现的[11]，如铁氧体、碳基铁等。

1.2.2 吸波材料的电磁参数

吸波材料在交变的电磁场中，电磁特性常用复介电常数（ε）、复磁导率（μ）、介电损耗角正切（$\tan\delta_\varepsilon$）和磁损耗角正切（$\tan\delta_\mu$）进行表征[12]。其中，ε' 与 ε'' 分别是复介电常数的实部与虚部，μ' 与 μ'' 分别是复磁导率的实部与虚部。

实部形式的电磁参数代表了介质对外加电磁场能量的存储能力，而虚部形式的电磁参数代表了介质对外加电磁场能量的损耗能力。

(1) 复介电常数

当对电介质材料瞬间加上或取消电场时，会发生弛豫。在电磁波交变电场作用下，电偶极子会随着电场性质的改变而运动，但随着电场频率的逐渐增加，偶极子的变换会落后于电磁场频率的变化，发生滞后并最终达到一个极值。电介质材料在频率为 ω 的交变电场中的极化弛豫可以表示为：

$$\varepsilon(\omega) = \varepsilon_\infty + \int_0^\infty \alpha(t) e^{j\omega t} dt \tag{1.1}$$

式中，ε_∞ 为介电常数随 ω 增加而变换的极值；$\alpha(t)$ 可近似表示为 $\alpha(t) = \alpha_0 e^{-t/\tau}$，称为衰减因子；$\tau$ 为弛豫周期。

ε 为电介质材料在直流时的介电常数，也称作静态介电常数（ε_s），将它们分别代入式(1.1) 可得到：

$$\varepsilon(\omega) = \varepsilon_\infty + \frac{\varepsilon_s - \varepsilon_\infty}{1 - j\omega t} \tag{1.2}$$

则复介电常数可表示为：

$$\varepsilon(\omega) = \varepsilon' - j\varepsilon'' \tag{1.3}$$

由于随着外加场频率的增加，介电材料内部的极化过程如分子中阴、阳离子的相对位移极化、原子核外层电子云的形变、分子中偶极矩的极化等会落后于外加电场的变化速率，因此会耗散外加电场的电磁能，转变为其他形式的能量。通常用介电损耗角正切值（$\tan\delta_\varepsilon = \varepsilon''/\varepsilon'$）来表征材料的介电损耗能力。介电损耗角正切值越大，相应的介电损耗能力越强。

(2) 复磁导率

将振幅为 H_0、频率为 ω 的交变磁场

$$H = H_0 e^{j\omega t} \tag{1.4}$$

作用在铁磁物质上，在交变磁场作用下，涡流效应、磁滞效应、畴壁共振等作用使磁感应强度（B）落后于外加磁场（H）某一相位角 δ_m（磁损耗角），B 可表示为：

$$B = B_0 e^{j(\omega t - \delta_m)} \tag{1.5}$$

因此，在交变磁场中复磁导率可表示为：

$$\mu = \frac{B}{H\mu_0} = \frac{B_0}{H_0 \mu_0} e^{-j\delta_m} = \frac{B_0}{H_0 \mu_0} (\cos\delta_m - j\sin\delta_m) = \mu' - j\mu'' \tag{1.6}$$

其中复磁导率的实部和虚部分别为：

$$\mu' = \frac{B_0}{H_0 \mu_0} \cos\delta_m \tag{1.7}$$

$$\mu'' = \frac{B_0}{H_0 \mu_0} \sin\delta_m \tag{1.8}$$

复磁导率的实部与材料在交变磁场中的储能密度有关，而虚部与单位时间内的耗散能量有关。由于复磁导率虚部（μ''）的存在，使磁感应强度（B）落后于外加磁场（H），这将引起铁磁性物质在交变磁化的过程中不断消耗外加能量。处在外加交变磁场中的铁磁体内部储能密度为：

$$W_m = \frac{\mu_0 \mu' H_0^2}{2} \tag{1.9}$$

处于均匀交变磁场中的磁损耗功率密度为：

$$P_m = \pi f \mu_0 \mu'' H_0^2 \tag{1.10}$$

（3）介电损耗角正切

$\tan\delta_\varepsilon = \varepsilon''/\varepsilon'$，$\delta_\varepsilon$ 为材料内部电感应场（D）滞后于外部场的相位；$\tan\delta_\varepsilon$ 代表吸波材料对电磁波的介电损耗能力。

（4）磁损耗角正切

$\tan\delta_\mu = \mu''/\mu'$，$\delta_\mu$ 是磁感应场（B）滞后于外部场的相位；$\tan\delta_\mu$ 代表吸波材料对电磁波的磁损耗能力。

1.2.3　吸波材料的性能评价

电磁波由自由空间传播至吸波材料表面时，由于自由空间的特征阻抗和材料的本征阻抗不同，一部分电磁波会进入材料内部，而另一部分电磁波会被材料反射。进入材料内部的电磁波，通过与吸波粒子的作用，会被吸收进而转换为其他形式的能量；而未被消耗掉的电磁波或是透过吸波材料继续传播，或是在内部多次反射再传播到材料表面形成反射波。因此，吸波材料对电磁波的吸收主要由两方面决定：①有多少电磁波进入了材料内部，即阻抗匹配特性；②进入内部的电磁波有多少被消耗掉，即衰减特性[13]。

图 1.1 所示为由 n 层不同材料组成的多层吸波材料在电磁场中的示意图。当电磁波由自由空间射向吸波材料表面时，根据传输线理论，第 n 层的归一化输入波阻抗 Z_n 可由下式表示[14]：

$$Z_i = \eta_i \frac{Z_{i-1} + \eta_i \tanh(\gamma_i d_i)}{\eta_i + Z_{i-1} \tanh(\gamma_i d_i)} \tag{1.11}$$

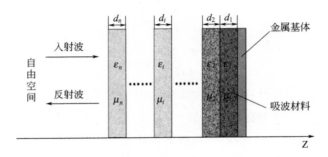

图 1.1　多层吸波材料在电磁场中吸波示意图

$$\eta_i = \eta_0 \sqrt{\mu_i / \varepsilon_i} \tag{1.12}$$

$$\gamma_i = j 2\pi f \sqrt{\mu_i \varepsilon_i} / c \tag{1.13}$$

$$\varepsilon_i = \varepsilon_i' - j\varepsilon_i'' \tag{1.14}$$

$$\mu_i = \mu_i' - j\mu_i'' \tag{1.15}$$

$$\eta_0 = \sqrt{\mu_0 / \varepsilon_0} \tag{1.16}$$

式中，η_0 为自由空间的本征阻抗；ε_0 和 μ_0 分别为自由空间的介电常数与磁导率；μ_i 与 ε_i 分别为第 i 层的复磁导率与复介电常数；γ_i 为第 i 层材料的传播常数；d_i 为第 i 层材料的厚度；f 为入射电磁波的频率；c 为光速。由于终端金属板可以视作完美导电体，$\eta_0 = 0$，此时单层吸波材料的输入阻抗为：

$$Z_1 = \eta_1 \tanh(\gamma_1 d_1) = \eta_0 \sqrt{\frac{\mu_1}{\varepsilon_1}} \tanh\left(\frac{j 2\pi f d \sqrt{\mu_1 \varepsilon_1}}{c}\right) \tag{1.17}$$

由电磁波理论可知，电磁波由一种介质传播至另一种介质，且二者波阻抗相等时，那么电磁波能够无界面反射地由一种介质完全进入到另一种介质中。所以，在两种介质波阻抗相等的条件下，电磁波可以最大限度地传播至吸波材料之中，此时的反射系数（R）最小。根据单层吸波材料的输入阻抗（Z_{in}），传播至吸波材料表面的电磁波反射系数（R）为：

$$R = \frac{Z_{in} - \eta_0}{Z_{in} + \eta_0} \tag{1.18}$$

完全无界面反射，电磁波完全入射进介质之中，此时，$R = 0$，也即 $Z_{in} = \eta_0$，也就是：

$$Z_{in} = \eta \tanh(\gamma d) = \eta_0 \tag{1.19}$$

将式(1.19)代入式(1.17)可得：

$$\sqrt{\frac{\mu_r}{\varepsilon_r}} \tanh\left(\frac{j 2\pi f d \sqrt{\mu_r \varepsilon_r}}{c}\right) = 1 \tag{1.20}$$

式中，μ_r，ε_r 分别为单层吸波材料的复磁导率与复介电常数；d 为单层吸波材料的厚度。因此，要使电磁波入射至吸波材料表面时不发生界面反射，获得极佳的阻抗匹配特性，就要求其复磁导率与复介电常数在应用电磁波频段内尽可能相等，即 $\mu_r = \varepsilon_r$；同时，要实现对电磁波尽可能多的衰减，就要求虚部 ε_r'' 和 μ_r'' 尽可能大。对于磁损耗吸波材料来说，μ'' 与 ε' 越大，ε'' 与 μ' 越小，越有利于对电磁波的衰减；对于介电损耗吸波材料来说，ε'' 越大，ε' 越小，则越有利于对电磁波的衰减。

电磁波在传播过程中入射到任何介质时，在介质材料的入射面均会发生反射和透射现象。电磁波在材料介质内部传播并发生相互作用，转化能量的过程即为电磁波损耗。因此，吸波材料要实现优异吸波性能取决于两个基本条件：其一是阻抗匹配条件，即减少电磁波在介质表面的反射，最大限度地入射到介质材料的内部（前提），这就要求原传播介质的波阻抗与吸收材料的波阻抗相匹配，使得电磁波最大效率地射入介质内部；其二是衰减特性，即入射到介质内部的电磁波能够快速有效的进行衰减、吸收、损耗，减少二次反射。吸波材料的阻抗匹配系数（Z）和吸收系数（α）分别可以由以下公式计算[15]：

$$Z = \left| \frac{Z_{in}}{Z_0} \right| = \left| \frac{\mu_r}{\varepsilon_r} \right|^{1/2} = \sqrt{\frac{\sqrt{\mu''^2 + \mu'^2}}{\sqrt{\varepsilon''^2 + \varepsilon'^2}}} \tag{1.21}$$

$$\alpha = \frac{\sqrt{2}\,\pi f}{c} \sqrt{(\mu''\varepsilon'' - \mu'\varepsilon') + \sqrt{(\mu''\varepsilon'' - \mu'\varepsilon')^2 + (\mu'\varepsilon'' + \mu''\varepsilon')^2}} \tag{1.22}$$

式中，f 是电磁波频率；c 是光速；ε'、ε''、μ' 和 μ'' 分别是材料相对介电常数的实部、虚部，磁导率的实部和虚部。

反射损耗（reflection loss，RL）大小体现了材料吸波能力的强弱，其值越低，表明越多的电磁波被该材料所吸收，其表达式为：

$$RL = 20\lg \left| \frac{Z_{in} - \eta_0}{Z_{in} + \eta_0} \right| \tag{1.23}$$

$$RL = 20\lg \left| \frac{\sqrt{\dfrac{\mu}{\varepsilon}} \tanh\left(\dfrac{j\,2\pi f d\,\sqrt{\mu\varepsilon}}{c}\right) - 1}{\sqrt{\dfrac{\mu}{\varepsilon}} \tanh\left(\dfrac{j\,2\pi f d\,\sqrt{\mu\varepsilon}}{c}\right) + 1} \right| \tag{1.24}$$

当反射损耗 RL ≤ −10dB 时，说明 90% 以上的电磁波被吸波材料吸收，此时为对电磁波的有效吸收，RL ≤ −10dB 所对应的频率范围为有效吸收频宽（EAB），EAB 越大，代表吸波材料可有效吸收越多不同频率的电磁波。

1.2.4 吸波材料的性能测试

吸波材料的性能测试方法分为直接法和间接法两种。直接法是通过某种测试技术手段，直接测试得到材料在不同频率范围内的反射率（反射率即反射损耗）值；间接法是通过测试吸波材料的电磁参数，然后以电磁参数间接推算出材料的反射率。

（1）直接法

直接法测试时会在被测试样底部放置一块与试样同样大小的金属板作为反射底板，由于电磁波基本不能透过金属板，因此测试时透射能量可以忽略不计。假设电磁波的能量 $W_入＝W_{反射}＋W_{吸收}＋W_{透射}$，忽略透射部分并做归一化处理，则 $1＝A$（吸收率）$＋R$（反射率），因此测得反射率就可知材料对电磁波的吸收率。常用的直接测试法有弓形法和微波时域法[16]。目前使用最广泛的是弓形法，本书所用的直接测试法也是弓形法，因此只对弓形法进行简单介绍。

弓形法是由美国海军研究实验室在 20 世纪 40 年代末发明的，图 1.2 为弓形法测试材料吸波性能的测试系统示意图。弓形架上有两个喇叭天线，一个发射信号，一个接收信号；他们通过天线分别和矢量网络分析仪的发射、接收端口相连。两个喇叭天线的位置可以调节，以改变电磁波的入射角度，从而获取吸波材料在不同入射角度的电磁波反射率。弓形法测试的优点是测试时既不接触试样，也不会对试样造成破坏，并且可以进行变温测试；缺点是它不适合在低频段测试。

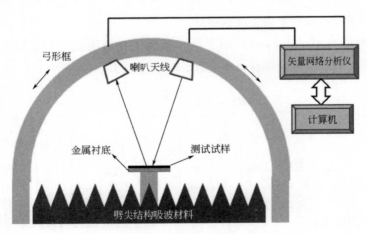

图 1.2 弓形法测试系统示意图

弓形法测试还应注意以下几个测试条件。

① 测试试样的大小。电磁波入射到材料表面时，会在材料的边缘发生绕射现象，为了减少这种现象对测试精确度的影响，要求被测材料的尺寸要大于 5λ（λ 为入射电磁波的波长）。由于我们测试的频率范围是 $1\sim18\text{GHz}$，因此选用 $180\text{mm}\times180\text{mm}$ 的测试样板。

② 喇叭天线和测试试样之间的距离。用弓形法测试材料反射损耗时，发射天线和接收天线允许处在测试样板的近场区，但是为了提高测量的准确性，发射天线和接收天线必须处在对方投影像的远场区。假设喇叭天线的投影最大尺寸为 D，电磁波波长为 λ，则喇叭天线口所在的平面与测试样板的最短距离 $L_{\min}$ 由下式表示：

$$L_{\min}=\frac{2D^2}{\lambda} \tag{1.25}$$

③ 测试环境。弓形法测试材料反射率的准确性容易受背景反射的影响而降低，因此必须消除背景反射。为此，整个测试系统都应放在铺设有劈尖结构吸波材料的房间内，达到微波暗室的效果。

（2）间接法

间接测试法主要有驻波测试法[17]、传输/反射测试法[18-20]、开口同轴探头测试法[21,22]和自由空间测试法[23,24]等。目前使用较广泛的为传输/反射法，本书中所用的间接法也是该方法，因此这里只对传输/反射法进行简单介绍。

Nicolson、Ross 和 Weir 等科研工作者在 20 世纪 70 年代采用传输线法获取材料的电磁参数，后来此方法被称为传输/反射法。

传输/反射法是将测试试样放入同轴空气线中，矢量网络分析仪发射产生的电磁波在空气中传播并遇到测试样品表面时，一部分透过试样继续向前传播，另一部分则被反射回去，这个过程中伴有相位的偏移和能量的衰减。如图 1.3 所示，可将整个同轴测试系统等效成一个二端口的网络系统，然后，矢量网络分析仪测量得到两个端口的散射系数，再通过相关算法计算出测试试样的电磁参数。图 1.4 为包含有试样的同轴线剖面图。

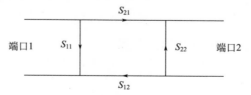

图 1.3 二端口网络的 S 参数流向示意图

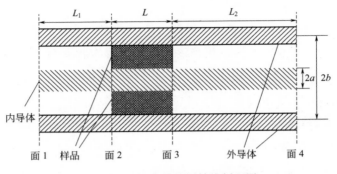

图 1.4　包含试样的同轴线剖面图

矢量网络分析仪测试出的散射系数包括 S_{11}（S_{22}）和 S_{21}（S_{12}），分别代表振幅的实部、虚部和相角的实部、虚部。假设测试试样为各向同性的均质材料，则散射系数和试样电磁参数有以下关系[25-27]：

$$S_{11} = \frac{\Gamma(1-T^2)}{1-\Gamma^2 T^2} \tag{1.26}$$

$$S_{21} = \frac{T(1-\Gamma^2)}{1-\Gamma^2 T^2} \tag{1.27}$$

$$T = \exp(-\gamma L) \tag{1.28}$$

$$\Gamma = \frac{Z_c - Z_0}{Z_c + Z_0} \tag{1.29}$$

$$\gamma = \gamma_0 \sqrt{\varepsilon\mu} \tag{1.30}$$

$$Z_c = Z_0 \sqrt{\mu/\varepsilon} \tag{1.31}$$

$$\gamma_0 = j\omega \sqrt{\varepsilon_0 \mu_0} \tag{1.32}$$

$$Z_0 = \frac{1}{2\pi} \sqrt{\frac{\mu_0}{\varepsilon_0}} \ln\frac{b}{a} \tag{1.33}$$

式中，S_{11} 和 S_{21} 为散射系数；Γ 为反射系数；T 为传输系数；L 为试样厚度，γ_0 和 γ 分别为空气和介质中的传播系数；Z_0 和 Z_c 分别为空气和介质的阻抗；ε_0 和 μ_0 分别为空气的介电常数和磁导率；ε 和 μ 分别为测试样品的复介电常数和复磁导率；工作频率 $\omega = 2\pi f$。测试出散射系数并由矢量网络分析仪按照以上公式计算就可得到测试样品的电磁参数。

1.2.5　吸波材料理论计算

通过间接法测试得到了试样的电磁参数，然后根据式（1.23）和式（1.24）可以计算出试样在不同频率下的反射损耗值。由于计算量太大，人工不可能完成计算。1982 年，Mathworks 公司发行了一款高性能的软件，叫 Matlab 软件。该软件既有数值计算又有可视化功能，能很好地完成数值分析和信号处理，把式（1.23）和式（1.24）写入计算程序中，通过 Matlab 软件计算出不同厚度下，试样在不同频率下的反射损耗值。

1.3　吸波材料研究现状

吸波材料可以分为传统吸波材料和新型吸波材料。传统吸波材料主要包括铁氧体、钛酸钡、磁性金属微粉、石墨、导电纤维、陶瓷类材料等，它们一般都具有吸收频带窄、密度大等主要缺点，使其无法同时满足理想吸波材料所应具有的"薄、宽、轻、强"等要求。新型吸波材料则主要包括纳米材料、手性材料、导电高聚物、等离子体及电路模拟吸波材料等。新型吸波材料通常需要具备在厚度较薄时仍然可以快速有效地吸收电磁波、在较宽的频带范围内呈现优异的阻抗匹配特性、耐腐蚀性好、密度小等特点。

1.3.1　铁氧体类吸波材料

铁氧体是指铁的氧化物及其他一种或几种金属元素组成的化合物。根据晶体结构来分，铁氧体可以分为三类，即尖晶石型、石榴石型和六角晶系。铁氧体因具有较高的磁导率、多种制备方法和较低的制备成本等优势而成为较常用的吸波材料。同时，还可以通过控制铁氧体的形状、粒子大小、化学组成及掺杂等来调节铁氧体的吸波性能。Li 等[28]通过 Co、Zn 取代 Z 型钡铁氧体制备了 $Ba_3Co_{2x}Zn_xFe_2O_4$。当 $x=2.0$ 时，材料反射损耗小于$-10dB$ 的频率为 5.6～13.7GHz。Li 等[29]也通过向 $BaCoZnFe_{16}O_{27}$ 中掺杂 V_2O_5，研究了掺杂 V_2O_5 对 $BaCoZnFe_{16}O_{27}$ 的形貌及吸波性能的影响；当 V_2O_5 的掺杂量为 1.0%、吸波材料厚度为 3.0mm 时，其小于$-10dB$ 的频率范围为 3.5～13.8GHz。但铁氧体材料密度大、耐高温性差等缺点限制了其在实际中的应用。但通过与其他类型吸波材料复合，可一定程度地改善上述缺点，并提高吸波性能。Che 等[30]通过水热辅助结晶法制备了分层的中空核壳 Fe_3O_4@BS/BTO 磁性微球；通过调节试验中的参数可以制备出不同壳层厚度的微球。其中，$-20dB$ 以下的吸收频宽达到

7.5GHz。其优异的吸波性能源于较大的比表面积和多孔性以及中空结构；多层界面；较高的介电损耗和磁损耗。Chen 等[31]制备了 Fe_3O_4/SnO_2 核壳结构纳米棒，当厚度为从 2mm 变化到 5mm 时，吸波材料小于 −20dB 的吸收频率范围为 3.2～16.8GHz。

1.3.2　磁性金属微粉吸波材料

磁性金属微粉材料主要通过磁滞损耗、畴壁共振、涡流损耗和自然共振等机制来吸收电磁波。磁性金属微粉具有高饱和磁化强度、居里温度、磁导率与介电常数，热稳定性好等一系列优点，是一类应用广泛的电磁波吸波材料。磁性金属微粉一般有两类：一类是粒度范围在 20nm～1.5μm 之间的 Fe、Co、Ni 金属微粉及其合金材料；另一类是粒度范围在 0.5～20μm 之间的，包括羰基铁、羰基钴、羰基镍在内的羰基金属微粉，其中应用最为广泛的是羰基铁粉。然而羰基铁粉与空气的阻抗匹配特性较差，低频范围吸波性能差，有效频宽窄，密度较大，抗氧化、耐腐蚀能力差，这些缺点在一定程度上阻碍了其应用。磁性金属微粉吸波材料的复合化是解决其缺点的重要方法，也是未来的主要发展方向。同时二者的复合赋予其较好的耐腐蚀性能与较低的密度，为获得高性能吸波材料提供了重要指导。Liu 等[32]制备了（Fe，Ni）/C 纳米胶囊复合材料，在 12.4～18GHz 范围内的反射损耗低于 −10dB，碳壳不仅可以增强材料的耐腐蚀性能，还将金属粒子隔离，降低了涡流损耗。通过非磁性绝缘物质的复合使磁性金属粒子彼此有效地隔离，利于降低电导率、提高阻抗匹配，具有较好的吸波性能。

1.3.3　碳基吸波材料

传统的碳基吸波材料主要有炭黑、石墨、碳纤维等，碳纳米管、石墨烯作为新兴的材料，在吸波隐身方面也有较好的应用前景[33-36]，是目前的研究热点。碳基材料具有密度小、导电性好、抗氧化能力强和力学性能优异等优点。

Song 等[37]制备了一种高度有序的多孔碳，研究结果表明，多孔碳的含量对吸波性能起决定作用。含量太多或者含量太少，其吸波性能都较差，这是由于阻抗不匹配造成的。当含量为 5％时，其有效吸收频宽达到 4.5GHz，匹配厚度仅为 2mm。进一步研究发现，当多孔碳的含量增加到 20％时，显示出优异的电磁屏蔽性能，是一种潜在的屏蔽材料。Liu 等[38]制备了一种热还原石墨烯泡沫，这种泡沫的密度只有 10mg/cm³，通过测试其吸波性能发现，含量为 1％、厚度为 3.5mm 时，试样表现出最优吸波性能，其反射损耗小于－10dB 的频宽达到 7.47GHz，最小反射损耗达到－43.5dB。

贺龙辉等[39]制备了短切碳纤维/聚氨酯泡沫复合吸波材料，该复合材料包含 3mm 的匹配层和 7mm 的吸收层，其中匹配层中添加有多晶纤维，吸收层添加有短切碳纤维。当添加 7% 的短切碳纤维时，复合材料的吸波性能达到最优，其反射损耗小于－10dB 的频率范围为 8～18GHz。Liu 等[40]把碳纳米管添加到双马来酰亚胺树脂中，并制备了碳纳米管/双马泡沫复合吸波材料。研究结果发现，碳纳米管添加量仅为 1% 时，反射损耗小于－8dB 的频宽达到 3GHz，反射损耗最小值为－14.6dB。

碳基吸波材料虽然具有低密度、高化学稳定性等优点，但是其要达到较好吸波性能一般需要较大的匹配厚度，并且在高频处的吸收较弱。因此，使用单一的碳基吸波材料已经不能满足对现代吸波材料"薄、轻、宽"的要求。

1.3.4 陶瓷类吸波材料

陶瓷类材料因具有优异的力学性能、抗氧化、蠕变低、耐高温等优点而受到广泛关注。其典型的代表有 SiC 类材料，由其衍生的 SiCN 和 SiBCN 等材料均具有优异的吸波性能；此外，还可通过调节 Si、C、N 的含量调节吸波性能。Yin 等[41]通过化学气相渗透方法将 SiC 和 SiBC 渗透到透波的 Si_3N_4 中制备了 Si_3N_4-SiC 和 Si_3N_4-SiBC 陶瓷基复合材料。对于 Si_3N_4-SiC 吸波材料，当 SiC 的体积分数为 3%、吸波材料厚度为 2.5mm 时，在 9.8GHz 处的反射损耗为－27.1dB，－10dB 以下吸收频宽为 2.7GHz。良好的吸波性能来源于 SiC 纳米晶体晶面与 Si_3N_4 相交处的界面极化松弛。Cao 等[42]通过在 SiC 表面沉积 Ni 后进行氧化，制备了表面覆盖有 NiO 纳米环的 NiO@SiC 吸波材料，在 373～773K 温度范围内都有较好的吸波性能；在 673K，其最大吸收为－46.9dB；此外，当温度在 673～773K 之间时，NiO@SiC 在整个 X 频带的吸收均小于－10dB。

1.3.5 导电高聚物类吸波材料

导电高聚物是由主链具有共轭结构的绝缘高分子通过化学或者电化学与掺杂剂复合得到的，通过控制掺杂剂的含量，导电高聚物的电导率变化范围很大，可在绝缘体、半导体、导体范围内变化，因此，导电高聚物具有可设计性强的优点。导电高聚物由于具有导电性，因此可用作吸波材料，其吸波机理为电损耗机制，如聚苯胺、聚吡咯、聚噻吩等。

邹勇等[43]分别用十二烷基苯磺酸和盐酸对聚苯胺进行掺杂制备了导电聚苯胺吸波材料，研究结果表明，用十二烷基苯磺酸掺杂的聚苯胺呈纤维状，盐酸掺杂后的聚苯胺呈球状，纤维状的聚苯胺的吸波性能要比球状的好，但是这两种掺杂后的聚苯胺吸收强度都不大，整个测试频段的反射损耗都大于-10dB。

Olmedo等[44]制备了聚-3-辛基噻吩，测试其吸波性能，结果发现其最小反射损耗达到-36.5dB，反射损耗小于-10dB的频宽为3GHz。

早期的研究者们只是用单一的掺杂聚合物作为吸波材料，其吸收强度较低，吸收频宽也较窄。为了进一步提高导电聚合物的吸波性能，研究者们目前都采用复合方法把高聚物和磁性吸波粒子或者碳基吸波材料组成复合材料，并且已经取得了许多研究成果。

Wang等[45]用原位聚合的方法制备了镍锌铁氧体与聚苯胺复合吸波材料，其吸波性能受镍锌铁氧体和聚苯胺的质量比控制。当二者的质量比为1：2时，复合材料吸波性能达到最优，最小反射损耗为-41dB，反射损耗小于-10dB的频宽达到5GHz。Liu等[46]把还原氧化石墨烯和四氧化三钴的混合物分别添加到聚苯胺、聚吡咯、聚噻吩中，制备三元复合材料并研究其吸波性能。测试结果表明，聚吡咯复合材料的吸波性能最优，其有效吸收频宽达到6.4GHz，最小反射损耗为-43.5dB。Wang等[47]制备了石墨烯@Fe_3O_4@SiO_2@聚苯胺核壳结构吸波剂，这种多元材料包含了多种损耗机制，因此其吸波性能比单一损耗机制的吸波材料好。测试结果表明，在2.5mm厚度下，反射损耗小于-10dB的频宽达到5.8GHz，最小反射损耗出现在12.5GHz处，其值为-40.7dB。

1.3.6 等离子体吸波材料

等离子体吸波材料是近些年发展起来的一种新型吸波隐身材料。等离子体吸波材料一般是把放射性材料涂覆在装备的表面，使其周围局部的空间发生电离，产生电子、离子、分子和原子。当电磁波进入等离子体氛围中，电子在电磁波电场作用下发生剧烈震荡并和其他粒子发生碰撞，从而把电磁能转化为动能，最后动能再转化为热能而消耗掉，以达到吸收电磁波的目的。等离子体隐身技术有许多优点，如使用寿命长、涂覆方便、吸收强度大、吸收频率范围宽等。

Liu等[48]使用洛伦兹模型研究了电磁波在等离子体中的衰减情况，并对电磁波频率、等离子体密度、电子和中性粒子碰撞频率等因素对电磁波衰减能力的影响进行了讨论。研究结果表明，电磁波波长越长，等离子体密度越大，衰减效果越明显。

Tang 等[49]在均匀的磁场中，让电磁波通过等离子体氛围，然后通过计算研究电磁波在等离子体中被吸收、反射、透过的比例。研究结果发现，在高密度、高碰撞频率的等离子氛围中，电磁波能快速地衰减，并且随着等离子体密度和碰撞频率增加，电磁波吸收频宽增加，在 1~20GHz 频率范围内的吸收量都能达到90%以上。研究还发现通过给等离子体增加均匀的外部磁场，低密度和低碰撞频率的等离子体也能对电磁波达到宽频吸收。

等离子体吸波材料有许多传统材料没有的优点，具有很大的发展潜力。目前由于其技术工艺极其复杂，在实际应用当中受到许多条件限制，因此未来等离子体吸波材料的研究重点是怎样降低技术难度，简化操作工艺。

1.3.7　手性吸波材料

手性吸波材料是一种具有螺旋结构的功能材料，由于其特殊的结构，手性材料对电磁波的吸收机理是交叉极化[50]。入射电磁波的电场能够产生电极化，进而又产生磁极化；电磁波的磁场能够引起磁极化，进而又产生电极化。正是这种交叉极化的现象，使手性材料具有吸收频带宽的优点。另外手性材料的手性参数是一个重要的可控参数[51]，可以根据需要进行调节，从而使材料的电磁参数也随之变化，达到阻抗匹配的要求。

Xu 等[52]通过化学气相沉积法制得了螺旋形 Fe-CoNiP 手性材料。研究结果表明，在频率为 10.48GHz 时，材料有最强吸收，反射损耗达到 −16.26dB；反射损耗小于 −10dB 的频率范围为 9.5~11.5GHz。Motojima 等[53]制备了一种手性螺旋碳纤维，它的直径为 1~10μm，螺旋线长度为 0.1~1mm。把该螺旋碳纤维加入聚酰亚胺基体中，测试其在 12~110GHz 频段的反射损耗。测试结果显示，当螺旋碳纤维的添加量为 1%~2% 时，在 30~35GHz、50~55GHz、75~80GHz 和 95~100GHz 频段内的反射损耗都低于 −20dB；当添加量继续增大时，其吸波性能下降，这是由于阻抗不匹配造成的。研究还发现，随着螺旋碳纤维长度的增加，材料的反射损耗下降，吸收能力增加。Xu 等[54]用 L-樟脑磺酸作为手性掺杂剂，通过原位聚合制备了钡铁氧体和手性聚苯胺的复合吸波材料，并研究了复合材料在 26.5~40GHz 范围内的吸波性能。在厚度仅为 0.9mm 时，材料在 33.25GHz 的反射损耗达到 −30.5dB，反射损耗小于 −10dB 的频宽达到

12.8GHz。复合材料的吸收频宽增加，主要是由于材料的手性结构和铁氧体共同的作用。

目前手性吸波隐身材料取得了较大研究进展，但技术上还存在怎样批量生产等难题。

1.3.8　复合吸波材料

每种损耗类型的吸波材料都有自己的优缺点，随着雷达技术的发展，使用单一类型的吸波材料已经很难达到隐身的目的了。为了拓宽吸波频率范围，增加吸收强度，复合型吸波材料应运而生。目前，研究者把介电损耗、电阻损耗和磁损耗材料中的两种或者多种通过不同技术手段复合到一起，形成多种损耗机制的复合材料[45,55-63]。这类复合材料不仅保持了各个组分的优点，同时还能弥补单一组分存在的不足之处，甚至产生各单一组分没有的新性能。

Huang 等[64]制备了石墨烯@Fe_3O_4@C 复合吸波材料，这种材料具有类似三明治的结构。研究结果显示，在厚度仅为 1.8mm 时，其反射损耗小于−10dB 的吸收频宽达到 5.4GHz，在 14.8GHz 处的反射损耗为−30.1dB。Cheng 等[65]把片状羰基铁和橡胶混合，使用平板硫化机制备了橡胶基复合吸波材料，其反射损耗小于−10dB 的频率范围为 2.1～3.8GHz，匹配厚度仅为 2mm。该复合材料在低频处显示出较强的吸收性能，为制备低频隐身材料提供了可能。Jazirehpour 等[66]制备了一种以多孔磁铁矿为核，碳为壳的核壳复合吸波材料，这种复合材料在厚度为 2.6mm 时，反射损耗最小值达到−60dB，反射损耗小于−10dB 的频宽约为 5GHz。

Xu 等[67]通过两步法，制备了还原氧化石墨烯/片状羰基铁粉/聚苯胺三元复合吸波材料。通过 SEM 对复合材料的形貌分析，显示还原氧化石墨烯吸附在羰基铁的表面上，二者被聚苯胺包裹形成类似核壳结构。测试其吸波性能，在厚度为 2mm 时，复合材料在 11.8GHz 处的反射损耗达到−38.8dB。Li 等[68]制备了单壁碳纳米管和 $CoFe_2O_4$ 复合吸波材料，当碳纳米管和 $CoFe_2O_4$ 的质量比为1∶9 时，复合材料显示出优异的吸波性能，反射损耗小于−10dB 的频宽达到 7.2GHz，最小反射损耗为−30.7dB，而其匹配厚度仅为 2mm。Wang 等[45]通过原位聚合的方法制备了 $Ni_{0.6}Zn_{0.4}Fe_2O_4$/PANI 复合材料，该复合材料既有磁损耗又有介电损耗，因此其吸波性能优异。测试结果表明，厚度为 2.6mm 时，在 12.8GHz 处的反射损耗达到最小，其值为−41dB，反射损耗小于−10dB 的频宽为 5.0GHz。An 等[69]通过三步法制备了 Si-Ni-C 复合空心微球，微球的大小为 15～50μm。测试其吸波性能发现，当厚度为 2.4mm 时，反射损耗小于 −10dB 的频宽达到 6.0GHz，反射损耗最小值为 −37.6GHz。分析发现，复合微球的空心结构以及不同损耗机制的共同作用，使 Si-Ni-C 复合空心微球具有优异的吸波性能。

1.4 石墨烯及其复合吸波材料研究现状

2004 年，英国曼彻斯特大学 Geim 与 Novoselov 等[70]通过微机械剥离法成功制备了二维石墨烯，从此打开了一扇充满挑战与惊喜的科学之门[71-81]。自此以后，石墨烯因其独特的光、热、力、电性能而被应用到许多领域，被视为一种革命性材料。石墨烯是由碳原子以 sp^2 杂化组成的单原子层厚（0.335nm）的二维材料。6 个 sp^2 杂化的碳原子以正六边形堆叠成平面网状结构，每个碳原子与相邻三个碳原子以 σ 键相连；未参与杂化的 p 轨道与旁边三个碳原子的 p 轨道相互重叠形成 π 键分布在平面网状结构的两侧，形成离域的大 π 键。石墨烯可以看成其他碳类材料的组成单元；如将石墨烯卷曲后可以变成碳纳米管，还可堆叠成石墨，也可组成球状的富勒烯，如图 1.5 所示。

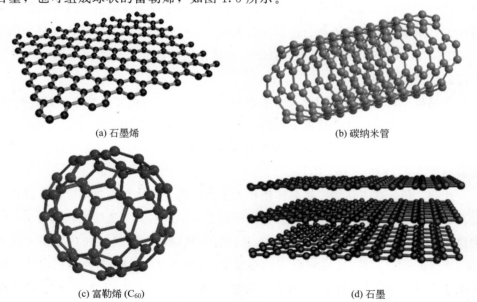

(a) 石墨烯 (b) 碳纳米管

(c) 富勒烯 (C_{60}) (d) 石墨

图 1.5 碳的同素异形体

1.4.1 石墨烯的结构与性能

石墨烯是一种由 6 个碳原子以 sp^2 杂化连接的具有单原子层二维蜂巢状周期性结构的新材料。单层石墨烯是以二维晶体结构的形式而存在，其厚度低至 0.335nm。通俗理解，石墨烯为单层的石墨。按层数的不同，石墨烯可以大致分为三类：单层石墨烯；双层石墨烯；层数在 10 层以内的寡层石墨烯。石墨烯中，所有碳原子与邻近的 3 个碳原子通过 σ 键相连，由三条杂化轨道 s，p_x 和 p_y 的强共价键合形成了 sp^2 杂化结构，其余的 p_z 轨道的 π 电子在垂直于平面的方向形成离域大 π 键，该 π 电子能自由地在石墨烯晶体平面内移动。由于其独特的分子结构，石墨烯具有一些独一无二的物理化学性能[74-77]。

石墨烯具有独特的载流子性质与电子结构。石墨烯的电子运动速度极高，可以达到 1/300 的光速，该速度远远领先于一般导体的电子运动速度[74,78]，是目前已知的导电性能最好的材料。而且，石墨烯的电子运动具有极高的稳定性，这是由于石墨烯中碳原子间强的共价键作用力，即使出现周边碳原子的碰撞，电子运动也几乎未受干扰，电子运动速度依然保持不变。因此，石墨烯的载流子在室温下的迁移率可达到 $1.5 \times 10^4 \text{ cm}^2/(\text{V} \cdot \text{s})$[79]。石墨烯是一种零带隙半导体，具有完美的量子隧道效应、室温半整数量子霍尔效应和二极电场效应[80]。

石墨烯拥有极其优异的力学性能。相比于 sp^3 杂化，石墨烯碳原子是以 sp^2 形式进行的杂化，其 s 轨道占比更大，因此石墨烯呈现出高模量、高机械强度的特性。石墨烯称得上是人类目前已知的强度最高的材料，其杨氏拉伸模量达到了 1.1TPa，拉伸强度可以达到 125GPa[75]，其比钻石都要坚硬，强度超过世界上最好的钢铁 100 倍。

石墨烯还具有比表面积大、密度小的特性[81]。在石墨烯的二维平面结构中，一个碳原子与邻近的 3 个碳原子相连，为三个六边形所共用，相当于一个六边形中含有两个碳原子，经理论计算得出石墨烯的面密度仅为 $0.77 \text{mg}/\text{m}^2$，其理论比表面积高达 $2630\text{m}^2/\text{g}$。

此前，传统观点认为二维晶体结构是不稳定的，无法在绝对零度以上维持稳定存在状态，但石墨烯的横空出世彻底颠覆了这一观点。石墨烯既在热力学上结构稳定，稳定的晶格结构又使其具备卓越的导热性能，石墨烯的热导率可达到 $5000\text{W}/(\text{m} \cdot \text{K})$，是 Cu 在室温下的热导率 $[400\text{W}/(\text{m} \cdot \text{K})]$ 的十倍之多，同样优于石墨、碳纳米管和金刚石。石墨烯也是目前已知的导热性能最好的材料[76]。

1.4.2 石墨烯的制备方法

自石墨烯被发现以来，经过十几年的发展，在制备方法上有了较大进步。总体上讲，可以分为自下而上和自上而下的方法。所谓自下而上的方法，即指含碳原子的小分子经过高温高压处理，最终生成石墨烯的制备方法。而自上而下的方法一般指由石墨经过物理或化学变化，生成单层或寡层石墨烯的方法。

(1) 化学气相沉积法

化学气相沉积（CVD）是一种通过化学反应把气态物质在基板上形成固态薄膜的技术。CVD 技术制备石墨烯所用气态物质一般有甲烷、乙炔、乙醇、蔗糖、樟脑等，这些气态物质作为碳源，在高温下分解产生的碳原子沉积在基板上形成石墨烯；可用作基板的主要是一些过渡金属，如 $Cu^{[82]}$、$Ni^{[83]}$、$Co^{[84]}$、$Pt^{[85,86]}$、$Ru^{[87,88]}$、$Ir^{[89]}$ 等，它们既起承载又起催化的作用。化学气相沉积制备石墨烯主要有以下几个步骤：预热—退火—生长—冷却—结束，使用不同的碳源和不同的基板，其制备工艺和反应机理都不同。Xing 等[90]以铜箔为基板，甲烷为碳源，在常压下制得了石墨烯，调节制备温度，在温度为 950℃时，制得均一的双层石墨烯。铜基板制备石墨烯的机理是自限制表面生长机制，铜起催化剂的作用，气态的碳原子吸附到铜基板表面，然后结晶形成石墨烯。Reina 等[91]以多晶镍为基板，甲烷为碳源，在常压条件下制备了单层或者多层的大面积石墨烯，其尺寸达到 $20\mu m$。镍基板对碳的溶解能力强，高温下镍和碳形成固溶体，在冷却的过程中析出饱和的碳，从而形成石墨烯。

(2) 氧化-还原法

氧化-还原法制备石墨烯是目前最常用的方法之一，具体的过程是：石墨置于强氧化剂中，石墨被部分氧化，在石墨片层之间引入羟基、羧基、环氧基等，这些官能团以及氧化剂分子的插入使石墨片层之间的距离增大，然后使用超声波处理器处理得到单层的氧化石墨烯；最后用还原剂把氧化石墨烯还原得到石墨烯。Brodie 使用 HNO_3 和 $KClO_3$ 作为氧化剂，开创了氧化还原法制备氧化石墨烯的先河，这种方法也被称为 Brodie 法[92]，但是该方法有以下缺点：反应时间过长，需要进行 4 次氧化；反应过程中会产生 NO_2、N_2O_4 等有毒有害气体；$KClO_3$ 会产生爆炸性气体 ClO_2。由于已经有实验室使用 Brodie 法发生了爆炸的事故，目前该方法已经被淘汰。1898 年，Staudenmaier 提出把 H_2SO_4 和 HNO_3 按照 2∶1 的比例配成混酸，然后再和 $KClO_3$ 组合成氧化剂，这种方法后来被称为 Staudenmaier 法[93]。该方法只要进行一次氧化就可以了，但是这一次的反应时间还是很长，并且该方法也会产生爆炸性气体 ClO_2。因此，以上两种方法都由于存在危险性而被淘汰。1958 年，Hummers 等用 H_2SO_4、$NaNO_3$、$KMnO_4$ 组成氧化剂，这种方法被称为 Hummers 法[94]。相比于前面两种氧化法，Hummers 法使用了强氧化剂 $KMnO_4$，大大缩短了反应时间，并且不会产生爆炸性气体，目前，研究者们基本都用 Hummers 法，或者改进后的 Hummers 法制备氧化石墨烯。

Chen 等[95]用浓硫酸和高锰酸钾作为氧化剂，氧化尺寸为 $3\sim20\mu m$ 的鳞片石墨，得到了高质量的单层氧化石墨烯，由于所用的石墨面积小，得到的氧化石墨烯可以直接提纯，大大缩短了制备时间。Contreras 等[96]用改进后的 Hummers 法制备了氧化石墨烯，并通过调整高锰酸钾和硝酸钠的用量，分析所获得的氧化石墨烯的形貌及氧化程度等指标。研究发现，提高高锰酸钾和硝酸钠的用量，获得的氧化石墨烯都有较好的质量，褶皱很少。

氧化石墨烯通过化学还原或者高温加热还原得到石墨烯。常用的还原剂有多种，如硼氢化合物[97,98]、氢化铝锂[99]、含氮化合物[100,101]、对苯二酚[102]、植物提取物[103,104]、卤化氢[105,106]、氨基酸[107,108]、硫化物[109,110]等。

（3）热解 SiC 法

热解 SiC 法是在高温条件下使 Si 原子升华，碳原子重新组合，最后在 SiC 表面形成石墨烯[111]。Virojanadara 等[112]在 $1\times10^{-8}Pa$，1275℃ 的条件下，用热解 SiC 法制备了石墨烯。测试结果发现制得的石墨烯厚度均匀，并且石墨烯的面积较大；对 Si 元素进行痕量分析，没有发现有 Si 残留在石墨烯中。Ohta 等[113]通过热解绝缘 SiC，获得双层结构的石墨烯，并且可以选择性控制每一层石墨烯的载体浓度，从而对材料的价带和导带进行控制，这种材料可作为量子电子器件的开关。

热解 SiC 法目前除了高温这一个不可避免的缺陷外，还需解决制备多层石墨烯过程中出现的阶梯生长现象，另外如何更好地避免制备过程中掺杂其他原子也有待解决。

（4）机械剥离法

机械剥离法是将石墨加入有机溶剂或者其他助剂中，通过超声分散，直接把石墨剥离成单层或者多层的石墨烯，然后通过离心分离出未被剥离的石墨得到较为均匀的石墨烯。Gao 等[114]以超临界 CO_2 和水的混合体系作为助剂，分别对天然石墨、氧化石墨和膨胀石墨进行超声分散剥离。研究发现该方法剥离天然石墨的产率比剥离氧化石墨的产率要高，该方法没有使用化学溶剂，为以后绿色制备石墨烯提供可能。Jiang 等[115]使用微波辅助剥离石墨制备石墨烯，首先把石墨加入无毒的二酯中，然后微波处理 30min，之后加入氨作为插层助剂，超声处理1.5h。该方法获得的石墨烯约为 3～8 层，表面没有缺陷，其表面大小约为 3μm。

机械剥离法制得的石墨烯由于没有经过化学氧化和还原，其结构缺陷少，结晶程度高，因此保持较好的光学、电学和力学性能。如何提高产率和降低纯化工艺是该方法将来研究的重点方向。

(5) 电化学剥离法

电化学剥离制备石墨烯是一种工艺简单、无污染的制备方法，获得的石墨烯也不需要再进行化学还原。Kamali 等[116]在氩气和氢气的气氛中，把石墨加入熔融的 NaCl 中进行电化学剥离。研究结果发现，在剥离过程中，氢起到了关键作用；获得的石墨烯为介孔结构，其电导率为 2.1×10^5 S/m，比表面积约为232 m^2/g。Gong 等[117]在二电极体系进行电化学剥离，首先把石墨片分别放入液氮和沸腾的离子液体中进行预处理，然后以石墨作为阳极和碳源，铂片为阴极，H_2SO_4 为电解液，使用 3V 的直流电压进行剥离。获得的石墨烯缺陷较少，导电性能好。

电化学剥离法制备石墨烯具有产率高、清洁高效等优点，适合大规模生产。其缺点是不能控制石墨烯的层数，相比于机械剥离法，电化学剥离法获得的石墨烯更易产生缺陷。

(6) 溶剂热法

Tian 等[118]通过溶剂热法制备了性能优异的石墨烯。首先把石墨放入马弗炉中，在 800℃下处理 5h，然后将处理后的膨胀石墨加入 DMF（二甲基甲酰胺）中，并超声处理 5min，使溶剂把石墨片层充分浸润，之后加入一定量的过氧化氢并搅拌均匀；最后把上述混合液加入高压反应釜中，在 170℃下反应 5h。反应结束后，自然冷却至室温，经过过滤—洗涤—干燥获得石墨烯。Fang 等[119]使用溶剂热法制备了具有优异性能的石墨烯。以低分子量的酚醛树脂和三嵌段共聚物 F117（$PEO_{106}PPO_{70}PEO_{106}$）为原料，AAO 薄膜（阳极氧化铝膜）为模板在 130℃下反应 20h，然后把 AAO 膜取出并干燥，使其在 400～500℃下处理 2h得到多孔碳带；多孔碳带在 700℃条件下再处理 2h，最后用盐酸把 AAO 去除，得到多孔石墨烯带。测试结果发现该方法获得的石墨烯带厚度约为 1nm，长度为几微米。

(7) 电弧放电法

Fujita 等[120]以 Ni/SiO$_2$/Si（001）为衬底，在高真空度、高温下，用脉冲电弧等离子法制备了石墨烯，其厚度约为 5nm。研究发现通过控制脉冲的数量可以调节沉到衬底上的碳原子数量，为制备特定厚度石墨烯提供了技术可能。Kesarwani 等[121]提出一种叫过滤阴极真空电弧技术的方法来制备石墨烯，该技术可以通过调节电弧的时间进而控制碳的浓度。具体工艺步骤如下：在 800℃条件，电弧激发的碳原子沉积到 Ni 基板上，持续煅烧 10min，然后在氢气的保护下冷却到室温。通过透射电镜观察发现，控制电弧放电时间为 1s 和 2s，分别制得单层和双层的石墨烯。Cheng 等[122]用高温炉结合真空电弧放电的方法制备了石墨烯，该技术结合了化学气相沉积和真空电弧放电的优势。把 Cu 衬底和碳源预先加热到 600℃，电弧放电把碳源加热到 1000℃并激发出碳原子，碳原子沉积到衬底表面形成石墨烯。使用透射电镜观察发现，获得的石墨烯厚度均匀，为单层石墨烯。

电弧放电法具有操作简单、成本低、产率高等优点，制备的石墨烯石墨化程度高，导电性能好；但在制备过程中，易产生如碳纳米管等其他结构同素异形体。

1.4.3 石墨烯吸波材料研究现状

石墨烯具有密度小、比表面积大、导电性好、介电常数高等优点。除此之外，石墨烯边缘的悬空化学键在电场作用下能够产生极化，从而衰减电磁波。通过氧化-还原等化学方法制备的石墨烯表面有大量含氧官能团和缺陷，这些官能团和缺陷不仅降低了石墨烯的电导率，增加了阻抗匹配性，而且在电场下能够产生费米能级的局域化态，进而衰减电磁波[35,123]。虽然石墨烯具有许多优点，但其单独作为吸波材料使用时，高电导率使其阻抗匹配性差，电磁波容易被反射而难以进入材料内部。石墨烯和其他材料进行复合是一种有潜力的方法，既能提高材料的匹配性，又能增加对电磁波的损耗，从而提高材料的吸波性能。石墨烯和有机高分子材料、无机纳米材料进行复合是目前使用最广泛的手段。

(1) 石墨烯/有机高分子复合材料

Yu 等[36]通过原位聚合的方法，在石墨烯表面原位生长聚苯胺纳米棒，制备了石墨烯/聚苯胺复合吸波材料,其最小反射损耗达到 $-45.1dB$,匹配厚度仅为 2.5mm。通过理论仿真模拟发现,石墨烯/聚苯胺复合材料的德拜弛豫比聚苯胺强。复合材料的优异吸波性能还要归功于材料的特殊结构以及石墨烯和聚苯胺直接的电荷转移。

Zhang 等[35]通过热压法把 PVDF 和氧化石墨烯进行复合,制备复合薄膜吸波材料,热压过程中,氧化石墨烯被高温还原成石墨烯。研究发现,添加 3% 的石墨烯时,其反射损耗最小值达到 $-26.5dB$,反射损耗小于 $-10dB$ 的频率范围为 $8.5\sim12.8GHz$。Wang 等[124]把氧化石墨烯和聚乙烯醇溶解分散在水中,然后加入维生素 C 把氧化石墨烯还原为石墨烯,最后蒸发溶剂获得聚乙烯醇/石墨烯复合薄膜。石墨烯和聚乙烯醇之间通过氢键连接,使得石墨烯能够均匀分散而不发生团聚。当石墨烯的添加量为 0.9%,厚度仅为 2mm 时,复合薄膜反射损耗小于 $-10dB$ 的频宽达到 7.7GHz。Ding 等[125]以聚乙烯吡咯烷酮为基体材料,制备了石墨烯/碳纳米管/聚乙烯吡咯烷酮复合薄膜,其厚度仅为 $0.2\mu m$。通过波导腔测试法测试了薄膜的电磁参数,并模拟得到反射损耗值。结果发现反射损耗最小值达到 $-26.5dB$,吸收频宽为 1.6GHz。

Singh 等[126]首先制备了石墨烯,然后把不同量的石墨烯加入到丁腈橡胶/二甲苯溶液中,混合均匀后在铝板上涂膜,制备石墨烯/丁腈橡胶复合薄膜。用波导腔测试复合材料电磁参数,然后计算反射损耗。结果发现,添加量为 10% 时,薄膜的最小反射损耗为 $-57dB$,反射损耗小于 $-10dB$ 的频率范围为 $7.5\sim12GHz$。Wang 等[127]制备了石墨烯泡沫和聚苯胺纳米棒复合材料。首先通过自组装的方式制备石墨烯泡沫,然后在石墨烯泡沫上通过原位聚合生成聚苯胺纳米棒。研究结果发现,复合材料在 13.8GHz 处出现反射损耗最小值,为 $-52.5dB$;厚度在 $1.5\sim5.5mm$ 范围内时,复合材料的反射损耗值小于 $-10dB$ 的频宽达到 12.2GHz。

(2)石墨烯/无机纳米粒子复合材料

Yin 等[128]制备了纺锤形的 $\alpha\text{-}Fe_2O_3$ 纳米粒子,然后把它加入氧化石墨烯悬浮液中,超声分散均匀,得到的固体沉淀放入管式炉中,在 H_2/Ar 混合气氛下,处理温度为 500℃,高温处理 2h,得到四氧化三铁和石墨烯复合吸波材料。对比纯四氧化三铁和复合材料的吸波性能发现,当添加 3% 石墨烯时,复合材料的最小反射损耗从 $-38.1dB$ 降为 $-65.1dB$,反射损耗小于 $-10dB$ 的频宽提升到 4.7GHz。Sun 等[129]通过溶剂热法制备了石墨烯负载四氧化三铁复合吸波材料。

研究发现，相比于纯石墨烯，复合材料的电磁性能有很大提高，并且在电磁波进入时发生德拜弛豫，进而损耗电磁能。在厚度为 2mm 时，复合材料反射损耗小于 $-10dB$ 的频率范围为 $10.4 \sim 13.2GHz$。

Liu 等[130]以 $Fe(NO_3)_3 \cdot 9H_2O$、$AgNO_3$、氧化石墨烯为原料，通过溶剂热法制备了 $Ag@Fe_3O_4/rGO$ 复合吸波材料，其中 $Ag@Fe_3O_4$ 是以 Ag 为核、Fe_3O_4 为壳的核壳结构。当厚度为 2mm 时，复合材料在 11.9GHz 处有最强吸收，反射损耗达到 $-40.1dB$，反射损耗小于 $-10dB$ 的频宽为 3.1GHz。Ye 等[131]以次磷酸钠为主要还原剂，通过一步法同时还原 Ni^{2+}、Co^{2+}、氧化石墨烯，得到 $NiCoP/rGO$ 复合吸波材料，为了进一步还原氧化石墨烯以及改变 $NiCoP$ 的晶型，$NiCoP/rGO$ 复合材料在氮气保护下高温处理 3h。研究发现，当 $Ni:Co=3:1$ 时，复合材料的吸波性能最优，其最小反射损耗为 $-17.8GHz$，而匹配厚度仅为 1.5mm。与纯 $NiCoP$ 相比，复合材料不仅吸波性能更优，还具有更好的耐化学腐蚀性。

Zong 等[132]制备了 $CoFe_2O_4/rGO$ 复合吸波材料，并研究了氧化石墨烯的含量以及其还原程度对吸波性能的影响规律。研究发现，当氧化石墨烯添加量为 50mg 时，复合材料具有最优吸波性能，其最小反射损耗达到 $-47.9dB$，反射损耗小于 $-10dB$ 的频宽为 5.0GHz，匹配厚度为 2.3mm。对比用硼氢化钠和水合肼还原后的复合材料吸波性能发现，使用水合肼还原后，其反射损耗小于 $-10dB$ 的频宽增大到 5.2GHz；使用硼氢化钠还原后，其反射损耗小于 $-10dB$ 的频宽下降为 4.4GHz。由此可见，复合材料的吸波性能可以通过调整磁性粒子和石墨烯的配比以及石墨烯的还原程度来控制。Jian 等[133]通过化学气相沉积结合热液法制备了一种 Fe_3O_4/石墨烯胶囊，四氧化三铁纳米粒子分布在石墨烯胶囊的内外壁上。在 8.76GHz 处的反射损耗达到 $-32dB$，反射损耗小于 $-10dB$ 的频宽约为 5.0GHz。合理的阻抗匹配性以及多重极化、多重共振使得复合胶囊有很好的吸波性能。

1.4.4 三维石墨烯吸波材料

三维（3D）结构石墨烯既保留了二维（2D）石墨烯的固有性质，拥有优异的导热性、导电性，独特的力学性能以及卓越的热稳定性、耐腐蚀性能，此外由于三维结构的构建防止了石墨烯片层的堆叠以及大量的孔隙结构的存在，显著地增加了石墨烯的有效比表面积，使其在传感器、超级电容器和催化电极等重要前沿领域具有非凡的应用潜力[134-136]。近年来，基于自组装、模板辅助制备等策略，开发了多种三维石墨烯制备方法。许多结构各异、功能独特的三维石墨烯材料（3DGMs）已陆陆续续出现。

（1）自组装

自组装是获得 3DGMs 最常用的策略之一。基于这一策略已经发展了很多方法。以氧化石墨烯为例，通过氧化石墨烯分散液的凝胶化与还原过程可以生成三维结构石墨烯[137]。氧化石墨烯薄片平面间的范德华力与官能团静电排斥力之间存在力的平衡，使得氧化石墨烯薄片在水溶液中具有良好的分散性。一旦力的平衡被打破，氧化石墨烯分散液的凝胶化就会发生。在凝胶化过程中，氧化石墨烯薄片部分重叠形成具有 3D 结构的氧化石墨烯水凝胶。引发氧化石墨烯分散液凝胶化的方法有很多，如添加交联剂、改变氧化石墨烯分散液的 pH 值或超声处理氧化石墨烯分散液等。此外，可以直接通过水热法或化学还原氧化石墨烯薄片来获得三维 rGO（还原氧化石墨烯）结构[138]。

（2）模板法

模板法指的是利用商用泡沫镍、阳极氧化铝、MgO、镀镍热解光刻胶膜、金属纳米材料、甚至金属盐类材料为 3D 模板，使碳原子在模板上生长为石墨烯或石墨烯附着于模板上，之后去除模板，得到与模板结构相似的三维石墨烯的方法。Cao 与 Chen 等使用商用泡沫镍作为模板和催化剂成功制备出了 3D 石墨烯网络（3DGNs)[134,139]。与自组装法相比，该方法制备出的产物缺陷少，且通过使用预先设计好的 3D 模板，还可以获得更多具有可控形态与性能的 3DGMs。但该法也具有制备工艺成本高、产率低，去除基底后石墨烯结构可能坍塌等缺点。

近年来，三维石墨烯成为石墨烯领域又一研究热点，在超级电容器、催化电极、传感器、环境修复、光热转换与储能、电磁防护等领域具有广阔应用前景[140-142]。Zhang 等[143]通过一步水热法使 rGO 进行自组装得到了 rGO 凝胶。他们利用水合肼增加了 rGO 凝胶的还原度，实现了其电容性能的优化，在 1A/g 的放电条件下，测得 222F/g 的比电容，同时该 rGO 凝胶双电层电容器展现了良好的倍率性能与循环寿命。

在电磁波吸收领域中，三维石墨烯同样也展现出潜在的应用价值。首先在其三维体系中存在大量腔/壁界面，可以增强入射电磁波的多次反射，从而利于电磁波的吸收[144]；其次，其丰富的表面引起界面极化松弛，会促进对电磁波的吸收，同时三维石墨烯在轻质吸波剂方面展现出了极大潜力，其密度通常每立方厘米只有几毫克；再者，其三维结构所形成的三维导电网络增强其介电损耗能力。Zhang 等[145]采用两步法溶液相技术制备了一种新型 rGO/α-Fe$_2$O$_3$ 复合水凝胶，实验结果表明该复合材料具有相互贯通的三维微孔网络，展现了优异的吸波性能，其在 7.12GHz 处具有最强吸收（-33.5dB）。Zhang 等[146]利用水热法制备了超轻、高度压缩的三维石墨烯泡沫，通过控制氧化石墨烯浓度以及进行后期热处理，得到了宽频、可调控、高性能吸波材料，其最小反射损耗低至 -34dB，有效频宽达到 14.3GHz。因此，三维石墨烯有望成为制备高性能吸波材料的有效方法。Chen 等[147-172]在磁功能化 3D 石墨烯纳米复合材料及其吸波性能；磁功能化石墨烯空心微球的设计制备及其吸波性能；磁功能化石墨烯泡沫的设计制备及其吸波性能；磁功能化石墨烯气凝胶的设计制备及其吸波性能方面开展了一系列卓有成效的研究工作。

参 考 文 献

[1] 罗俊. 金属氧化物/石墨烯复合吸波材料的制备与研究 [D]. 北京：北京化工大学，2015.

[2] 刘顺华. 电磁波屏蔽及吸波材料 [M]. 北京：化学工业出版社，2013.

[3] 王洁萱. 石墨烯复合吸波剂的制备及电磁防护性能研究 [D]. 北京：北京理工大学，2015.

[4] 王雷. 石墨烯三维复合材料的制备及其微波吸收性能研究 [D]. 西安：西北工业大学，2014.

[5] 班国东，刘朝辉，叶圣天，等. 新型涂覆型雷达吸波材料的研究进展 [J]. 表面技术，2016，45 (6)：140-146.

[6] Choi I, Lee D, Lee D G. Hybrid composite low-observable radome composed of E-glass/aramid/epoxy composite sandwich construction and frequency selective surface [J]. Composite Structures, 2014, 117: 98-104.

[7] Gentner J O, Gerthsen P, Schmidt N A, et al. Dielectric losses in ferroelectric ceramics produced by domain-wall motion [J]. Journal of Applied Physics, 1978, 49 (8): 4485-4489.

[8] Duan Y P, Liu Z, Jing H, et al. Novel microwave dielectric response of Ni/Co-doped manganese dioxides and their microwave absorbing properties [J]. Journal of Materials Chemistry, 2012, 22 (35): 18291-18299.

[9] Juan Feng, Fangzhao Pu, Zhaoxin Li, Xinghua Li, Xiaoyun Hu, et al. Interfacial interactions and synergistic effect of CoNi nanocrystals and nitrogen-doped graphene in a composite microwave absorber [J]. Carbon, 2016, 104: 214-225.

[10] Kong L, Yin X W, Ye F, et al. Electromagnetic wave absorption properties of ZnO-based materials modified with ZnAl$_2$O$_4$ nanograins [J]. The Journal of Physical Chemistry C, 2013, 117 (5): 2135-2146.

[11] Panbo Liu，Ying Huang，Jing Yan，et al. Construction of CuS nanoflakes vertically aligned on magnetically decorated graphene and their enhanced microwave absorption properties [J]. Acs Applied Materials & Interfaces，2016，8：5536-5546.

[12] Miles P A，Westphal W B，Hippel A V. Dielectric spectroscopy of ferromagnetic semiconductors [J]. Review of Modern Physics，1957，29 (3)：279-307.

[13] Kaynak. Electromagnetic shielding effectiveness of galvanostatieally synthesized conducting polypyrrole films in the 300～2000MHz frequency range [J]. Materials Research Bulletin，1996，31 (7)：45-60.

[14] Shengshuai Gao，Qingda An，Zuoyi Xiao，et al. Controllable N-doped carbonaceous composites with highly dispersed Ni nanoparticles for excellent microwave absorption [J]. ACS Applied Nano Materials，2018，1：5895-5906.

[15] Lv H，Ji G，Liang X H，et al. A novel rod-like MnO_2@Fe loading on graphene giving excellent electromagnetic absorption properties [J]. Journal of Materials Chemistry C，2015，3 (19)：5056-5064.

[16] Nahman N S，Andrews J R，Gans W L，et al. Applications of time-domain methods to microwave measurements [J]. Microwaves，Optics and Antennas，IEE Proceedings H，1980，127 (2)：99.

[17] 徐记伟，时家明. 雷达吸波材料电磁参数的测量方法 [J]. 舰船电子对抗，2007，30 (6)：46-49.

[18] Nicolson A M，Ross G F. Measurement of the intrinsic properties of materials by time-domain techniques [J]. IEEE Transactions on Instrumentation and Measurement，1970，19 (4)：377-382.

[19] Weir W B. Automatic measurement of complex dielectric constant and permeability at microwave frequencies [J]. Proceedings of the IEEE，1974，62 (1)：33-36.

[20] Blakney T L，Weir W B. Comments on "Automatic measurement of complex dielectric constant and permeability at microwave frequencies" [J]. Proceedings of the IEEE，1975，63 (1)：203-205.

[21] 刘勇，邹澎，杨明珊，等. 利用开口同轴探头法测量混凝土块等效电参数 [J]. 混凝土，2012，(10)：21-25.

[22] 吴俊军，刘四新，董航，等. 基于开口同轴法的岩矿石样品介电常数测试 [J]. 地球物理学报，2011，54 (2)：457-465.

[23] 张娜，王立春，张国华. 自由空间法测试材料电磁参数的探讨 [J]. 宇航计测技术，2006，26 (3)：22-25.

[24] 王依超，郭高凤，王娟，等. 自由空间法测量电磁材料电磁参数 [J]. 宇航材料工艺，2014，(1)：107-111.

[25] Jarvis J B，Janezic M D，Grosvenor J H，et al. Transmission/reflection and short-circuit line methods for measuring permittivity and permeability [J]. Nist Technical Note，1993，93：12084.

[26] 滕玉龙，蔡青. 传输/反射法测量材料电磁参数及其改进方法 [J]. 上海计量测试，2015，(1)：2-4.

[27] 赵才军，蒋全兴，景莘慧，等. 同轴线测量材料电磁参数的改进 NRW 传输/反射法 [J]. 测控技术，2009，28 (11)：80-83.

[28] Li Z W，Wu Y P，Lin G Q，et al. Static and dynamic magnetic properties of CoZn substituted Z-type

barium ferrite $Ba_3Co_x Zn_{2-x} Fe_2 O_4$ composites [J]. Fuel & Energy Abstracts, 2007, 310 (1): 145-151.

[29] Wu Y P, Ong C K, Li Z W, et al. Microstructural and high-frequency magnetic characteristics of W-type barium ferrites doped with V_2O_5 [J]. Journal of Applied Physics, 2005, 97 (6): 1294.

[30] Liu J, Xu J, Che R, et al. Hierarchical magnetic yolk-shell microspheres with mixed barium silicate and barium titanium oxide shells for microwave absorption enhancement [J]. Journal of Materials Chemistry, 2012, 22 (18): 9277-9284.

[31] Chen Y J, Gao P, Wang R X, et al. Porous Fe_3O_4/SnO_2 core/shell nanorods: synthesis and electromagnetic properties [J]. Journal of Physical Chemistry C, 2011, 115 (28): 10061-10064.

[32] Liu X G, Li B, Geng D Y, et al. (Fe, Ni) /C nanocapsules for electromagnetic-wave-absorber in the whole Ku-band [J]. Carbon, 2009, 47: 470-474.

[33] Shah A, Wang Y H, Huang H, et al. Microwave absorption and flexural properties of Fe nanoparticle/carbon fiber/epoxy resin composite plates [J]. Composite Structures, 2015, 131: 1132-1141.

[34] Meng F B, Wei W, Chen X N, et al. Design of porous $C@Fe_3O_4$ hybrid nanotubes with excellent microwave absorption [J]. Physical Chemistry Chemical Physics, 2016, 18 (4): 2510-2516.

[35] Zhang X J, Wang G S, Cao W Q, et al. Fabrication of multi-functional PVDF/rGO composites via a simple thermal reduction process and their enhanced electromagnetic wave absorption and dielectric properties [J]. Rsc Advances, 2014, 4 (38): 19594-19601.

[36] Yu H L, Wang T S, Wen B, et al. Graphene/polyaniline nanorod arrays: synthesis and excellent electromagnetic absorption properties [J]. Journal of Materials Chemistry, 2012, 22 (40): 21679-21685.

[37] Song W L, Cao M S, Fan L Z, et al. Highly ordered porous carbon/wax composites for effective electromagnetic attenuation and shielding [J]. Carbon, 2014, 77: 130-142.

[38] Liu W W, Li H, Zeng Q P, et al. Fabrication of ultralight three-dimensional graphene networks with strong electromagnetic wave absorption properties [J]. Journal of Materials Chemistry A, 2015, 3 (7): 3739-3747.

[39] 贺龙辉, 胡照文, 邓联文, 等. 宽频高性能短切碳纤维/聚氨酯泡沫吸波材料制备 [J]. 功能材料, 2015, 46 (23): 23120-23123.

[40] Liu X L, Lu H J, Xing L Y. Morphology and microwave absorption of carbon nanotube/bismaleimide foams [J]. Journal of Applied Polymer Science, 2014, 131 (9): 40233-40237.

[41] Zheng G, Yin X, Wang J. Complex Permittivity and Microwave Absorbing Property of $Si_3 N_4$-SiC Composite Ceramic [J]. Journal of Materials Science & Technology, 2012, 28 (8): 745-750.

[42] Yang H, Cao M, Li Y, et al. Enhanced dielectric properties and excellent microwave absorption of SiC powders driven with NiO nanorings [J]. Advanced Optical Materials, 2014, 2 (3): 214-219.

[43] 邹勇, 王国强, 廖海星, 等. 掺杂聚苯胺复合材料吸波性能的研究 [J]. 华中科技大学学报 (自然科学版), 2001, 29 (1): 87-89.

[44] Olmedo L, Hourquebie P, Jousse F. Microwave absorbing materials based on conducting polymers

［J］. Advanced Materials，1993，5 (5)：373-377.

［45］ Wang M，Ji G B，Zhang B S，et al. Controlled synthesis and microwave absorption properties of $Ni_{0.6}Zn_{0.4}Fe_2O_4$/PANI composite via an in-situ polymerization process ［J］. Journal of Magnetism and Magnetic Materials，2015，377：52-58.

［46］ Liu P B，Huang Y. Synthesis of reduced graphene oxide-conducting polymers-Co_3O_4 composites and their excellent microwave absorption properties ［J］. Rsc Advances，2013，3 (41)：19033-19039.

［47］ Wang L，Zhu J F，Yang H B，et al. Fabrication of hierarchical graphene @ Fe_3O_4 @ SiO_2 @ polyaniline quaternary composite and its improved electrochemical performance ［J］. Journal of Alloys and Compounds. 2015，634：232-238.

［48］ Liu M H，Hu X W，Jiang Z H，et al. Electromagnetic wave attenuation in atmospheric pressure plasmas ［J］. Chinese Physics letters，2001，18 (9)：1225-1226.

［49］ Tang D L，Sun A P，Qiu X M，et al. Interaction of electromagnetic waves with a magnetized nonuniform plasma slab ［J］. IEEE Transactions on Plasma Science，2003，31 (3)：405-410.

［50］ Rajkumar R，Yogesh N，Subramanian V. Cross polarization converter formed by rotated-arm-square chiral metamaterial ［J］. Journal of Applied Physics，2013，114 (22)：224506.

［51］ 孙国才，刘祖黎，黄全亮，等. 手性材料手性参数的圆波导测量方法 ［J］. 计量学报，1999，20 (1)：10-14.

［52］ Xu Y，Yuan L，Zhang D. A chiral microwave absorbing absorbent of Fe-CoNiP coated on spirulina ［J］. Materials Chemistry and Physics，2015，168：101-107.

［53］ Motojima S，Noda Y，Hoshiya S，et al. Electromagnetic wave absorption property of carbon microcoils in 12-110GHz region ［J］. Journal of Applied Physics，2003，94 (4)：2325-2330.

［54］ Xu F，Ma L，Gan M，et al. Preparation and characterization of chiral polyaniline/barium hexaferrite composite with enhanced microwave absorbing properties ［J］. Journal of Alloys and Compounds，2014，593：24-29.

［55］ 侯翠岭，李铁虎，赵廷凯，等. 碳纳米管/四氧化三铁复合材料的电磁波吸收性能 ［J］. 新型炭材料，2013，28 (3)：184-190.

［56］ 关晓辉，匡嘉敏，赵会彬，等. 还原的氧化石墨烯/$CoFe_2O_4$ 的膜分散-水热法制备及其吸波性能 ［J］. 化工进展，2015，34 (10)：3693-3699.

［57］ 邓联文，黄生祥，刘鑫，等. 聚苯乙烯-磁性吸收剂复合材料微波吸收特性研究 ［J］. 功能材料，2012，43 (6)：764-766.

［58］ 陈瑶瑶，沈俊海，孔卫秋，等. 镍锌铁氧体/膨胀石墨/聚苯胺复合物的电磁损耗性能 ［J］. 无机化学学报，2015，31 (2)：243-252.

［59］ Zhao H，Xu S，Tang D，et al. Thin magnetic coating for low-frequency broadband microwave absorption ［J］. Journal of Applied Physics，2014，116 (24)：243911.

［60］ Hou C L，Li T H，Zhao T K，et al. Microwave absorption and mechanical properties of La $(NO_3)_3$-doped multi-walled carbon nanotube/polyvinyl chloride composites ［J］. Materials Letters，2012，67 (1)：84-87.

［61］ Ting T H，Yu R P，Jau Y N. Synthesis and microwave absorption characteristics of polyaniline/NiZn ferrite composites in 2～40GHz ［J］. Materials Chemistry and Physics，2011，126：364-368.

［62］ Wang C，Shen Y，Wang X，et al. Synthesis of novel NiZn-ferrite/Polyaniline nanocomposites and their microwave absorption properties ［J］. Materials Science in Semiconductor Processing，2013，16 (1)：77-82.

［63］ Flaifel M H，Ahmad S H，Abdullah M H.，et al. Preparation，thermal，magnetic and microwave absorption properties of thermoplastic natural rubber matrix impregnated with NiZn ferrite nanoparticles ［J］. Composites Science and Technology，2014，96：103-108.

［64］ Huang Y，Wang L，Sun X. Sandwich-structured graphene@Fe$_3$O$_4$@carbon nanocomposites with enhanced electromagnetic absorption properties ［J］. Materials Letters，2015，144：26-29.

［65］ Cheng Y，Xu Y，Cai J，et al. Effect of the bio-absorbent on the microwave absorption property of the flaky CIPs/rubber absorbers ［J］. Journal of Magnetism and Magnetic Materials，2015，389：106-112.

［66］ Jazirehpour M，Ebrahimi S A S. Carbothermally synthesized core-shell carbon-magnetite porous nanorods for high-performance electromagnetic wave absorption and the effect of the heterointerface ［J］. Journal of Alloys and Compounds，2015，639：280-288.

［67］ Xu Y，Luo J H，Yao W，et al. Preparation of reduced graphene oxide/flake carbonyl iron powders/polyaniline composites and their enhanced microwave absorption properties ［J］. Journal of Alloys and Compounds，2015，636：310-316.

［68］ Li G，Sheng L，Yu L，et al. Electromagnetic and microwave absorption properties of single-walled carbon nanotubes and CoFe$_2$O$_4$ nanocomposites ［J］. Materials Science and Engineering B-Advanced Functional Solid-State Materials，2015，193：153-159.

［69］ An Z.，Zhang J. Facile large scale preparation and electromagnetic properties of silica-nickel-carbon composite shelly hollow microspheres ［J］. Dalton Transactions，2016，45 (7)：2881-2887.

［70］ Novoselov S K，Geim A K，Morozov S V，et al. Electric field effect in atomically thin carbon films ［J］. Science，2004，306：666-669.

［71］ Geim A K，Novoselov K S. The rise of graphene ［J］. Nature Mater，2007，6：183.

［72］ Geim A K. Graphene：status and prospects ［J］. Science，2009，324 (5934)：1530-1534.

［73］ Geim A K，Kim P. Carbon wonderland ［J］. Sei. Am.，2008，298 (4)：90-97.

［74］ Ponomarenko L A，Schedin F，Katsnelson M I，Yang R，Hill E W，Novoselov K S，Geim A K. Chaotic dirac billiard in graphene quantum dots ［J］. Science，2008，320 (5874)：356-358.

［75］ ChangguLee，XiaodingWei，JeffreyW. Kysar，JamesHone1. Measurement of the elastic properties and intrinsic strength of monolayer graphene ［J］. Science，2008，321 (5887)：385-388.

［76］ Alexander A. Balandin，Suchismita Ghosh，Wenzhong Bao，Irene Calizo，et al. Superior thermal conductivity of single-layer graphene ［J］. Nano Letters，2008，8：902-907.

［77］ Mohammad Razaul Karim，Kazuto Hatakeyama，Takeshi Matsui，Hiroshi Takehira，Takaaki，et al. Graphene oxide nanosheet with high proton conductivity ［J］. Journal of the American Chemical

Society，2013，135：8097-8100..

[78]　Zhang Y B，Brar V W，Girit C，et al. Origin of spatial charge inhomogeneity in graphene [J]. Nature Physics，2009，5 (10)：722-726.

[79]　Novoselov K S，Morozov S V，Mohinddin T M G，et al. Electronic properties of graphene [J]. Physica Status Solidi (b)，2007，244：4106-4111.

[80]　Igor A L，Yanchuk，Yakov K. Dirac and normal fermions in graphite and graphene：Implications of the quantum hall effect [J]. Physial Review Letters，2006，97：256801.

[81]　Fan Y，Yang H，Li M，Zou G. Evaluation of the microwave absorption property of flake graphite [J]. Materials Chemistry and Physics，2009，115：696-698.

[82]　Li X，Cai W，An J，et al. Large-area synthesis of high-quality and uniform graphene films on copper foils [J]. Science，2009，324 (5932)：1312-1314.

[83]　Starodubov A G，Medvetskii M A，Shikin A M，et al. Intercalation of silver atoms under a graphite monolayer on Ni (111) [J]. Physics of the Solid State，2004，46 (7)：1340-1348.

[84]　Vaari J，Lahtinen J，Hautojärvi P. The adsorption and decomposition of acetylene on clean and K-covered Co (0001) [J]. Catalysis Letters，1997，44 (1)：43-49.

[85]　Ueta H，Saida M，Nakai C，et al. Highly oriented monolayer graphite formation on Pt (111) by a supersonic methane beam [J]. Surface Science，2004，560 (1)：183-190.

[86]　Starr D E，Pazhetnov E M，Stadnichenko A I，et al. Carbon films grown on Pt (111) as supports for model gold catalysts [J]. Surface Science，2006，600 (13)：2688-2695.

[87]　Vázquez de Parga A L，Calleja F，Borca B，et al. Periodically rippled graphene：growth and spatially resolved electronic structure [J]. Physical Review Letters，2008，100 (5)：056807.

[88]　Marchini S，Günther S，Wintterlin J. Scanning tunneling microscopy of graphene on Ru (0001) [J]. Physical Review B，2007，76 (7)：075429.

[89]　Gall N R，Rutkov E V，Tontegode A Y. Interaction of silver atoms with iridium and with a two-dimensional graphite film on iridium：adsorption，desorption，and dissolution [J]. Physics of the Solid State，2004，46 (2)：371-377.

[90]　Xing S，Wu W，Wang Y，et al. Kinetic study of graphene growth：temperature perspective on growth rate and film thickness by chemical vapor deposition [J]. Chemical Physics Letters，2013，580：62-66.

[91]　Reina A，Jia X，Ho J，et al. Large Area，Few-layer graphene films on arbitrary substrates by chemical vapor deposition [J]. Nano Letters，2009，9 (1)：30-35.

[92]　Brodie B C. On the atomic weight of graphite [J]. Philosophical Transactions of the Royal Society of London，1859，149：249-259.

[93]　Staudenmaier L. Verfahren zur Darstellung der Graphitsäure [J]. Berichte der deutschen chemischen Gesellschaft，1898，31 (2)：1481-1487.

[94]　Hummers W S，Offeman R E. Preparation of graphitic oxide [J]. Journal of the American Chemical Society，1958，80 (6)：1339-1339.

［95］ Chen J，Li Y，Huang L，et al. High-yield preparation of graphene oxide from small graphite flakes via an improved Hummers method with a simple purification process ［J］. Carbon，2015，81（1）：826-834.

［96］ Guerrero-Contreras J，Caballero-Briones F. Graphene oxide powders with different oxidation degree，prepared by synthesis variations of the Hummers method ［J］. Materials Chemistry and Physics，2015，153：209-220.

［97］ Chua C K，Pumera M. Reduction of graphene oxide with substituted borohydrides ［J］. Journal of Materials Chemistry A，2013，1（5）：1892-1898.

［98］ Shin H J，Kim K K，Benayad A，et al. Efficient reduction of graphite oxide by sodium borohydride and its effect on electrical conductance ［J］. Advanced Functional Materials，2009，19（12）：1987-1992.

［99］ Ambrosi A，Chua C K，Bonanni A，et al. Lithium aluminum hydride as reducing agent for chemically reduced graphene oxides ［J］. Chemistry of Materials，2012，24（12）：2292-2298.

［100］ Qiu L，Zhang H，Wang W，et al. Effects of hydrazine hydrate treatment on the performance of reduced graphene oxide film as counter electrode in dye-sensitized solar cells ［J］. Applied Surface Science，2014，319：339-343.

［101］ Mao S，Yu K，Cui S，et al. A new reducing agent to prepare single-layer，high-quality reduced graphene oxide for device applications ［J］. Nanoscale，2011，3（7）：2849-2853.

［102］ Bourlinos A B，Gournis D，Petridis D，et al. Graphite oxide：chemical reduction to graphite and surface modification with primary aliphatic amines and amino acids ［J］. Langmuir，2003，19（15）：6050-6055.

［103］ Thakur S，Karak N. Green reduction of graphene oxide by aqueous phytoextracts ［J］. Carbon，2012，50（14）：5331-5339.

［104］ Haghighi B，Tabrizi M A. Green-synthesis of reduced graphene oxide nanosheets using rose water and a survey on their characteristics and applications ［J］. Rsc Advances，2013，3（32）：13365-13371.

［105］ Pei S，Zhao J，Du J，et al. Direct reduction of graphene oxide films into highly conductive and flexible graphene films by hydrohalic acids ［J］. Carbon，2010，48（15）：4466-4474.

［106］ Chen Y，Zhang X，Zhang D，et al. High performance supercapacitors based on reduced graphene oxide in aqueous and ionic liquid electrolytes ［J］. Carbon，2011，49（2）：573-580.

［107］ Bose S，Kuila T，Mishra A K，et al. Dual role of glycine as a chemical functionalizer and a reducing agent in the preparation of graphene：an environmentally friendly method ［J］. Journal of Materials Chemistry，2012，22（19）：9696-9703.

［108］ Ma J，Wang X，Liu Y，et al. Reduction of graphene oxide with l-lysine to prepare reduced graphene oxide stabilized with polysaccharide polyelectrolyte. Journal of Materials Chemistry A，2013，1（6）：2192-2201.

［109］ Chen W，Yan L，Bangal P R. Chemical reduction of graphene oxide to graphene by sulfur-containing compounds [J]. The Journal of Physical Chemistry C, 2010, 114 (47): 19885-19890.

[110] Some S, Kim Y, Yoon Y, et al. High-quality reduced graphene oxide by a dual-function chemical reduction and healing process [J]. Scientific Reports, 2013, 3: 1929.

[111] Forbeaux I, Themlin J M, Debever J. M. Heteroepitaxial graphite on 6H- SiC (0001): Interface formation through conduction-band electronic structure [J]. Physical Review B, 1998, 58 (24): 16396-16406.

[112] Virojanadara C, Syväjarvi M, Yakimova R, et al. Homogeneous large-area graphene layer growth on 6H-SiC (0001) . Physical Review B, 2008, 78 (24): 245403.

[113] Ohta T, Bostwick A, Seyller T, et al. Controlling the electronic structure of bilayer graphene [J]. Science, 2006, 313 (5789): 951-954.

[114] Gao H, Xue C, Hu G, et al. Production of graphene quantum dots by ultrasound-assisted exfoliation in supercritical CO_2/H_2O medium [J]. Ultrasonics Sonochemistry, 2017, 37: 120-127.

[115] Jiang F, Yu Y, Wang Y, et al. A novel synthesis route of graphene via microwave assisted intercalation-exfoliation of graphite [J]. Materials Letters, 2017, 200: 39-42.

[116] Kamali A R. Scalable fabrication of highly conductive 3D graphene by electrochemical exfoliation of graphite in molten NaCl under Ar/H_2 atmosphere [J]. Journal of Industrial and Engineering Chemistry, 2017, 52: 18-27.

[117] Gong Y, Ping Y, Li D, et al. Preparation of high-quality graphene via electrochemical exfoliation & spark plasma sintering and its applications [J]. Applied Surface Science, 2017, 397: 213-219.

[118] Tian R, Zhong S, Wu J, et al. Solvothermal method to prepare graphene quantum dots by hydrogen peroxide [J]. Optical Materials, 2016, 60: 204-208.

[119] Fang Y, Lv Y, Che R, et al. Two-dimensional mesoporous carbon nanosheets and their derived graphene nanosheets: synthesis and efficient lithium ion storage [J]. Journal of the American Chemical Society, 2013, 135 (4): 1524-1530.

[120] Fujita K, Banno K, Aryal H R, et al. Graphene layer growth on silicon substrates with nickel film by pulse arc plasma deposition [J]. Applied Physics Letters, 2012, 101 (16): 163109.

[121] Kesarwani A K, Panwar O S, Dhakate S R, et al. Growth of single and bilayer graphene by filtered cathodic vacuum arc technique [J]. Journal of Vacuum Science & Technology A: Vacuum, Surfaces, and Films. 2016; 34 (2): 021504.

[122] Cheng G W, Chu K, Chen J S, et al. Fabrication of graphene from graphite by a thermal assisted vacuum arc discharge system [J]. Superlattices and Microstructures, 2017, 104: 258-265.

[123] Ukhtary M S, Hasdeo E H, Nugraha A R T, et al. Fermi energy-dependence of electromagnetic wave absorption in graphene [J]. Applied Physics Express, 2015, 8 (5): 055102.

[124] Wang T, Li Y, Geng S, et al. Preparation of flexible reduced graphene oxide/poly (vinyl alcohol) film with superior microwave absorption properties [J]. Rsc Advances, 2015, 5 (108): 88958-88964.

[125] Ding L, Zhang A, Lu H, et al. Enhanced microwave absorbing properties of PVP@ multi-walled carbon nanotubes/graphene three-dimensional hybrids [J]. Rsc Advances, 2015, 5 (102): 83953-83959.

[126] Singh V K, Shukla A, Patra M K, et al. Microwave absorbing properties of a thermally reduced graphene oxide/nitrile butadiene rubber composite [J]. Carbon, 2012, 50 (6): 2202-2208.

[127] Wang Y, Wu X, Zhang W. Synthesis and high-performance microwave absorption of graphene foam/polyaniline nanorods [J]. Materials Letters, 2016, 165: 71-74.

[128] Yin Y, Zeng M, Liu J, et al. Enhanced high-frequency absorption of anisotropic Fe_3O_4/graphene nanocomposites [J]. Scientific Reports, 2016, 6: 25075.

[129] Sun X, He J, Li G, et al. Laminated magnetic graphene with enhanced electromagnetic wave absorption properties [J]. Journal of Materials Chemistry C, 2013, 1 (4): 765-777.

[130] Liu G, Jiang W, Wang Y, et al. One-pot synthesis of $Ag@Fe_3O_4$/reduced graphene oxide composite with excellent electromagnetic absorption properties [J]. Ceramics International: Part B, 2015, 41 (3): 4982-4988.

[131] Ye W, Fu J, Wang Q, et al. Electromagnetic wave absorption properties of NiCoP alloy nanoparticles decorated on reduced graphene oxide nanosheets [J]. Journal of Magnetism and Magnetic Materials, 2015, 395: 147-151.

[132] Zong M, Huang Y, Zhang N, et al. Influence of (rGO) / (ferrite) ratios and graphene reduction degree on microwave absorption properties of graphene composites [J]. Journal of Alloys and Compounds, 2015, 644: 491-501.

[133] Jian X, Wu B, Wei Y F, et al. Facile synthesis of Fe_3O_4/GCs composites and their enhanced microwave absorption properties [J]. ACS Applied Materials & Interfaces, 2016, 8 (9): 6101-6109.

[134] Chen Z, Ren W, Gao L, Liu B, Pei S, Cheng H M. Three-dimensional flexible and conductive interconnected graphene networks grown by chemical vapour deposition [J]. Nature Materials, 2011, 10: 424-428.

[135] Chen W, Yan L. In situ self-assembly of mild chemical reduction graphene for three-dimensional architectures [J]. Nanoscale, 2011, 3: 3132-3137.

[136] Santoro C, Kodali M, Kabir S, Soavi F, Serov A, Atanassov P. Three-dimensional graphene nanosheets as cathode catalysts in standard and supercapacitive microbial fuel cell [J]. J. Power Sources 2017 356: 371-380.

[137] Bai H, Li C, Wang X and Shi G. On the gelation of graphene oxide [J]. The Journal of Physical Chemistry C, 2011, 115: 5545-5551.

[138] Wei W, Yang S, Zhou H, Lieberwirth I, Feng X and Müllen K. 3D graphene foams cross-linked with pre-encapsulated Fe_3O_4 nanospheres for enhanced lithium storage [J]. Advanced Materials, 2013, 25: 2909-2914..

[139] Cao X, Shi Y, Shi W, Lu G, Huang X, Yan Q, Zhang Q and Zhang H. Preparation of novel 3D

graphene networks for supercapacitor applications [J]. Small, 2011, 7: 3163-3168.

[140] Qin T, Wan Z, Wang Z, et al. 3D flexible O/N co-doped graphene foams for supercapacitor electrodes with high volumetric and areal capacitances [J]. Journal of Power Sources, 2016, 336: 455-464.

[141] Hu Chuangang, Cheng Huhu, Zhao Yang, Hu Yue, Liu Yong, Dai Liming and Qu Liangti. Newly-designed complex ternary Pt/PdCu nanoboxes anchored on three-dimensional graphene framework for highly effi cient ethanol oxidation [J]. Advanced Materials, 2012, 24: 5493-5498.

[142] Chen Honghui, Huang Zhiyu, et al. Synergistically assembled MWCNT/graphene foam with highly efficient microwave absorption in both C and X bands [J]. Carbon, 2017, 124: 506-514.

[143] Zhang Li, Shi Gaoquan. Preparation of highly conductive graphene hydrogels for fabricating supercapacitors with high rate capability [J]. The Journal of Physical Chemistry C, 2011, 115: 17206-17212.

[144] Li Xing-Hua, Li Xiaofeng, Liao Kai-Ning, et al. Thermally annealed anisotropic graphene aerogels and their electrically conductive epoxy composites with excellent electromagnetic interference shielding efficiencies [J]. Acs Applied Materials & Interfaces, 2016, 8 (48): 33230-33239.

[145] Zhang Hui, Xie Anjian, Wang Cuiping, et al. Novel rGO/a-Fe_2O_3 composite hydrogel: synthesis, characterization and high performance of electromagnetic wave absorption [J]. Journal of Materials Chemistry A, 2013, 1: 8547-8552.

[146] Zhang Y, Huang Y, Chen H, et al. Composition and structure control of ultralight graphene foam for high-performance microwave absorption [J]. Carbon, 2016, 105: 438-447.

[147] Zeng Qiang, Xiong Xu-hai, Chen Ping, Yu Q, Wang Qi, Wang Rong-chao, Chu Hai-rong. Air@rGO €Fe_3O_4 microspheres with spongy shell: self-assembly and microwave absorption performance. J. Mater. Chem C, 2016, 4, 10518-10528.

[148] Chu Hai-rong, Zeng Qiang, Chen Ping, Qi Yu, Dong-wei Xu, Xu-hai Xiong, Qi Wang. Synthesis and electromagnetic wave absorption properties of matrimony vine-like iron oxide/reduced graphene oxide prepared by a facile method. Journal of Alloys and Compounds, 2017, 719: 296-307.

[149] Zeng Qiang, Chen Ping, Yu Qi, Chu Hai-rong, Xiong Xu-hai, Xu Dong-wei & Wang Qi. Self-assembly of ternary hollow microspheres with strong wideband microwave absorption and controllable microwave absorption properties. Scientific Reports, 2017, 7: 8388 .

[150] Zeng Qiang, Xu Dongwei, Chen Ping, et al . 3D graphene-Ni microspheres with excellent microwave absorption and corrosion resistance properties [J]. Journal of Materials Science: Materials in Electronics, 2018, 29 (3), 2421-2433.

[151] 陈平, 曾强, 于祺, 熊需海. 一种负载磁性纳米粒子的石墨烯空心微球的制备方法 [P]. 中国发明专利, 授权专利号: ZL201510925343. 3, 2017-07-11.

[152] 曾强, 陈平, 于祺, 徐东卫. 具有宽频与可控微波吸收性能的石墨烯空心微球的自组装 [J]. 材料研究学报, 2018, 32 (2): 119-125.

[153] 褚海荣, 陈平, 于祺, 徐东卫. FeCo/石墨烯的制备及吸波性能 [J]. 材料研究学报, 2018, 32

（3）：161-167.

［154］ 陈平，褚海荣，于祺，杨森，熊需海，王琦. Fe/Co 还原氧化石墨烯复合吸波材料的制备方法
［P］. 中国发明专利，授权专利号：201710371155. X，2019-11-08.

［155］ Yang Sen，Xu Dongwei，Chen Ping，Qiu Hongfang，Guo Xiang. Synthesis of popcorn-like
α-Fe$_2$O$_3$/3D graphene sponge composites for excellent microwave absorption properties by a facile
method ［J］. Journal of Materials Science：Materials in Electronics，2018，29：19443-19453.

［156］ Xu Dongwei，Xiong Xuhai，Chen Ping，Yu Qi，Chu Hairong，Yang Sen，Wang Qi. Superior cor-
rosion-resistant 3D porous magnetic graphene foam-ferrite nanocomposite with tunable electromag-
netic wave absorption properties ［J］. Journal of Magnetism and Magnetic Materials，2019，469：
428-436.

［157］ Xu Dong wei，Yang Sen，Chen Ping，Yu Qi，Xiong Xu hai，Jing Wang. 3D nitrogen-doped porous
magnetic graphene foam-supported Ni nanocomposites with superior microwave absorption properties
［J］. Journal of Alloys and Compounds，2019，782：600-610.

［158］ 陈平，徐东卫，熊需海，于祺，郭翔，王琦. 一种石墨烯泡沫负载纳米 Fe$_3$O$_4$ 磁性粒子复合吸波
材料及其制备方法 ［P］. 中国发明专利，授权专利号：ZL201710595949. 4，2020-04-07.

［159］ Xu Dongwei，Yang Sen，Chen Ping，Yu Qi，Xuhai Xiong，Jing Wang. Synthesis of magnetic gra-
phene aerogels for microwave absorption by a in-situ pyrolysis ［J］. Carbon，2019. 146：301-312.

［160］ Yu Qi，Wang Zixuan，Chen Ping，Wang Qi，Wang Yiyi，Mingbo Ma. Microwave absorbing and
mechanical properties of carbon fiber/bismaleimide composites imbedded with Fe @ C/PEK-C
nanomembranes ［J］. Journal of Materials Science：Materials in Electronics，2019，30：308-315.

［161］ Xu Dongwei，Liu Jialiang，Chen Ping，Yu Qi，Wang Jing，Yang Sen and Guo Xiang. In situ
growth and pyrolysis synthesis of super-hydrophobic graphene aerogels embedded with ultrafine beta-
Co nanocrystals for microwave absorption ［J］. J. Mater. Chem C，2019，7（13）：3869-3880.

［162］ Yang Sen，Guo Xiang，Chen Ping，Xu Dong wei，Qiu Hong fang，Zhu Xiao yu. Two-step synthesis of
self-assembled 3D graphene/shuttle-shaped zinc oxide（ZnO）nanocomposites for high-performance
microwave absorption ［J］. Journal of Alloys and Compounds，2019，797，1310-1319.

［163］ Yu Qi，Wang Yiyi，Chen Ping，Nie Weicheng，Chen Hanlin and Zhou Jun. Reduced graphene ox-
ide-wrapped super dense Fe$_3$O$_4$ nanoparticles with enhanced electromagnetic wave absorption proper-
ties ［J］. Nanomaterials，2019，9，845：1-11.

［164］ Xu Dongwei，Liu Jialiang，Chen Ping，Yu Qi，Guo Xiang，Yang Sen. In situ deposition of α-Co
nanoparticles on three-dimensionalnitrogen-doped porous graphene foams as microwave absorbers
［J］. Journal of Materials Science：Materials in Electronics，2019，30：13412-13424.

［165］ 熊需海，任荣，陈平，于祺，王琦. 二氧化硅包覆磁性石墨烯空心微球及其宏量制备方法 ［P］.
中国发明专利，ZL201810179002. X，2019-11-22.

［166］ 陈平，杨森，于祺，熊需海，王静. 一种三维石墨烯海绵/ Fe$_2$O$_3$ 复合吸波材料及其制备方法
［P］. 中国发明专利，ZL201810794924. 1，2020-06-16.

［167］ 陈平，徐东卫，熊需海，于祺，郭翔，王琦. 一种负载磁性纳米粒子的石墨烯气凝胶复合材料的

制备方法 [P]. 中国发明专利，CN201810232119.X，2018-03-21.

[168]　Yu Qi，Wang Yiyi，Chen Ping，Chen Hanlin，Nie Weicheng，Liu Yunqing. Graphene anchored with super-tiny Ni nanoparticles for high performance electromagnetic absorption applications [J]. Journal of Materials Science：Materials in Electronics，2019，30：14480-14489.

[169]　Liu Jialiang，Xu Dongwei，Chen Ping，Yu Qi，Qiu Hongfang，Xiong Xuhai. Solvothermal synthesis of porous superparamagnetic rGO@Fe_3O_4 nanocomposites for microwave absorption [J]. Journal of Materials Science：Materials in Electronics，2019，30：17106-17118.

[170]　Yu Qi，Nie Weicheng，Liu Chaofan，Chen Ping，Chen Hanlin，Wang Yiyi. Synthesis of reduced graphene oxides with magnetic Co nanocrystals coating for electromagnetic absorption properties [J]. Journal of Materials Science：Materials in Electronics，2020（31）：22616-22628.

[171]　刘佳良，陈平，徐东卫，于祺. 磁性多孔 rGO@Ni 复合材料的制备及吸波性能. 材料研究学报，2020，34（9）：641-649.

[172]　陈平，刘佳良，徐东卫，于祺，陈博涵. 一种负载磁性空心纳米球的石墨烯泡沫复合材料的制备方法. 中国发明专利，ZL201910826320.5，2021-06-04.

第2章
原料、分析方法、制备与表征

2.1 实验原料及实验仪器

2.1.1 实验原料

实验原料如表 2.1 所示。

表 2.1 实验原料

名称	品级	生产厂家
双氧水	分析纯	天津市恒兴化学试剂制造有限公司
鳞片石墨	分析纯	青岛岩海碳材料有限公司
浓硫酸	化学纯	国药集团化学试剂有限公司
高锰酸钾	分析纯	天津石英钟霸州市化工分厂
聚乙烯醇	分析纯	国药集团化学试剂有限公司
乙酰丙酮铁	分析纯	成都化夏化学试剂有限公司
乙酰丙酮钴	分析纯	成都化夏化学试剂有限公司
乙酰丙酮镍	分析纯	成都化夏化学试剂有限公司
无水乙醇	分析纯	天津市北辰方正试剂厂
乙二醇[$(CH_2OH)_2$]	AR	天津市富宇精细化工有限公司
氯化镍($NiCl_2 \cdot 6H_2O$)	AR	天津市大茂化学试剂厂
水合肼($N_2H_4 \cdot H_2O$)	AR	阿拉丁试剂(上海)有限公司
氢氧化钠($NaOH$)	AR	天津市东丽区天大化学试剂厂
三乙二醇	AR	天津市大茂化学试剂厂
三氯化铁($FeCl_3 \cdot 6H_2O$)	AR	天津市大茂化学试剂厂
双氧水(H_2O_2)	AR	天津市瑞金特化学品有限公司
浓盐酸(HCl)	--	天津市富宇精细化工有限公司

续表

名称	品级	生产厂家
水合肼($N_2H_4 \cdot H_2O$)	AR	天津市富宇精细化工有限公司
氨水($NH_3 \cdot H_2O$)	AR	天津市富宇精细化工有限公司
氯化铁($FeCl_3$)	CP	国药集团化学试剂有限公司
氯化亚铁($FeCl_2 \cdot 4H_2O$)	AR	天津市瑞金特化学品有限公司
氯化钴($CoCl_2 \cdot 6H_2O$)	AR	天津市福晨化学试剂厂
硼氢化钠($NaBH_4$)	AR	天津市大茂化学试剂厂
硝酸锌[$Zn(NO_3)_2 \cdot 6H_2O$]	AR	国药集团化学试剂有限公司
氢氧化钾(KOH)	AR	西陇化工股份有限公司
聚乙烯吡咯烷酮	分析纯	天津市瑞金特化学品有限公司
十六烷基三甲基溴化铵	分析纯	天津市瑞金特化学品有限公司
抗坏血酸	分析纯	天津市瑞金特化学品有限公司

2.1.2　实验仪器

实验仪器[1-21]及型号列于表 2.2 中。

表 2.2　实验仪器

仪器名称	型号	生产厂家
数显高速分散均质机	FJ200-S	上海索映仪器设备有限公司
电热鼓风干燥箱	DHG-9075A	上海一恒科学仪器有限公司
高温管式炉	GSL-1100X-S	合肥科晶材料技术有限公司
超声波处理器	FS-600N	上海生析超声仪器有限公司
台式高速离心仪	TG16-WS	湖南湘仪实验室仪器开发有限公司
超声波清洗机	SB-3200DT	宁波新芝生物科技股份有限公司
JJ 型精密电动搅拌机	JJ-1	江阴市保利科研器械有限公司
电热恒温水浴锅	DZKW-S-4	北京市永光明医疗仪器有限公司
集热式恒温加热磁力搅拌器	DF-101S	河南省予华仪器有限公司
高温热压机	MZ-100	北京鸿鹄雄狮技术开发有限公司
冷冻干燥机	FD-1A-50	北京博医康实验仪器有限公司
电冰箱	BD/BC-96KM(E)	合肥美的电冰箱有限公司
真空干燥箱	DZF-6050	上海博迅实业有限公司
分析天平	ME204	梅特勒仪器(上海)有限公司

2.2 材料分析测试方法

2.2.1 材料晶体结构分析

采用日本理学株式会社的 D/MAX-2400 X 射线衍射仪对所制备的粉体进行晶体结构和物相分析。仪器采用 Cu 靶作为 X 射线源，管压为 12kV，扫描速率为 8°/min，扫描范围 5°～80°。

2.2.2 材料微观形貌及结构分析

采用美国 MI 公司的 PicoScant™ 2500 原子力显微镜（AFM）对氧化石墨烯的表面结构进行分析并测试其厚度；使用美国 FEI 公司的 Tecnai F30 透射电镜（TEM）观察材料的微观结构，并测量其晶面间距；采用德国布鲁克公司的 XFlash 5030 扫描电镜对试样的结构、形貌、粒径分布、断面等进行观测；同时采用能量色散 X 射线光谱仪（EDS）分析试样的元素组成和分布。

2.2.3 材料表面化学成分分析

采用美国 Thermo 公司的 ESCALAB 250 型 X 射线光电子能谱仪（XPS）对试样的表面化学组成进行分析，首先进行广谱扫描，得到 C、O、Fe、Ni、Co 等全元素谱图并计算出元素含量；然后分别对各个元素的峰进行高精度窄谱扫描，并通过 XPSPeak（Version4.1）软件对 C 1s 峰进行化合态分峰，根据分峰谱图中各个峰的面积计算出各官能团的含量。

2.2.4 拉曼光谱分析

石墨烯和氧化石墨烯会在 $1335cm^{-1}$ 和 $1580cm^{-1}$ 出现 D 峰和 G 峰，他们的比值可以间接表示石墨烯的氧化程度或者氧化石墨烯的还原程度。采用英国的 Renishaw inVia 显微拉曼光谱仪对材料进行拉曼光谱表征，扫描范围：$200\sim 4000cm^{-1}$，激光源 $n=532nm$。

2.2.5 热失重分析

使用美国 TA 公司 TGA-7 型热重分析仪对聚乙烯醇在高温下的失重情况进

行分析。测试条件：N_2 氛围保护，升温速率为 20℃/min，测试温度范围为 35～600℃。

2.2.6　磁性能分析

采用吉林大学的 JMD-13 型振动样品磁强计（VSM）测试试样的磁滞回线，从而得到试样的饱和磁化强度和矫顽力等参数。

2.2.7　接触角测试

采用德国克鲁士公司 DSA 静态接触角测量仪测试样品接触角，表征材料的疏水性能。

2.2.8　粉末试样电磁参数测量及反射损耗计算

电磁参数（ε，μ）通过 Aglilent 8720ET 型矢量网络分析仪测试得到，并通过 Matlab 软件计算模拟得到试样的反射损耗值。同轴法测试具体操作：首先将粉末试样与固体石蜡按照一定质量比熔融混合均匀，压制成外径 7mm、内径 3.04mm、高度为 3.0mm 的中空环形测试样（如图 2.1 所示），随后将环形测试样放置于同轴线模具内并与矢量网络分析仪相连，测试其在 1～18GHz 范围内的电磁参数，利用 Matlab 计算模拟反射损耗。

图 2.1　矢量网络分析仪、同轴空气线、同轴模具及圆环测试样

2.3　氧化石墨烯的制备与表征

2.3.1　氧化石墨烯的制备

采用改进后的 Hummers 法[22]制备氧化石墨烯，如图 2.2 所示。称取 2.0g

鳞片石墨，加入 500mL 三口烧瓶中，加入 50mL 浓硫酸，烧瓶放入冰水浴中，机械搅拌均匀，然后缓慢加入 6.0g 高锰酸钾，加料过程中控制反应液的温度始终保持在 10℃ 以下，并在此温度下持续搅拌 30min。升温至 40℃ 并反应 2h 后，缓慢加入 100mL 去离子水，反应温度升至 95℃ 并保持 30min 后停止加热。最后再加入 100mL 去离子水和 5mL 30% 的双氧水。反应得到的固体先用稀盐酸洗涤 5 次，然后用去离子水将其洗至中性，中性的悬浮液超声处理 2h 后冷冻干燥，得到黄色氧化石墨烯粉末。

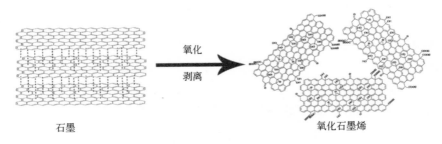

图 2.2   制备氧化石墨烯示意图

2.3.2   氧化石墨烯的表征

图 2.3(a) 为氧化石墨烯原子力显微镜图，测试结果发现氧化石墨烯厚度约为 1.3nm，大于单层石墨烯 0.335nm 的理论厚度，这是由于氧化石墨烯表面有许多羟基、羧基、环氧基等亲水基团以及由缺陷引起的褶皱、翘曲等，所以氧化石墨烯的厚度要大于 0.335nm。图 2.3(b) 为氧化石墨烯透射电镜图，可以清晰看到氧化石墨烯透明的薄层结构，片层中的深色条纹是氧化石墨烯的褶皱。

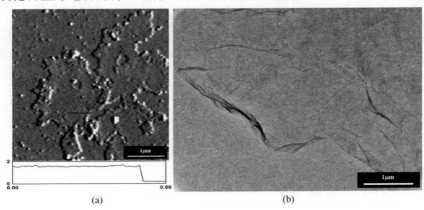

图 2.3   氧化石墨烯的原子力显微镜（a）和透射电镜（b）图

　　利用拉曼光谱仪对石墨和氧化石墨烯进行分析测试，如图 2.4 所示，氧化石墨烯和石墨都在 $1335 cm^{-1}$ 和 $1580 cm^{-1}$ 出现两个峰，这两个峰一般称为 D 峰和 G 峰，其中 D 峰表示 C 原子的晶格缺陷激活六元环呼吸振动模，从而产生拉曼活性，因此 D 峰强度常用于表征石墨烯缺陷或者边缘的多少；G 峰是 sp^2 杂化 C 原子面内伸缩振动产生的峰。D 峰和 G 峰的强度比（I_D/I_G）可以反映石墨烯的氧化程度，比值越大表示试样缺陷越多，石墨氧化程度越高。计算可知石墨的 I_D/I_G 为 0.58，氧化石墨烯的 I_D/I_G 为 0.89，氧化石墨烯的 I_D/I_G 值明显大于石墨，由此看出，制备的氧化石墨烯相比于石墨具有更多的缺陷，因此其具有很高的氧化程度。

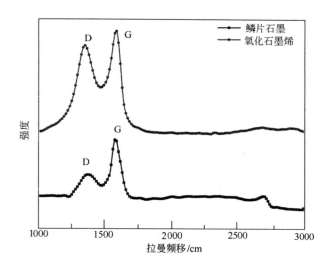

图 2.4　石墨和氧化石墨烯的拉曼光谱图

　　图 2.5 为氧化石墨烯和石墨的 XRD 谱图，石墨的谱图中在 26.4° 处出现一个很强的尖峰，并且在 44.4° 和 54.5° 出现两个较弱的尖峰，对比标准 XRD 卡（JCPDS NO.41-1487），以上峰分别对应石墨的（002）、（101）和（004）晶面。石墨在被氧化后，在 10.8° 处出现了氧化石墨烯的特征峰，对应为氧化石墨烯的（001）晶面。XRD 分析结果说明，通过改进后的 Hummers 方法，成功制备了结构完整的氧化石墨烯。

　　通过 X 射线光电子能谱对氧化石墨烯和石墨的表面化学组成进行分析。图 2.6(a) 和（b）显示，在结合能为 285eV 和 532eV 处出现两个峰，分别对应于 C 1s 和 O 1s 的信息，这表明石墨和氧化石墨烯都只含有 C 和 O 这两种元素。

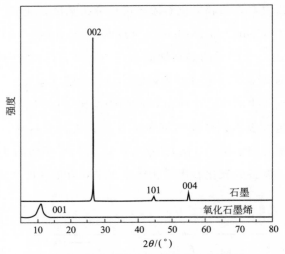

图 2.5 氧化石墨烯和石墨的 XRD 谱图

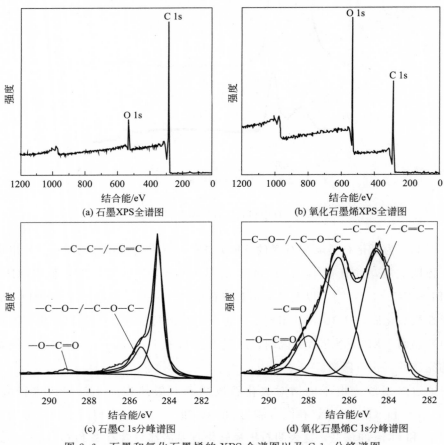

(a) 石墨XPS全谱图

(b) 氧化石墨烯XPS全谱图

(c) 石墨C 1s分峰谱图

(d) 氧化石墨烯C 1s分峰谱图

图 2.6 石墨和氧化石墨烯的 XPS 全谱图以及 C 1s 分峰谱图

但是氧化石墨烯的氧含量明显要高于石墨的氧含量，具体比值见表 2.3。石墨的氧碳比为 0.36，氧化石墨烯的氧碳比为 1.68，由此可见氧化石墨烯的氧化程度很高。

表 2.3　石墨和氧化石墨烯的氧碳比和各个官能团含量

样品	O/C(原子比)	各官能团含量/%			
		—C—C—	—C—O—	—C=O	—O—C=O
石墨	0.36	62.90	33.78	0	3.31
氧化石墨烯	1.68	46.73	38.78	12.15	2.34

通过对 XPS 全谱扫描中的 C 1s 峰进行分峰拟合处理，进一步分析了石墨和氧化石墨烯表面化学官能团的组成，如图 2.6(c) 显示，石墨出现三个特征峰，分别位于结合能为 284.5eV、286.6eV 和 287.7eV 处，这些峰分别归属于 —C—C—、—C—O— 和 —C=O[23]。图 2.6(d) 显示氧化石墨烯除了以上三个峰外，在 289.0eV 处增加了一个峰，该峰可以归属于 —O—C=O 基团[24]。根据图 2.6(c)，(d) 中各个拟合峰与基线组成的封闭区间面积可以得出各官能团的含量，列于表 2.3。由表可知，氧化石墨烯的 —C—O— 和 —C=O 都增加了，这表明氧化石墨中羟基和羰基含量增加了；氧化石墨烯中的羧基含量下降了，这可能是在 95℃ 反应时，发生了少量的脱羧反应，从而导致羧基含量降低了。

通过以上测试分析可知，使用改进后的 Hummers 方法成功制备了氧化程度较高的氧化石墨烯，为后面制备功能吸波复合材料做好了准备。

2.3.3　微波吸收性能

将氧化石墨烯与石蜡熔融混合，压成同轴圆环测试其电磁参数。图 2.7 为质量分数 5% 的氧化石墨烯与石蜡熔融混合后所测得的实部（ε'）和虚部（ε''）、介电损耗角正切（$\tan\delta_\varepsilon$）及其不同匹配厚度下的反射损耗随频率变化关系图。由图 2.7(a) 和图 2.7(b) 可知，其介电常数的 ε' 和 ε'' 值分别在 $2.20\sim2.36$ 和 $-0.03\sim0.11$ 范围波动，其 ε'' 值在整个测试范围内远远小于 ε'，表明其 $\tan\delta_\varepsilon$ 远小于 1 [图 2.7(b)]。因此，由于氧化石墨烯较差的导电性及较弱的介电损耗能力，导致其微波吸收性能极差 [图 2.7(c)]，在整个测试频率 $1\sim18$GHz 及 $1.5\sim5$mm 匹配厚度下均未能实现 -10dB 以下的有效吸收，且随着厚度的不断增大，最小反射损耗无明显区别，以上说明氧化石墨烯单独作为吸波剂使用不能满足基本性能要求。拟通过氧化石墨烯的化学还原并同步与其他损耗类型的微波

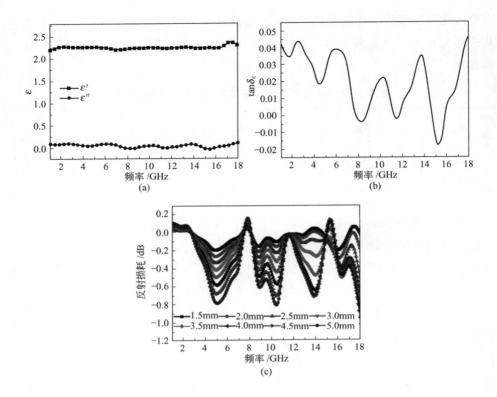

图 2.7　氧化石墨烯的介电常数实部（ε'）和虚部（ε''）（a）；介电损耗角正切
（$\tan\delta_{\varepsilon}=\varepsilon''/\varepsilon'$）（b）；不同匹配厚度下的反射损耗（c）

吸收材料进行复合，构筑三维石墨烯基复合吸波材料，并研究其微波吸收性能及机理，为高效石墨烯基微波吸收材料的设计及制备提供理论参考。

2.4　还原氧化石墨烯（rGO）的制备

2.4.1　rGO 的制备

实验中，采用传统的 Hummers[25]化学氧化法制备氧化石墨，再经超声处理剥离成氧化石墨烯，过程如图 2.8 所示。

称量 2.0g 石墨置于 500mL 三口烧瓶中，量取 46mL 浓 H_2SO_4，缓慢加入烧瓶中。在室温下搅拌一会儿，使浓硫酸充分浸润石墨。随后，将烧瓶置于 0℃

的冰水混合物中。称量 6.0g 高锰酸钾，分批次缓慢加入，控制反应体系温度在 0~5℃之间。在 0℃下反应 2h。然后将烧瓶移入 35℃水浴中，再反应 2h。反应结束后，缓慢滴加 100mL 蒸馏水，再在 90℃下反应 0.5h。最后，加入 200mL 蒸馏水，并滴加 15mL H_2O_2。静止直至产物分层，倒掉上清液。将沉淀物用 5% 的 HCl 洗涤，再用蒸馏水离心洗涤至 pH=6~7 之间。将得到的氧化石墨配制成一定浓度，用探头 300W 超声 1h 得氧化石墨烯。

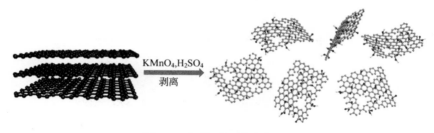

图 2.8　氧化石墨烯形成机理

将得到的氧化石墨烯（GO）溶液取 140mL，加入 500mL 三口烧瓶中。随后加入 100mL 蒸馏水进行稀释。再将反应体系加热到 50℃，逐滴加入 $NH_3 \cdot H_2O$ 调节溶液的 pH=11，反应 0.5h。最后升温至 90℃，加入 10mL 水合肼，反应 4h[26]。将得到的产物抽滤洗涤至中性，于 60℃真空烘箱中干燥 10h 得最终产物 rGO[27]。水合肼还原氧化石墨烯可能的机理如下[28]：

2.4.2　rGO 的 XRD 表征

图 2.9 中为石墨、GO、rGO 的 XRD 谱图。石墨的衍射谱图中在 $2\theta=26.5°$ 处有一强而尖的峰，为石墨（002）晶面的衍射峰。氧化石墨经冻干处理后，石墨的（002）晶面衍射峰完全消失，同时在 11.7° 处出现一宽峰，这是由于 GO 在干燥过程中发生堆叠引起；由布拉格公式（$2d\sin\theta=n\lambda$）可知，GO 堆叠的层间距比石墨的大；这可能是由于氧化过程中，石墨烯片层上形成的含氧基团 O—C—O、C=O、O=C—OH 等导致的。当用水合肼还原过后，在 23.8° 处出现宽峰，是由于 rGO 中无定形碳的堆叠导致；而在 43.2° 处的峰为石墨晶体（100）晶面的衍射峰，表明氧化石墨烯被成功还原为 rGO[29]。

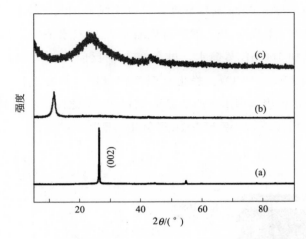

图 2.9　石墨（a）、GO（b）、rGO（c）的 XRD 谱图

2.4.3　rGO 的拉曼表征

拉曼光谱可以用来研究石墨烯的层数和有序程度。在石墨烯的拉曼光谱中，共有四个特征峰，即 D、G、2D 和 D＋G 特征峰。图 2.10 中所示为石墨、GO、rGO 的拉曼光谱。从图中可以观察到，石墨、GO、rGO 在 1347cm^{-1}、1597cm^{-1}、2708cm^{-1} 出现特征峰，对应于 D、G、2D 峰。D 峰是由 sp^3 杂化碳原子振动引起，G 峰由 sp^2 杂化碳原子振动引起，两者强度比（I_D/I_G）反映了石墨烯无序程度，GO、rGO、石墨的 I_D/I_G 分别为 1.55、1.21 和 0.24；由此可知，石墨的 D 峰很弱，表明石墨中缺陷较少；而 GO 的 D 峰增加较明显，说明氧化过程中破坏了石墨片层中 sp^2 碳原子的共轭结构；进行还原后，rGO 中

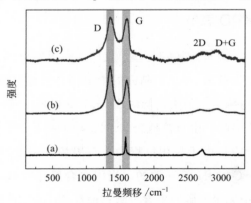

图 2.10　石墨（a）、GO（b）和 rGO（c）的拉曼光谱

sp²共轭结构有一定的恢复，但仍有很多缺陷。2D 峰的强度和峰形，可以衡量石墨烯片层的堆叠程度。随着石墨烯片层堆叠程度的增加，2D 峰逐渐变宽。D+G 峰是由石墨烯中无序结构引起，也叫做 G'峰[30]。

2.4.4 rGO 的热失重表征

图 2.11 为 rGO 和 GO 在 N₂氛围下以 5℃/min 的速率升温的热失重（TGA）曲线。在 50～800℃范围内，GO 共有两段明显的质量损失。100℃以下 17%的质量损失为 GO 吸附的层间水的蒸发，表明 GO 片层含有较多的含氧基团可以吸附水分子。150～250℃之间为 GO 主要的质量损失，约为 30%，这是含氧基团在高温下脱除而导致的。250～800℃的 GO 的质量损失较为平缓，这可能是残余含氧基团和 H 原子的脱除导致的。相对于 GO，rGO 在 100℃以下的质量损失仅有 5%，表明其吸附的水分子明显减少，这是 rGO 中含氧官能团大幅度减少所致。随着温度升高，rGO 质量在逐渐损失，这和 GO 在 250℃以后的损失相似，可能是由残余的含氧基团和 H 原子的脱除引起[31]。

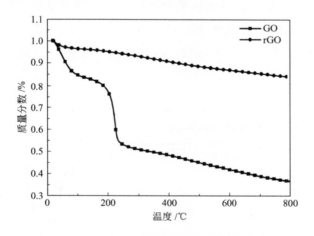

图 2.11 氧化石墨和还原氧化石墨烯的热失重曲线

2.4.5 rGO 的吸波性能

图 2.12 为 rGO 含量分别为 20%、30%、40%、50%的复合材料复介电常数与频率关系曲线。从图 2.12 可知，随着含量的增加，rGO 介电常数的实部和虚部均增大。这可能是由于随着 rGO 含量的增加，逐渐形成导电网络，电导率增大的缘故。此外，随着频率的增加，介电常数逐渐减小，这是由于，随着外场频

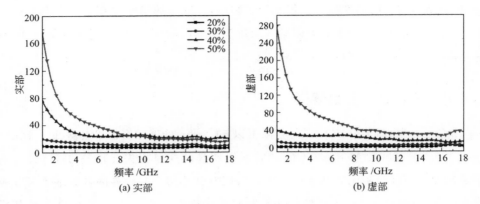

(a) 实部　　　　　　　　　　(b) 虚部

图 2.12　rGO 复合材料的介电常数

率的增加，rGO 内部极化的速度跟不上外场的变化，从而表现出一定的滞后。

图 2.13 为不同 rGO 含量、同一厚度（$d=2\text{mm}$）条件下的反射损耗（RL）。当 RL$<-10\text{dB}$ 时，代表材料吸收了 90％的电磁波，即为有效吸收。从图 2.13 中可知，当含量为 20％时，有效吸收的频率为 15.5～17.7GHz，有效吸收频宽为 2.1GHz，最大吸收在 17.3GHz 处为 -12.6dB；当含量为 30％时，有效吸收频率为 9.6～12.9GHz，最大吸收在 11.1GHz 处为 -19.3dB；而当含量为 40％和 50％时，没有超过 -10dB 的吸收。由此可知，当 rGO 含量为 30％时，吸波性能最优。

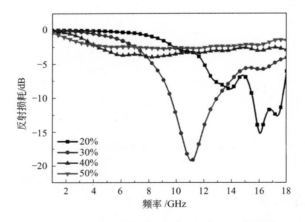

图 2.13　不同 rGO 含量、同一厚度下反射损耗

图 2.14 为同一 rGO 含量、不同厚度下的反射损耗。通过对比可以发现，含量为 30％时，材料吸波性能最优。随着厚度的增加，材料最大吸收向低频移动，这是由有效厚度的增加引起的。当含量为 20％时，吸波材料满足匹配特性，电

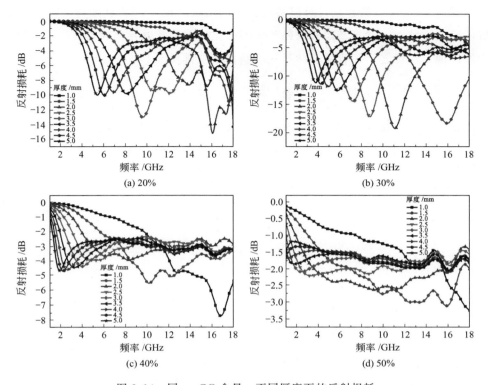

图 2.14 同一 rGO 含量、不同厚度下的反射损耗

磁波可以入射到材料内部，但由于介电损耗较小，对电磁波消耗较少；而当含量为 30% 时，材料的介电常数增加，同时满足匹配特性和衰减特性，电磁波可以较多地入射到材料内部并被吸收；当含量增加到 40% 时，材料的电导率增大，与自由空间的阻抗不匹配，导致电磁波在材料与自由空间的界面处被较多的反射掉；当含量增加大 50% 时，对电磁波的吸收更少。从以上结果可知，吸波材料要对电磁波有较强的吸收，既要满足阻抗匹配特性，又要满足衰减特性。

rGO 对电磁波的吸收机制可以归纳为以下几点。

(1) 残余的含氧基团，如 C—O、C═O 和缺陷在外电磁场的作用下会产生极化和松弛过程；由于产生极化和松弛的过程滞后于外界电场，因而会对外界电磁场产生损耗，产生热能，借由石墨烯优良的导热性能散发到自由空间。

(2) 石墨烯是优异的导电材料，但经过氧化和还原过程，破坏了其共轭结构，电导率下降，但 rGO 仍有很多小共轭区域可以在外场作用下产生电子的离域，对电磁波产生电导损耗。

综上所述，要想制备吸波性能优良的材料，就要满足阻抗匹配特性和衰减特性。通过控制 rGO 的含量，可以实现材料的阻抗匹配特性和衰减特性；rGO 良好的吸波性能源于含氧基团和缺陷产生的极化松弛以及电导损耗。石墨烯可以作为厚度薄、质量轻、吸收强、频带宽的新型吸波材料[32-34]。

参 考 文 献

[1] Zeng Qiang, Xiong Xu hai, Chen Ping, Yu Qi, Wang Qi, Wang Rongchao, Hairong Chu. Air@rGO € Fe_3O_4 microspheres with spongy shell：self-assembly and microwave absorption performance [J]. J. Mater. Chem C, 2016, 4, 10518-10528.

[2] Chu Hairong, Zeng Qiang, Chen Ping, Yu Qi, Xu Dongwei, Xiong Xuhai, Wang Qi. Synthesis and electromagnetic wave absorption properties of matrimony vine-like iron oxide/reduced graphene oxide prepared by a facile method [J]. Journal of Alloys and Compounds, 2017, 719：296-307.

[3] Zeng Qiang, Chen Ping, Yu Qi, Chu Hairong, Xiong Xuhai, Xu Dongwei, Wang Qi. Self-assembly of ternary hollow microspheres with strong wideband microwave absorption and controllable microwave absorption properties [J]. Scientific Reports, 2017, 7：8388.

[4] Zeng Qiang, Xu Dongwei, Chen Ping, et al. 3D graphene-Ni microspheres with excellent microwave absorption and corrosion resistance properties [J]. Journal of Materials Science：Materials in Electronics, 2018, 29 (3), 2421-2433.

[5] 陈平，曾强，于祺，熊需海。一种负载磁性纳米粒子的石墨烯空心微球的制备方法 [P]. 中国发明专利，授权专利号：ZL201510925343.3，2017-07-11.

[6] 曾强，陈平，于祺，徐东卫. 具有宽频与可控微波吸收性能的石墨烯空心微球的自组装 [J]. 材料研究学报，2018，32 (2)：119-125.

[7] 褚海荣，陈平，于祺，徐东卫. FeCo/石墨烯的制备及吸波性能 [J]. 材料研究学报，2018，32 (3)：161-167.

[8] 陈平，褚海荣，于祺，杨森，熊需海，王琦. Fe/Co 还原氧化石墨烯复合吸波材料的制备方法 [P]. 中国发明专利，授权专利号：ZL201710371155. X，2019-11-08.

[9] Yang Sen, Xu Dongwei, Chen Ping, Qiu Hongfang, Guo Xiang. Synthesis of popcorn-like α-Fe_2O_3/3D graphene sponge composites for excellent microwave absorption properties by a facile method [J]. Journal of Materials Science：Materials in Electronics, 2018, 29：19443-19453.

[10] Xu Dongwei, Xiong Xuhai, Chen Ping, Yu Qi, Chu Hairong, Yang Sen, Wang Qi. Superior corrosion-resistant 3D porous magnetic graphene foam-ferrite nanocomposite with tunable electromagnetic wave absorption properties [J]. Journal of Magnetism and Magnetic Materials, 2019, 469：428-436.

[11] Xu Dongwei, Yang Sen, Chen Ping, Yu Qi, Xiong Xu hai, Wang Jing. 3D nitrogen-doped porous magnetic graphene foam-supported Ni nanocomposites with superior microwave absorption properties [J]. Journal of Alloys and Compounds, 2019, 782：600-610.

[12] 陈平，徐东卫，熊需海，于祺，郭翔，王琦. 一种石墨烯泡沫负载纳米 Fe_3O_4 磁性粒子复合吸波材料及其制备方法 [P]. 中国发明专利，ZL201710595949.4，2020-04-07.

[13]　Xu Dongwei，Yang Sen，Chen Ping，Yu Qi，Xiong Xuhai，Wang Jing. Synthesis of magnetic graphene aerogels for microwave absorption by a in-situ pyrolysis [J]. Carbon, 2019, 146: 301~312.

[14]　Yu Qi，Wang Zixuan，Chen Ping，Wang Qi，Wang Yiyi，Ma Mingbo. Microwave absorbing and mechanical properties of carbon fiber/bismaleimide composites imbedded with Fe @ C/PEK-C nanomembranes [J]. Journal of Materials Science: Materials in Electronics, 2019, 30: 308-315.

[15]　Xu Dongwei，Liu Jialiang，Chen Ping，Yu Qi，Wang Jing，Yang Sen，Xiang Guo. In situ growth and pyrolysis synthesis of super-hydrophobic graphene aerogels embedded with ultrafine beta-Co nano-crystals for microwave absorption [J]. J. Mater. Chem C, 2019, 7 (13): 3869-3880.

[16]　Yang Sen，Guo Xiang，Chen Ping，Xu Dongwei，Qiu Hongfang，Zhu Xiaoyu. Two-step synthesis of self-assembled 3D graphene/shuttle-shaped zinc oxide (ZnO) nanocomposites for high-performance microwave absorption [J]. Journal of Alloys and Compounds, 2019, 797, 1310-1319.

[17]　Yu Qi，Wang Yiyi，Chen Ping，Nie Weicheng，Chen Hanlin，Zhou Jun. Reduced graphene oxide-wrapped super dense Fe_3O_4 nanoparticles with enhanced electromagnetic wave absorption properties [J]. Nanomaterials, 2019, 9, 845; doi: 10.3390/nano9060845.

[18]　Xu Dongwei，Liu Jialiang，Chen Ping，Yu Qi，Guo Xiang，Yang Sen. In situ deposition of α-Co nanoparticles on three-dimensionalnitrogen-doped porous graphene foams as microwave absorbers [J]. Journal of Materials Science: Materials in Electronics, 2019, 30: 13412-13424.

[19]　陈平，杨森，于祺，熊需海，王静. 一种三维石墨烯海绵/Fe_2O_3复合吸波材料及其制备方法 [P]. 中国发明专利，ZL201810794924.1，2020-06-16.

[20]　陈平，徐东卫，熊需海，于祺，郭翔，王琦. 一种负载磁性纳米粒子的石墨烯气凝胶复合材料的制备方法 [P]. 中国发明专利，CN201810232119.X，2018-03-21.

[21]　Liu Jialiang，Xu Dongwei，Chen Ping，Yu Qi，Qiu Hongfang，Xiong Xuhai. Solvothermal synthesis of porous superparamagnetic $rGO@Fe_3O_4$ nanocomposites for microwave absorption [J]. Journal of Materials Science: Materials in Electronics, 2019, 30: 17106-17118.

[22]　Chen J，Li Y，Huang L，et al. High-yield preparation of graphene oxide from small graphite flakes via an improved Hummers method with a simple purification process [J]. Carbon, 2015, 81 (1): 826-834.

[23]　Zhang C S，Chen P，Sun B L，et al. Surface analysis of oxygen plasma treated poly (p-phenylene benzobisoxazole) fibers [J]. Applied Surface Science, 2008, 254: 5776-5780.

[24]　Upadhyay D J，Cui N Y，Anderson C A，et al. A comparative study of the surface activation of polyamide using all air dielectric barrier discharge [J]. Colloids and Surface A: Physicochemical and Engineering Aspects, 2004, 248: 47-56.

[25]　Jr W S H，Offeman R E. Preparation of graphitic oxide [J]. Journal of the American Chemical Society, 1958, 80 (6): 1339.

[26]　Ren P G，Yan D X，Ji X，et al. Temperature dependence of graphene oxide reduced by hydrazine hydrate [J]. Nanotechnology, 2011, 22 (5): 055705.

[27]　Chandra V，Park J，Chun Y，et al. Water-dispersible magnetite-reduced graphene oxide composites

for arsenic removal [J]. Acs Nano, 2010, 4 (7): 3979.

[28] Dreyer D R. The chemistry of graphene oxide [J]. Chemical Society Reviews, 2009, 43 (15): 5288-5301.

[29] 傅玲, 刘洪波, 邹艳红, 等. Hummers 法制备氧化石墨时影响氧化程度的工艺因素研究 [J]. 炭素, 2005, 4: 10-14.

[30] Ferrari A C, Basko D M. Raman spectroscopy as a versatile tool for studying the properties of graphene [J]. Nature Nanotechnology, 2013, 8 (4): 235-246.

[31] Stankovich S, Dikin D A, Piner R D, et al. Synthesis of graphene-based nanosheets via chemical reduction of exfoliated graphite oxide [J]. Carbon, 2007, 45 (7): 1558-1565.

[32] Wang C, Han X, Xu P, et al. The electromagnetic property of chemically reduced graphene oxide and its application as microwave absorbing material [J]. Applied Physics Letters, 2011, 98 (7): 217.

[33] Liu W, Li H, Zeng Q, et al. Fabrication of ultralight three-dimensional graphene networks with strong electromagnetic wave absorption properties [J]. Journal of Materials Chemistry A, 2015, 3 (7): 3739-3747.

[34] Wen B, Wang X X, Cao W Q, et al. Reduced graphene oxides: the thinnest and most lightweight materials with highly efficient microwave attenuation performances of the carbon world [J]. Nanoscale, 2014, 6 (11): 5754.

第 3 章

磁功能化石墨烯空心微球的设计
制备及其复合材料吸波性能

石墨烯由于具有超大比表面积和良好的导热性等优点可被用作吸波材料。石墨烯是一种优异的介电损耗型吸波材料，特别是通过化学氧化-还原法制得的还原氧化石墨烯，其残留的含氧官能团以及缺陷降低了电导率，从而增加了其阻抗匹配性；并且这些残留官能团和缺陷在交变电场下能产生极化，从而衰减电磁波。然而，作为吸波材料使用时，石墨烯的匹配特性较差，其吸波性能往往不能满足实际应用要求。因此，需将石墨烯与磁性粒子进行特种复合匹配，以此来提高石墨烯的匹配特性，并结合石墨烯的介电损耗和磁性粒子的磁损耗，来共同提高石墨烯复合材料的吸波性能。

笔者所在项目组从材料结构设计出发，设计制备了具有空心结构的石墨烯微球；使用油包水与高温煅烧两步法相结合的自组装技术，将磁性纳米粒子引入到具有空心结构的石墨烯微球中，成功制备了三种负载有不同磁性纳米粒子的石墨烯复合微球（Air@rGO $\in$ Fe$_3$O$_4$、Air@rGO $\in$ Co 和 Air@rGO $\in$ Ni）。研究了负载有磁性纳米粒子石墨烯空心微球的结构特征及其电磁响应特性[1-4]等。在此基础上，深入系统地研究了磁性纳米粒子种类与含量对三种典型的石墨烯复合微球吸波性能的影响及其变化规律。对空心复合微球电磁波的损耗机制也进行了探讨。

3.1 Air@rGO $\in$ Co 空心微球的设计制备及其复合材料吸波性能

金属钴纳米粒子是一种软金属磁性材料，具有高的饱和磁化强度和大的各向异性磁场，使得其在高频区具有优异的电磁波吸收性能。许多研究者通过一定技术手段制备了如雪花状[5]、空心球状[6]、纳米片状[7]、花朵状[8]等具有特殊结构的 Co 吸波剂，这些具有特殊结构的吸波粒子虽然具有一定的吸波效果，但也存在明显的缺陷。一方面，Co 纳米粒子在高频区容易产生涡流，涡流产生的感应磁场和入射磁场方向相反而抵消一部分入射磁场，从而导致 Co 在高频区的磁导率下降，吸波性能减弱；另一方面，Co 纳米粒子暴露在空气中容易被氧化成反磁性的 CoO，从而降低磁损耗，而石墨烯具有化学稳定性好、密度小等优点；因此，通过一定的技术手段把石墨烯和 Co 复合到一起制备复合吸波材料是一种很好的选择。在本章中，通过两步法制备了 Air@rGO€Co 空心微球，首先使用油包水的方法制备了聚乙烯醇（PVA）/乙酰丙酮钴（AACo）/氧化石墨烯（GO）前驱体，然后通过高温煅烧法使乙酰丙酮钴分解成钴，氧化石墨烯还原为还原氧化石墨烯（rGO），从而得到 Air@rGO€Co 空心微球。通过 XRD、XPS、VSM、SEM、TEM 等手段对 Air@rGO€Co 空心微球的物相、化学成分、磁性能、微观结构等进行表征，并使用矢量网络分析仪测试试样的电磁参数，分析其吸波性能及吸波机理。

3.1.1　Air@rGO€Co 空心微球的设计制备

Air@rGO€Co 空心微球的制备主要分两步[9]，其示意图如图 3.1 所示。

(1) 前驱体的制备

以氧化石墨烯水溶液（4.5mg/mL）、聚乙烯醇、乙酰丙酮钴（AACo）（Ⅱ）、无水乙醇的混合物为水相，橄榄油为油相，以油包水的方法制备 PVA/AACo/GO 前驱体。具体步骤为：称取 0.3g 聚乙烯醇并溶于 20mL 氧化石墨烯悬浮液中配成溶液 A；称取 1.5g 乙酰丙酮钴加入 50mL 无水乙醇中，在 75℃下搅拌使其完全溶解成溶液 B；将溶液 A 和 B 在 75℃下混合均匀，然后缓慢滴加到 75℃的橄榄油中，并使用均质机在 6000r/min 的搅拌速度下持续搅拌 3min，之后换成普通机械搅拌机，在 75℃下持续搅拌 2h 后将温度升至 95℃再搅拌 2h。最后通过过滤、洗涤、烘干获得 PVA/AACo/GO 前驱体。

(2) Air@rGO€Co 空心微球的制备

将上述获得的前驱体放入管式炉中，在 Ar 气氛中，550℃下煅烧 2h，然后自然冷却得到 Air@rGO€Co 空心微球。

为了进行对比实验，把氧化石墨烯和乙酰丙酮钴分别放入管式炉中煅烧，煅

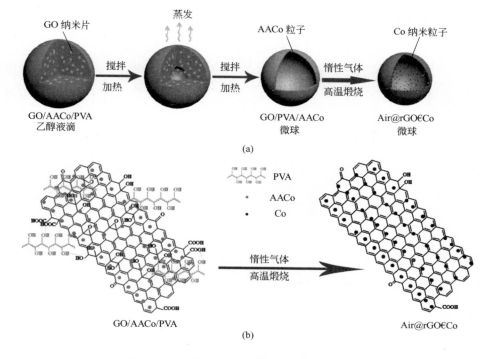

图 3.1　Air@rGO€Co 空心微球的制备示意图

烧工艺和制备 Air@rGO€Co 微球相同，分别制备了 rGO 和 Co 粒子。

3.1.2　Air@rGO€Co 结构与形貌

图 3.2 为 PVA 的 TGA 曲线，从图中可看出，在温度高于 480℃时，PVA 残炭率仅为 1.15%，因此可以认为在 550℃高温下煅烧 PVA/AACo/GO 前驱体时，PVA 被完全分解成了水和二氧化碳。

使用 X 射线光电子能谱对 Air@rGO€Co 空心微球的表面化学成分进行分析。图 3.3(a) 为 Air@rGO€Co 空心微球的全谱图，在 285eV、532eV 和 778.3～803eV 出现的三个峰，分别对应 C 1s、O 1s 和 Co 2p，表明微球含有 C、O、Co 三种元素。对上述 Co2p 峰进行分峰拟合，如图 3.3(b)，在 778.1eV 和 796.7eV 出现的峰分别对应零价 Co 的 Co $2p^{3/2}$ 和 Co $2p^{1/2}$ 电子态，说明微球中含有金属 Co，并进一步证明乙酰丙酮钴在高温下分解产生 Co；另外，在 781.2eV 和 786.3eV 出现了两个 Co $2p^{3/2}$ 的肩峰，这是 Co^{2+} 的特征峰[10]，说明试样中存在二价的钴，这主要是测试前试样表面发生氧化反应，Co 被氧化成 CoO。图 3.3

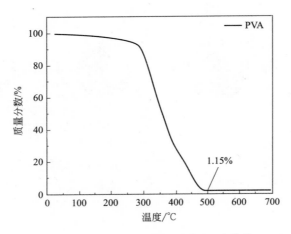

图 3.2 PVA 在氮气保护下的 TGA 曲线

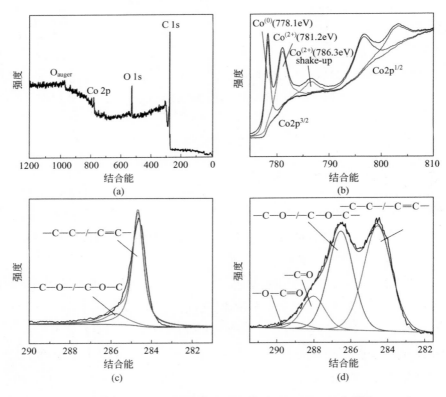

图 3.3 Air@rGO€Co 空心微球 XPS 全谱图 (a)、Co 2p 分峰图 (b) 和
C 1s 分峰图 (c) 以及氧化石墨烯 C 1s 分峰图 (d)

（c）为上述全谱图中的 C 1s 的分峰拟合图，图中出现两个特征峰，分别位于结合能 284.5eV 和 286.3eV 处，这些峰分别归属于—C—C—/—C＝C—和—C—O—/—C—O—C—，对比氧化石墨烯的 C 1s 拟合谱图 ［图 3.3（d）］ 发现，图 3.3(c) 没有出现—C＝O 和—O—C＝O 这两个官能团的特征峰，并且—C—O—/—C—O—C—的强度变弱了，表明其含量下降了（具体含量见表 3.1），这说明在高温下氧化石墨烯中的含氧官能团发生了脱除，氧化石墨烯被还原成还原氧化石墨烯。

表 3.1　Air@rGO€Co 空心微球和氧化石墨烯各个官能团的含量

样品	各官能团含量/%			
	—C—C—	—C—O—	—C＝O	—O—C＝O
Air@rGO€Co	88.43	11.57	0	0
氧化石墨烯	46.73	38.78	12.15	2.34

通过 XRD 分析了 Air@rGO€Co 空心微球的晶体结构，并和氧化石墨烯做对比，如图 3.4 所示。氧化石墨烯在 10.8°处出现特征峰，根据布拉格方程（$n\lambda = 2d\sin\theta$）可以计算出其层间距为 0.92nm。Air@rGO€Co 空心微球谱图中，10.8°处没有出现氧化石墨烯的特征峰，而是在 25.4°出现一个宽峰，计算其层间距为 0.41nm，这是由于氧化石墨烯在高温下其含氧官能团被脱除而发生还原，变成还原氧化石墨烯，从而使层间距下降[11]。该谱图中 44.2°、51.5°和 75.8°出现的峰分别对应 Co 的 （111）、（200） 和 （220） 晶面，与面心立方晶系 Co 的标准 XRD 卡 （JCPDS NO.15-0806） 完全相符。XRD 结果表明在高温条件

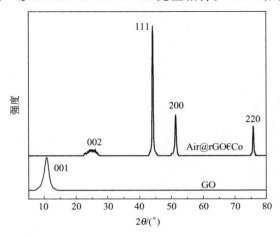

图 3.4　氧化石墨烯和 Air@rGO€Co 空心微球的 XRD 谱图

下，氧化石墨烯被还原成还原氧化石墨烯，乙酰丙酮钴分解生成 Co。

通过 SEM 对 PVA/AACo/GO 前驱体和 Air@rGO€Co 空心微球结构进行观察。图 3.5(a) 为 PVA/AACo/GO 前驱体，其呈现球形结构，聚乙烯醇包裹在微球外表面，前驱体直径在 $5\sim7\mu m$ 之间；在 550℃下高温煅烧 2h 后，如图 3.5(b) 所示，微球直径略有缩小，在 $4\sim6\mu m$ 之间；由于聚乙烯醇在高温下分解，微球只剩下 rGO 作为支撑骨架，使得其表面变得粗糙。图 3.5(f) 给出了复合微球的平均直径统计直方图，并做数值分析，发现煅烧后的复合微球平均直

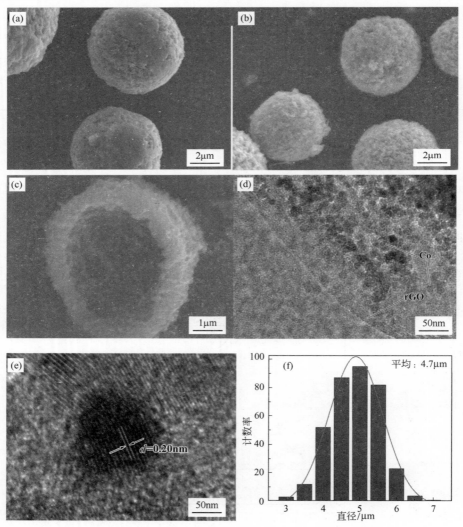

图 3.5　Air@rGO€Co 空心微球 SEM 图和
TEM 图及 PVA/AACo/GO 前驱体 SEM 图

径约为 $4.7\mu m$。图 3.5(c) 是一个破裂的 Air@rGO€Co 微球的断面，可以看出其具有空心结构，球壁厚度约为 $0.4\mu m$。为了观察 Co 纳米粒子的粒径，使用超声处理器把 Air@rGO€Co 空心微球打碎，然后通过 TEM 对碎片进行测试观察；如图 3.5(d) 所示，Co 负载在 rGO 片层之间，形成类似三明治结构，这种结构能够起到保护 Co 纳米粒子的作用，从而提高其抗氧化性。采用高分辨率透射电镜观察 Co 纳米粒子，如图 3.5(e)，Co 的粒径约为 7nm，测量其晶面间距约为 0.2nm，与面心立方晶系的 Co 的 (111) 晶面的晶面间距相同，并和 XRD 测试结果一致，进一步说明乙酰丙酮钴高温下分解得到 Co 纳米粒子。

　　此外，为了进一步分析 Air@rGO€Co 空心微球元素的组成和分布情况，对微球断面进行 EDS 能谱分析，如图 3.6 所示。图 3.6(b) 显示微球含有 C、O、Co、Au 四种元素，其中 Au 是测试时喷金带来的，所以微球只含有 C、O、Co 三种元素，他们的平均含量分别为 68.3%、7.3% 和 22.5%。对断面进行线扫描，图 3.6(c) 显示 Co 元素的含量从微球外表面到内壁呈现递增的趋势，碳元素的分布则与之相反，表明 Co 主要分布在微球的内壁，这种分布规律使得 Co 纳米粒子不易被氧化或者腐蚀，提高了 Air@rGO€Co 空心微球的化学稳定性。图 3.6(d)~(f) 为微球面扫描得到的 C、O、Co 三种元素的分布图，显示 C 元素在微球内部含量比外部少，而 Co 元素在微球内部含量比外部多。

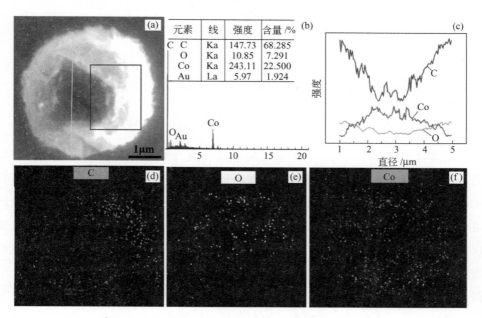

图 3.6　Air@rGO€Co 断面 SEM 图以及 EDS 元素分析图

3.1.3 Air@rGO€Co 电磁参数和吸波性能

使用 VSM 分别测试了 Air@rGO€Co 微球和 Co 颗粒的磁性能，得到室温下的磁滞回线和矫顽力，如图 3.7 所示，Co 颗粒和 Air@rGO€Co 微球的饱和磁化强度分别为 73.27emu/g 和 52.26emu/g。由于有没有磁性的 rGO 存在，Air@rGO€Co 微球的饱和磁化强度比 Co 颗粒低，通过饱和磁化强度的大小，可以计算出 Air@rGO€Co 微球中 Co 的含量约为 71.3%。另外，Co 颗粒和 Air@rGO€Co 微球的矫顽力分别为 533.87Oe 和 162.36Oe，磁性材料的矫顽力大小与粒子的直径有直接关系，粒子的粒径越小，矫顽力越小[12]。Co 颗粒的矫顽力比 Air@rGO€Co 微球大，表明 Co 颗粒直径要比负载在微球内部的 Co 大，这主要是因为 Air@rGO€Co 微球中的 Co 负载在 rGO 片层之间，减少了 Co 的团聚。

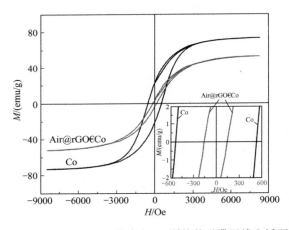

图 3.7　Air@rGO€Co 微球和 Co 颗粒的磁滞回线和矫顽力

吸波材料的吸波性能与材料的电磁参数（复介电常数和复磁导率）紧密相关，矢量网络分析仪的同轴测试法可以测试试样的电磁参数。Co、rGO、Air@rGO€Co 微球分别和固体石蜡按照 1:2 的质量比制成环形试样，并通过矢量网络分析仪的同轴测试法测试试样的电磁参数，得到的介电常数实部（ε'）、虚部（ε''）和磁导率实部（μ'）、虚部（μ''），如图 3.8 所示。Air@rGO€Co 的介电常数实部和虚部都介于 Co 和 rGO 之间，并明显大于 Co，表明加入 rGO 这种介电损耗型吸波材料后，Air@rGO€Co 的介电损耗能力相比于 Co 有明显提高。另外，试样的介电常数都随着频率增加而降低，这是由于介质在交变电场中产生极化的时间滞后于电场变化频率，并且随着频率增加，这种滞后越明显[13]。

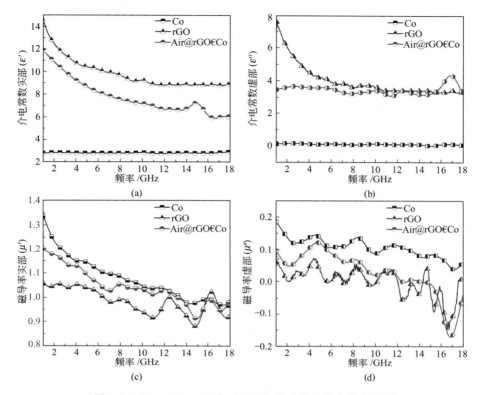

图 3.8　Co、rGO、Air@rGO€Co 微球的电磁参数曲线图

图 3.8(c)为试样磁导率实部，Air@rGO€Co 和 Co 的磁导率实部随着频率增加而下降，这是由于在交变的磁场下，磁性材料产生感应电流，感应电流又能产生感应磁场，从而使磁导率下降；而 rGO 由于没有磁性，其磁导率实部在整个频率范围基本保持不变。图 3.8(d) 显示试样的磁导率虚部，其变化规律基本和磁导率实部相同。对比图 3.8(b) 和 3.8(d) 中 Air@rGO€Co 的介电常数虚部和磁导率虚部，发现在 15～18GHz 范围内，介电常数虚部出现一个波峰，而磁导率虚部出现一个波谷，并且其值为负数。对于这种现象，Shi 等[14]认为是由于交变磁场产生感应电场，使磁场能量转变为电场能量，从而导致磁导率虚部下降而介电常数虚部增加。为了直观对比不同试样电磁参数，表 3.2 列出各试样的电磁参数的具体范围。

反射损耗是衡量吸波材料吸波能力强弱的一个参数，它由材料的电磁参数、材料的厚度和入射电磁波的频率共同决定，并通过第 1 章提供的式(1.23) 和式(1.24) 计算得到，反射损耗越小表示材料吸波性能越好。基于式(1.23) 和式

表 3.2　Co、rGO、Air@rGO€Co 微球的电磁参数范围

样品	ε'	ε''	μ'	μ''
Co	2.76~2.91	0~0.15	0.97~1.34	0.04~0.19
rGO	8.82~14.49	3.22~7.61	0.87~1.06	−0.09~0.07
Air@rGO€Co	5.91~11.88	3.06~4.36	0.94~1.20	−0.17~0.12

(1.24) 编写 Matlab 模拟计算程序, 只需把电磁参数和对应频率输入程序中, 并且输入需要模拟的厚度值, 最后点击 Matlab 软件的运行按钮就可以计算出试样在某一厚度下的反射损耗。

　　通过 Matlab 软件计算得到 Co、rGO、Air@rGO€Co 微球在 1~18GHz 频率范围内不同匹配厚度下的反射损耗, 结果如图 3.9 所示。从图 3.9(a) 可以看出, Co 整体的吸波性能较差, 其反射损耗都大于 −10dB, 表明对电磁波吸收率都小于 90%。在厚度为 3.0mm, 频率为 12.3GHz 时, 其最小反射损耗为

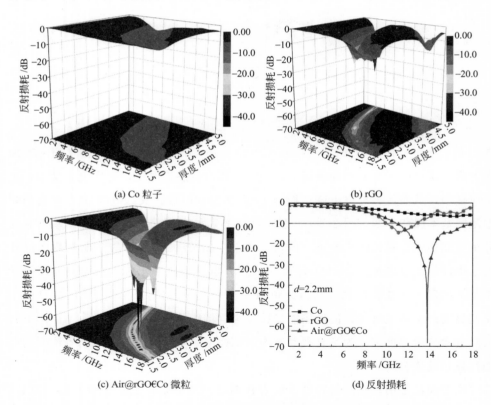

图 3.9　Co 粒子、rGO 和 Air@rGO€Co 微球反射损耗、匹配厚度和频率的三维图以及三个样品在 2.2mm 时的反射损耗

−9.7dB。Co 的反射损耗结果表明单一的 Co 纳米粒子吸收强度较弱，吸收频宽窄。rGO 的反射损耗如图 3.9(b) 所示，其吸波性能比 Co 优，在 4.4GHz 处出现最小反射损耗为 −40.0dB，匹配厚度为 4.8mm，反射损耗小于 −10dB 的频宽为 3.7GHz。rGO 的反射损耗比 Co 小，表明其吸波性能优于 Co，但是 rGO 的匹配厚度较大，达到 4.8mm，不符合对吸波材料 "薄" 的要求；并且在厚度较大的情况下，其反射损耗小于 −10dB 的频宽也只有 3.7GHz，也达不到对吸波材料 "宽" 的要求。图 3.9(c) 为 Air@rGO€Co 微球的不同厚度下的反射损耗，其最小反射损耗达到 −68.1dB，匹配厚度仅为 2.2mm，并且在其他厚度下也有很强的吸收。Air@rGO€Co 微球的吸波性能相比于 Co 和 rGO 有很大的提高，吸收强度和吸收频宽成倍增加。为了直观对比三个试样的吸波性能，图 3.9(d) 列出 Co、rGO、Air@rGO€Co 微球在匹配厚度为 2.2mm 时的反射损耗，Air@rGO€Co 微球在 10.9～18.0GHz 频率范围内的反射损耗都小于 −10dB，吸收频宽达到 7.1GHz；而在此厚度下，Co 的反射损耗都大于 −8dB，rGO 小于 −10dB 频宽约为 3.0GHz，吸波性能明显比 Air@rGO€Co 微球差。通过对比单一介电损耗型吸波材料（rGO）、单一磁损耗吸波材料（Co）和兼具磁损耗和介电损耗的复合材料（Air@rGO€Co 微球）的吸波性能，发现复合型吸波材料的吸波性能明显优于单一吸波机理的吸波材料，为制备具有高效宽频吸收的吸波材料提供了参考。

3.1.4　Air@rGO€Co 电磁波损耗机制

吸波材料的介电损耗角正切（$\tan\delta_\varepsilon = \varepsilon''/\varepsilon'$）和磁损耗角正切（$\tan\delta_\mu = \mu''/\mu'$）是衡量一种材料对电磁波吸收能力的两个重要参数，它们分别表示对电磁波的介电损耗和磁损耗的能力。图 3.10(a) 和 (b) 为 Co、rGO、Air@rGO€Co 微球在 1～18GHz 频率范围内的介电损耗角正切（$\tan\delta_\varepsilon$）和磁损耗角正切（$\tan\delta_\mu$）曲线图，由图可知 Air@rGO€Co 的磁损耗角正切值和介电损耗角正切值都较大，表明其既有较好的磁损耗又有较强的介电损耗能力，因此具有优异的吸波性能；而 rGO 和 Co 只有较大的介电损耗角正切值或磁损耗角正切值，表示 rGO 主要以介电损耗衰减电磁波，Co 主要以磁损耗衰减电磁波，因此他们的吸波性能较差。另外，在 15～18GHz 范围内，Air@rGO€Co 介电损耗角正切出现一个波峰，磁损耗角正切出现一个波谷且为负值，这是由于磁场能量转换成了电场能量[14]。

德拜偶极松弛被认为是介电材料对电磁波损耗的主要机理，德拜松弛理论

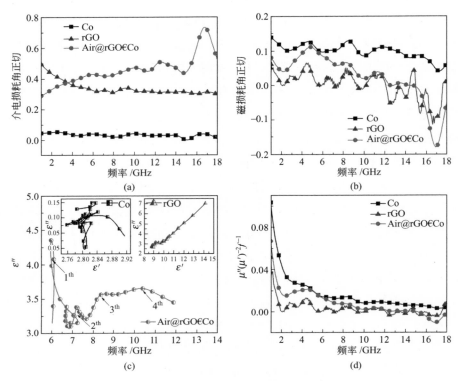

图 3.10　Co、rGO、Air@rGO€Co 微球的介电损耗角正切值（a）、
磁损耗角正切值（b）、Cole-Cole 图（c）和涡流损耗（d）

中，介电常数实部和虚部具有以下关系[15]：

$$\varepsilon_r = \varepsilon_\infty + \frac{\varepsilon_s - \varepsilon_\infty}{1 + i\omega\tau} \qquad \tau = \tau_r \frac{\varepsilon_s + 2}{\varepsilon_\infty + 2} \tag{3.1}$$

$$\varepsilon' = \varepsilon_\infty + \frac{\varepsilon_s - \varepsilon_\infty}{1 + i\omega^2\tau^2} \tag{3.2}$$

$$\varepsilon'' = \frac{(\varepsilon_s - \varepsilon_\infty)\omega\tau}{1 + \omega^2\tau^2} \tag{3.3}$$

$$\left(\varepsilon' - \frac{\varepsilon_s + \varepsilon_\infty}{2}\right)^2 + (\varepsilon'')^2 = \left(\frac{\varepsilon_s - \varepsilon_\infty}{2}\right)^2 \tag{3.4}$$

式中，ε_r 为复介电常数；ε_s 为静态介电常数；ε_∞ 为光频介电常数；τ_r 为偶极松弛时间；ω 为角频率。根据式(3.1)分解得到公式(3.2)和式(3.3)，并消除 $\omega\tau$，可以得到公式(3.4)。

由公式(3.4)可知，介电常数实部和虚部作图会成一个半圆，这种半圆称

Cole-Cole 半圆，每一个半圆都代表一次德拜松弛过程。图 3.10(c) 给出了 Co、rGO、Air@rGO€Co 微球的 Cole-Cole 图。由图可知，Air@rGO€Co 微球出现四个半圆，其中在介电常数实部为 7.5～11.9 时有两个较为完整的半圆，表示在这个范围内微球的介电损耗主要来自德拜松弛，对比图 3.8(a) 可知，该位置处在频率范围 1～8.0GHz 内；另外的不规则半圆可能是其他松弛产生的，如 Maxwell-Wagner 松弛、电子/离子极化、偶极极化等[16-19]。Co 和 rGO 的 Cole-Cole 图都只有一个不太完整半圆，因此他们只有较弱甚至没有德拜松弛。介电松弛过程可以衰减电磁波，正是 Air@rGO€Co 具有四级松弛过程，使得其表现出优异的吸波性能。

磁性材料也有多种损耗机制，如磁滞损耗、涡流损耗、自然共振、交换共振和畴壁共振等[17,20]。其中磁滞损耗是在强磁场中材料发生不可逆磁化产生的，因此吸波材料对电磁波吸收过程中应该没有磁滞损耗；畴壁共振主要发生在低于 2GHz 的低频处；在 2～6GHz 范围内的共振一般为自然共振，是由磁性粒子小尺寸效应和形状各向异性引起的[21]。图 3.10(b) 中 Air@rGO€Co 和 Co 的磁损耗角正切在 2～6GHz 范围内出现的共振峰是自然共振峰；在 6～12GHz 范围内出现的多个共振峰，主要归功于空穴、空间电荷等的极化。

在交变的磁场中，Co 可以通过电磁感应产生涡流，产生的涡流可以损耗部分电磁波，但又会阻止电磁波进入材料内部从而破坏其阻抗匹配性。根据趋肤效应，涡流损耗可通过下式表达[22]：

$$\mu''(\mu')^{-2} f^{-1} = 2\pi\mu_0 \sigma d^2/3 \tag{3.5}$$

式中，μ_0 为真空磁导率；σ 为电导率；d 为样品厚度。如果样品的磁损耗谐振峰来源于涡流损耗，那么 $\mu''(\mu')^{-2} f^{-1}$ 是一个常数，不会随着频率变化而变化。图 3.10(d) 显示，Co 在 10～16GHz 频率范围内 $\mu''(\mu')^{-2} f^{-1}$ 基本保持不变，说明 Co 表面产生了涡流，而 Air@rGO€Co 在该频段内 $\mu''(\mu')^{-2} f^{-1}$ 值随着频率变化而出现波动，说明 Air@rGO€Co 没有产生涡流，由此可见，Air@rGO€Co 微球很好地克服了 Co 纳米粒子容易产生涡流的缺陷。

通过以上分析可知，Air@rGO€Co 微球具有优异吸波性能是因为其具有多种损耗机制，既有介电损耗又有磁损耗。为了直观体现 Air@rGO€Co 微球对电磁波的损耗机理，现给出其吸波损耗示意图，如图 3.11 所示。

吸波材料能否对电磁波达到很好的吸收效果，有两个方面需要考虑：一是电磁波是否能够进入吸波材料内部，称为材料的匹配系数；二是进入的电磁波能否被快速有效地损耗，称之为吸收系数。根据阻抗匹配系数和吸收系数的计算公式

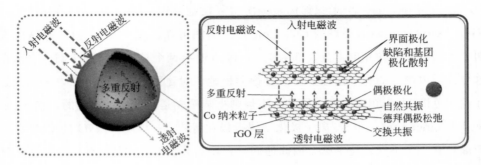

图 3.11 Air@rGO€Co 微球的吸波机理示意图

［式(1.21) 和式(1.22)］，分别计算了 Co、rGO、Air@rGO€Co 微球的阻抗匹配系数（Z）和吸收系数（α），结果如图 3.12 所示。

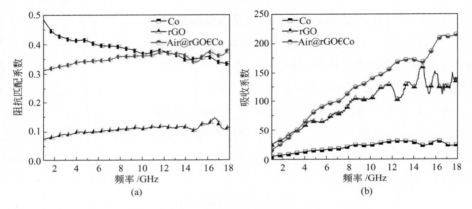

图 3.12 Co、rGO、Air@rGO€Co 微球的
阻抗匹配系数（a）和吸收系数（b）

对比三个试样的阻抗匹配系数大小顺序为：Co＞Air@rGO€Co＞rGO。rGO 的导电性较好，电导率高，使其对电磁波反射较强，电磁波不易进入其内部，因此匹配性能最差；加入 Co 后，Air@rGO€Co 微球的匹配系数相比于 rGO 有所提高，匹配性增强。图 3.12(b) 为试样的吸收系数，在 1～18GHz 频率范围内 Air@rGO€Co 的吸收系数明显大于 Co 和 rGO，表明其损耗电磁波能力较强，而 Co 的吸收系数在 1～18GHz 频段内都小于 30，其吸收能力明显小于 rGO。综合分析，rGO 具有较大的吸收系数，但是匹配系数小，因此其吸波性能较差；Co 的匹配系数较大，表示其较好的匹配特性，但是吸收系数小，因此 Co 的吸波性能较差；由于 Air@rGO€Co 具有较大的吸收系数和合适的匹配系数，使其具有优于 Co 和 rGO 的吸波性能，吸收强度和吸收频宽都较大。

3.1.5 Air@rGO€Co 微球的耐腐蚀性能

Co 是常用的纳米吸波粒子，但是它存在化学稳定性差等缺陷，限制了其应用范围。Air@rGO€Co 微球中，Co 纳米粒子被 rGO 包裹，并且只有少量 Co 分布在微球的外表面，这种结构很好地起到了保护 Co 的作用。把 Air@rGO€Co 微球加入 0.1mol/L 的稀盐酸溶液中静置 5d，然后过滤、洗涤、烘干获得盐酸处理后的 Air@rGO€Co 微球。通过振动样品磁强计测试浸泡后微球的饱和磁化强度，并和盐酸处理前作对比，结果如图 3.13 所示。盐酸浸泡后，Air@rGO€Co 微球的饱和磁化强度为 48.34emu/g，相比浸泡前仅下降了 7.5%。饱和磁化强度下降主要是因为微球表面的 Co 被盐酸溶解，且溶解的量少于 7.5%，Air@rGO€Co 微球表现出优异的耐酸腐蚀性。

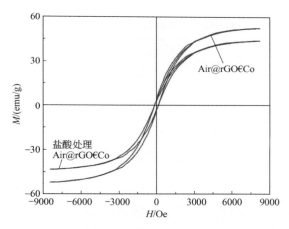

图 3.13 盐酸处理前后 Air@rGO€Co 微球的磁滞回线

为了对比盐酸浸泡前后微球的吸波性能，把浸泡后的 Air@rGO€Co 微球和固体石蜡按照 1∶2 的比例制备同轴试样，测试其电磁参数并模拟得到其反射损耗。如图 3.14 所示，在匹配厚度为 2.8mm 时，盐酸浸泡 5d 后的 Air@rGO€Co 微球有最优吸波性能，其最小反射损耗为 −50.4dB，反射损耗小于 −10dB 的频率范围为 9.0~15.1GHz。

表 3.3 列出了 Co、rGO、Air@rGO€Co 微球和盐酸浸泡后的 Air@rGO€Co 微球最小反射损耗、匹配厚度、反射损耗小于 −10dB 的频宽等。通过对比可知，盐酸处理前后 Air@rGO€Co 微球的吸收频宽比 Co 和 rGO 宽，匹配厚度薄，吸收强度大。上述结果说明 Air@rGO€Co 的特殊结构起到了对 Co 纳米粒子的保护作用，这为特殊条件下吸波材料应用提供了可能。

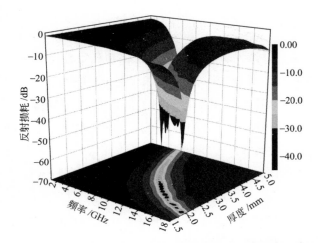

图 3.14　盐酸处理后 Air@rGO€Co 微球反射损耗、匹配厚度和频率的三维图

表 3.3　Co、rGO、Air@rGO€Co 微球和盐酸处理的 Air@rGO€Co 微球吸波性能

样品	RL_{min}/dB	匹配厚度 /mm	频率范围(RL≤−10dB) /GHz	频宽(RL≤−10dB) /GHz
Co	−9.7	3.0	—	—
rGO	−40.0	4.8	3.7~5.1;14.2~16.5	3.7
Air@rGO€Co	−68.1	2.2	10.9~18.0	7.1
盐酸处理 Air@rGO€Co	−50.4	2.8	9.0~15.1	6.1

3.1.6　Co 含量对 Air@rGO€Co 微球吸波性能的影响

为了研究 Co 与 rGO 配比对 Air@rGO€Co 微球吸波性能的影响规律，通过控制乙酰丙酮钴含量来改变 Co 的含量；分别制备了添加 1.0g、1.5g、2.0g 乙酰丙酮钴的前驱体，通过煅烧得到 Air@rGO€Co 微球，并分别标注为 $S_{1.0}$、$S_{1.5}$ 和 $S_{2.0}$，纯 rGO 的试样标为 S_0。然后分别和固体石蜡按照 1∶2 质量比制备同轴测试试样，测得电磁参数，并模拟得到不同厚度下的反射损耗，结果如图 3.15 所示。

由图可知，试样的反射损耗最小值出现位置随着试样厚度增加而向低频移动，这种现象可以用四分之一波长公式来解释，公式如下[23]：

$$f_m = nc/4t_m(\mu_r\varepsilon_r)^{\frac{1}{2}} \ (n=1,3,5,7,9,\cdots) \tag{3.6}$$

式中，f_m 为频率；t_m 为匹配厚度；c 为光速。

从以上公式明显可以看出，随着匹配厚度增大，频率减小。满足以上公式的

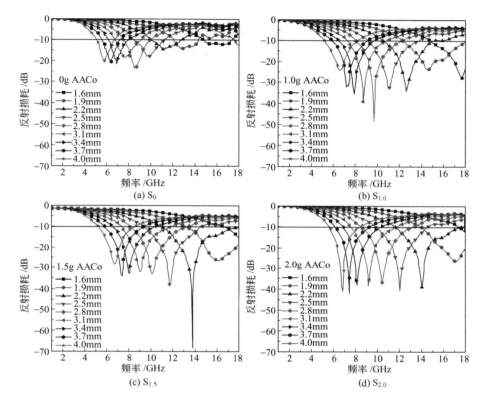

图 3.15　S_0、$S_{1.0}$、$S_{1.5}$ 和 $S_{2.0}$ 在不同厚度下的反射损耗

厚度和频率是试样反射损耗达最小值时对应的频率和匹配厚度，这是因为当试样厚度等于入射电磁波四分之一波长时，试样上表面反射的电磁波和下表面反射的电磁波出现相反的相位，达到干涉相消的效果，因此在该处的反射电磁波最少，反射损耗值最小[24]。

　　此外，对比四种试样在同一厚度下最小反射损耗值出现的频率位置发现，随着 Co 含量的增加，最小反射损耗出现位置向高频位置移动。这可能是由于复合微球中 Co 含量的增加，导致复合微球中 rGO 相对含量降低，从而导致微球介电常数明显下降，磁导率增加；但是磁导率和介电常数的乘积呈现减小的趋势，根据四分之一波长公式可知，磁导率和介电常数的乘积减小，材料的谐振频率增加，因此随着 Co 含量的增加，吸收峰向高频移动。当厚度为 2.2mm 时，S_0、$S_{1.0}$、$S_{1.5}$ 和 $S_{2.0}$ 的最小反射损耗和反射损耗小于 −10dB 的频宽列于表 3.4 中，由表中结果可知，$S_{1.0}$、$S_{1.5}$ 和 $S_{2.0}$ 都具有较好的吸波性能，表明介电损耗和磁损耗的材料通过一定工艺复合可以达到比单独一种损耗机理材料更好的吸波性能，并且 $S_{1.5}$ 的吸收强度和频宽都大于 $S_{1.0}$ 和 $S_{2.0}$，说明介电损耗和磁损耗材料复合时具有一个最佳的配比，当达到最佳配比时，复合吸波材料才具有最优吸收性能。

表 3.4　不同 Co 含量的 Air@rGO€Co 微球在厚度为 2.2mm 时的吸波性能

样品	RL_{min}/dB	频率范围($RL \leqslant -10dB$)/GHz	频宽($RL \leqslant -10dB$)/GHz
S_0	-14.8	$10.0 \sim 12.8$	2.8
$S_{1.0}$	-34.2	$10.6 \sim 14.9$	4.3
$S_{1.5}$	-68.1	$10.9 \sim 18.0$	7.1
$S_{2.0}$	-38.8	$11.7 \sim 17.7$	6.0

3.2　Air@rGO€Ni 空心微球的设计制备及其复合材料吸波性能

3.1 节制备的 Air@rGO€Co 空心微球有效吸收频宽较宽，反射损耗小于 $-10dB$ 的频率范围为 $10.9 \sim 18.0GHz$，属于高频吸波材料。但是，目前雷达有向低频发展的趋势，因此我们还需要研发制备在更低频率有很好吸收能力的低频吸波材料。金属 Ni 纳米粒子是一种优异的磁损耗吸波材料，在空气中 Ni 表面氧化产生一层致密的氧化层保护其内部不被进一步氧化，但这层氧化镍具有反磁性，从而降低材料的磁损耗性能，并且单一的损耗机制的材料其吸波效果不佳，因此许多研究者通过一定方法把镍和其他具有介电损耗型的吸波材料进行复合，制备具有多种损耗机制的复合吸波材料，得到的复合吸波材料吸波效果明显优于 Ni 纳米粒子，如 Ni@C[25]、Si-Ni-C[26]、聚吡咯/Ni/石墨[27]、Ni/Ti$_3$SiC$_2$[28]、Ni/玻璃纤维[29]。这些复合吸波材料都有较好的吸波性能，但是也存在密度较大、吸收频宽较窄、Ni 纳米粒子表面易被氧化等缺点。通过前述的研究，发现负载有磁性纳米粒子的还原氧化石墨烯空心微球既能保护磁性粒子不被腐蚀，又能抑制涡流的产生；因此，具有此结构的吸波材料既有优异的吸波性能，又耐化学腐蚀。本节采用相同的两步法制备了 Air@rGO€Ni 空心微球，并通过 XRD、XPS、VSM、SEM、TEM 等手段对 Air@rGO€Ni 空心微球的物相、化学成分、磁性能、微观结构等进行表征，并使用矢量网络分析仪测试试样的电磁参数，分析其吸波性能以及可能的吸波机理。

3.2.1　Air@rGO€Ni 空心微球的制备[9]

Air@rGO€Ni 空心微球的制备方法与前述 Air@rGO€Co 的制备方法类似，如图 3.16 所示。

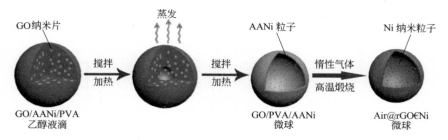

图 3.16　Air@rGO€Ni 空心微球的制备示意图

(1) 前驱体的制备

氧化石墨烯水溶液（4.5mg/mL）、聚乙烯醇、乙酰丙酮镍（AANi）、无水乙醇的混合物为水相，橄榄油为油相，以油包水的方法制备 PVA/AANi/GO 前驱体。具体步骤为：称取 0.3g 聚乙烯醇并溶于 20mL 氧化石墨烯悬浮液中配成溶液 A；称取 1.5g 乙酰丙酮镍并加入 50mL 无水乙醇中，在 75℃下搅拌使其完全溶解形成溶液 B；将溶液 A 和 B 在 75℃下混合均匀，然后缓慢滴加到 75℃的橄榄油中，并使用均质机在 6000r/min 的搅拌速度下持续搅拌 3min，之后换成普通机械搅拌器，在 75℃下持续搅拌 2h 后将温度升至 95℃再搅拌 2h。最后通过过滤、洗涤、烘干获得 PVA/AANi/GO 前驱体。

(2) Air@rGO€Ni 空心微球的制备

将上述获得的前驱体放入管式炉中，在 Ar 气氛中，550℃下煅烧 2h，得到 Air@rGO€Ni 空心微球。为了进行对比实验，把氧化石墨烯和乙酰丙酮镍分别放入管式炉中煅烧，煅烧工艺和制备 Air@rGO€Ni 微球的相同，分别制备了石墨烯和 Ni 粒子。

3.2.2　Air@rGO€Ni 空心微球的结构与形貌

图 3.17 为 Air@rGO€Ni 空心微球和氧化石墨烯 XRD 谱图，如图所示，在 Air@rGO€Ni 空心微球的谱图中，25.4°出现一个宽峰，通过布拉格方程计算层间距为 0.41nm，这是由于在高温下氧化石墨烯因含氧官能团发生脱除而被还原为 rGO，使得层间距变小，而出现石墨烯的（002）峰；氧化石墨烯在 10.8°的

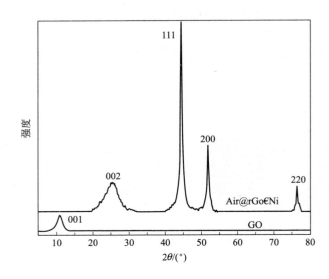

图 3.17　氧化石墨烯和 Air@rGO∈Ni 空心微球的 XRD 谱图

（001）特征峰则随着其被还原，层间距减小而消失。谱图中在 44.5°、51.8°和 76.3°出现的特征峰分别对应 Ni 的（111）、（200）和（220）晶面，与面心立方晶系 Ni 的标准 XRD 卡（JCPDS NO.65-2865）完全相符。XRD 结果表明在高温条件下，氧化石墨烯被还原成 rGO，乙酰丙酮镍分解生成 Ni。

　　图 3.18 为 Air@rGO∈Ni 微球和氧化石墨烯 XPS 图谱，图 3.18（a）为 Air@rGO∈Ni 微球的全谱图，在 285eV、532eV 和 850～875eV 出现三个峰，根据标准图谱可知，这三个峰分别对应 C 1s、O 1s 和 Ni 2p 的特征峰，表明微球中含有 C、O、Ni 三种元素。对上述 Ni 2p 峰进行分峰拟合，如图 3.18（b）所示，在 852.9eV 和 870.1eV 出现的峰分别对应零价 Ni 的 Ni $2p^{3/2}$ 和 Ni $2p^{1/2}$ 电子态，进一步证明乙酰丙酮镍在高温下分解产生 Ni；另外，在 856eV 和 875.2eV 出现了 Ni $2p^{3/2}$ 和 Ni $2p^{1/2}$ 的两个肩峰，这是 Ni^{2+} 的特征峰，表明试样中存在二价的镍离子，其出现的主要原因可能是测试前试样表面发生氧化反应，Ni 被氧化成 NiO，从而产生二价镍离子。图 3.18（c）为上述全谱图中 C 1s 的分峰拟合图，图中出现两个特征峰，分别位于结合能为 284.5eV 和 286.3eV 处，这些峰分别归属于—C—C—（—C＝C—）和—C—O—（—C—O—C—），对比氧化石墨烯的 C 1s 分峰拟合谱图［图 3.18（d）］发现，微球表面没有出现—C＝O 和—O—C＝O 这两个官能团的特征峰，并且—C—O—（—C—O—C—）的强度也减弱了，表明其含量下降了（具体含量见表 3.5），说明氧化石墨烯在高温下

被还原成了 rGO。

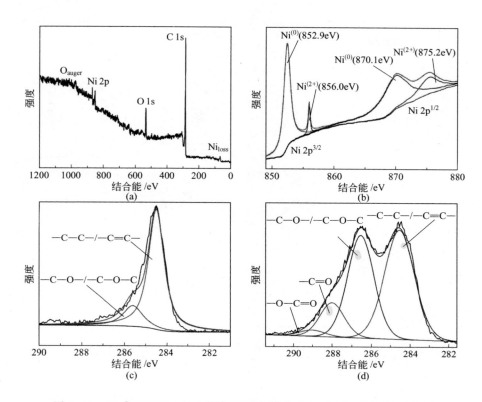

图 3.18　Air@rGO€Ni 空心微球 XPS 全谱图（a），Ni 2p 分峰图（b）和
C 1s 分峰图（c）以及氧化石墨烯 C 1s 分峰图（d）

表 3.5　Air@rGO€Ni 微球和氧化石墨烯各个官能团的含量

样品	官能团含量/%			
	—C—C—	—C—O—	—C＝O	—O—C＝O
Air@rGO€Ni	88.43	11.57	0	0
氧化石墨烯	46.73	38.78	12.15	2.34

图 3.19 为 PVA/AANi/GO 前驱体和 Air@rGO€Ni 微球 SEM、TEM 图。
图 3.19(a) 显示，PVA/AANi/GO 前驱体呈现球形结构，表面较为光滑，直径
在 4～7μm 之间；在 550℃下高温煅烧 2h 后，如图 3.19(b) 所示，微球直径略
有缩小，微球表面较为粗糙，这是由于聚乙烯醇在高温下被分解，微球只剩下
rGO 作为支撑骨架。图 3.19(f) 给出了复合微球的平均直径统计直方图，并做

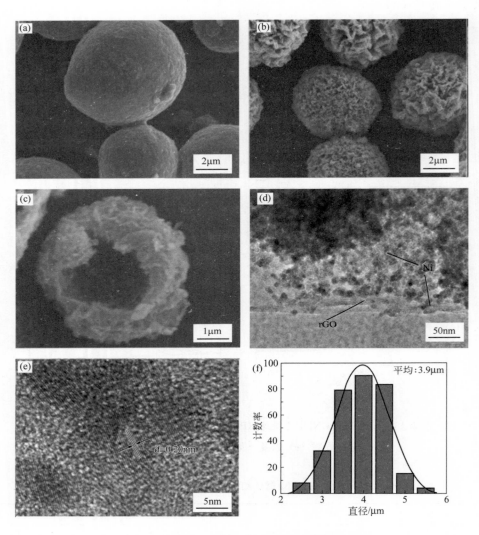

图 3.19 Air@rGO€Ni 空心微球的 SEM 和 TEM 图
以及 PVA/AANi/GO 前驱体 SEM 图

数值分析，发现煅烧后的复合微球平均直径约为 3.9μm。图 3.19(c) 是一个破裂的 Air@rGO€Ni 微球的断面，可以看出其内部为空心结构，球壁厚度约为 0.4μm。为了观察 Ni 纳米粒子的形态，经过超声处理器处理，使得 Air@rGO€Ni 空心微球变成细小碎片，然后通过 TEM 对碎片进行观察。如图 3.19(d) 所示，Ni 纳米粒子负载在石墨烯片层之间，形成类似三明治结构，这种结构起到保护 Ni 纳米粒子的作用，从而提高其抗氧化性。通过高分辨率透射电镜观察 Ni 纳米粒子，如图 3.19(e)，Ni 的粒径约为 6nm，测量其晶面间距约为 0.2nm，与面心立方晶系的 Ni 的 (111) 晶面的晶面间距相同，和 XRD 测试结果相一致，进一步说明乙酰丙酮镍高温下分解得到 Ni 纳米粒子。

3.2.3　Air@rGO€Ni 电磁参数与吸波性能

通过振动样品磁强计分别测试了 Air@rGO€Ni 微球和 Ni 纳米颗粒的磁性能，得到室温下的磁滞回线和矫顽力，如图 3.20 所示。Ni 颗粒和 Air@rGO€Ni 微球的饱和磁化强度分别为 25.1emu/g 和 18.8emu/g；Air@rGO€Ni 微球由于存在没有磁性的 rGO，因此其饱和磁化强度必然比纯 Ni 颗粒低。通过饱和磁化强度的大小，可以计算出 Air@rGO€Ni 微球中 Ni 的含量约为 74.9%。另外，Ni 颗粒和 Air@rGO€Ni 微球的矫顽力分别为 37.3Oe 和 12.2Oe，磁性材料的矫顽力大小与粒子的直径有直接关系，粒子的粒径越小，矫顽力越小[8]。纯 Ni 颗粒的矫顽力比 Air@rGO€Ni 微球的大表明纯 Ni 颗粒直径要比负载在微球内部的 Ni 的大，这是因为微球中的 Ni 纳米粒子分布在 rGO 片层之间，降低了粒子的团聚，因此微球中 Ni 纳米粒子的粒径较小。

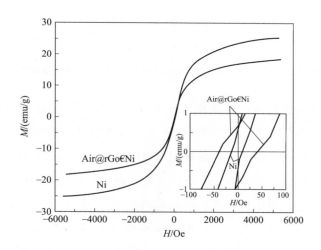

图 3.20　Air@rGO€Ni 微球和 Ni 纳米颗粒的磁滞回线和矫顽力

Ni、rGO、Air@rGO€Ni 微球分别和固体石蜡按照 1∶2 的质量比制成环形试样，并通过矢量网络分析仪的同轴测试法测试试样的电磁参数，得到介电常数实部 (ε')、虚部 (ε'') 和磁导率实部 (μ')、虚部 (μ'')。如图 3.21(a) 所示，Air@rGO€Ni 的介电常数实部介于 Ni 和 rGO 之间，并明显大于 Ni；如图 3.21

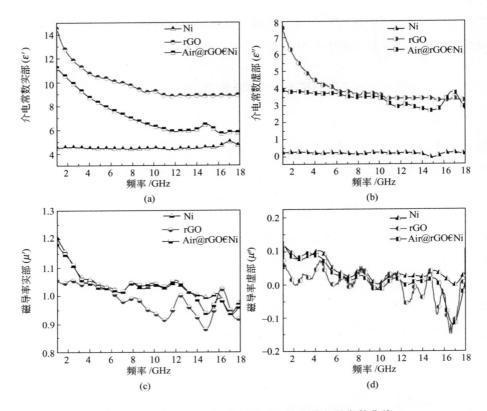

图 3.21 Ni、rGO、Air@rGO€Ni 微球的电磁参数曲线

（b）所示，其介电常数虚部在频率 4～18GHz 范围内和 rGO 的基本相等，并且
远大于 Ni。以上结果表明加入 rGO 这种介电损耗型吸波材料后，Air@rGO€Ni
的介电常数显著提高，因此介电损耗能力也明显增强，另外，试样的介电常数都
随着频率增加而降低，这是由于介质在交变电场中产生极化的时间滞后于电场变
化频率，并且随着频率增加，这种滞后越明显[13]。图 3.21（c）为试样的磁导率
实部曲线图，Air@rGO€Ni 和 Ni 的磁导率比 rGO 大，并且其值随着频率增加
而下降，这是由于在交变的磁场下，磁性材料产生感应电流，感应电流又能产生
相反方向的感应磁场，从而使其磁导率下降；而 rGO 由于没有磁性，其磁导率
在整个频率范围基本保持不变。图 3.21（d）为试样的磁导率虚部曲线图，其变
化规律基本和磁导率实部相同。对比图 3.21（b）和（d）中 Air@rGO€Ni 的介
电常数虚部和磁导率虚部，发现在 15～18GHz 范围内，介电常数虚部出现一个
波峰，而磁导率虚部出现一个波谷，并且其值为负数。对于这种现象，Shi

等[14]认为是由于交变磁场产生感应电场，使磁场能量转变为电场能量，从而导致磁导率虚部下降而介电常数虚部增加。为了直观对比不同试样电磁参数，表 3.6 列出各试样的电磁参数的具体范围。

表 3.6　Ni、rGO、Air@rGO€Ni 微球的电磁参数范围

样品	ε'	ε''	μ'	μ''
Ni	4.35~5.00	0~0.25	0.94~1.21	0~0.12
rGO	8.81~14.50	3.22~7.61	0.88~1.06	−0.15~0.07
Air@rGO€Ni	5.67~11.23	2.68~3.91	0.94~1.18	−0.12~0.12

根据上述得到的电磁参数，使用 Matlab 软件计算得到 Ni、rGO、Air@rGO€Ni 微球在 1~18GHz 频率范围内不同匹配厚度下的反射损耗，结果如图 3.22 所示。从图 3.22(a) 可以看出，Ni 整体的吸波性能较差，其最小反射损耗为

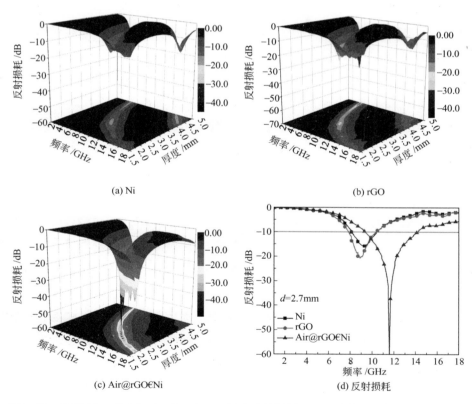

(a) Ni

(b) rGO

(c) Air@rGO€Ni

(d) 反射损耗

图 3.22　Ni 粒子、rGO 和 Air@rGO€Ni 微球反射损耗、匹配厚度和频率的三维图以及
三个样品在 2.7mm 时的反射损耗

—16.8dB，匹配厚度为 2.9mm，频率为 8.5GHz。rGO 的反射损耗如图 3.22 (b) 所示，其吸波性能比 Ni 优异，在 4.4GHz 处出现的最小反射损耗为 —40.0dB，匹配厚度为 4.8mm，反射损耗小于—10dB 的频宽为 3.7GHz。图 3.22(c) 为 Air@rGO€Ni 微球的反射损耗，其反射损耗达到—59.7dB，匹配厚度仅为 2.7mm，并且在其他厚度下也有很强的吸收。为了直观对比三个试样的吸波性能，图 3.22(d) 列出了 Ni、rGO、Air@rGO€Ni 微球在匹配厚度为 2.7mm 时的反射损耗，Air@rGO€Ni 微球在 9.4～14.2GHz 频率范围内的反射损耗都小于—10dB，其吸收频宽达到 4.8GHz，明显大于 Ni 和 rGO 的吸收频宽。

3.2.4 Air@rGO€Ni 电磁波损耗机制

介电损耗角正切和磁损耗角正切是衡量材料对电磁波损耗能力的重要参数，图 3.23(a) 和图 3.23(b) 给出 Ni、rGO、Air@rGO€Ni 微球在 1～18GHz 频率范围内的介电损耗角正切和磁损耗角正切，由图可知 Air@rGO€Ni 的磁损耗角正切值和介电损耗角正切值都较大，表明其既有较好的磁损耗又有较强的介电损耗能力；而 rGO 和 Ni 只有较大的介电损耗角正切或者磁损耗角正切，因此，rGO 主要以介电损耗衰减电磁波，Ni 主要以磁损耗衰减电磁波。另外，在 15～18GHz 范围内，Air@rGO€Ni 介电损耗角正切出现一个波峰，磁损耗角正切出现一个波谷，这是由于交变磁场能够产生感应电场，因而发生了磁场能量和电场能量的相互转换。图 3.23(c) 为 Ni、rGO、Air@rGO€Ni 微球的 Cole-Cole 图；由图可知，Air@rGO€Ni 微球出现四个半圆，其中在介电常数实部为 7.1～10.5 时有两个较为完整的半圆，表示在这个范围内微球的介电损耗主要来自德拜松弛，对比图 3.21(a) 可知，该位置处在频率范围 2～8.0GHz 内；另外的不规则半圆可能是其他松弛产生的，如 Maxwell-Wagner 松弛、电子/离子极化、偶极极化等[16-19]。

Ni 和 rGO 的 Cole-Cole 图中都只有一个不太完整的半圆，因此他们只有较弱的甚至没有德拜松弛。介电松弛过程可以衰减电磁波，正是 Air@rGO€Ni 具有四级松弛过程，使得其表现出优异的吸波性能。图 3.23(b) 中 Air@rGO€Ni 和 Ni 的磁损耗角正切在 2～6GHz 范围内出现的共振峰是自然共振峰；在 6～12GHz 出现多重共振峰，这主要归功于空穴、空间电荷等的极化。在交变的磁场中，Ni 容易产生涡流，产生的涡流可以损耗部分电磁波，但又会阻止电磁波

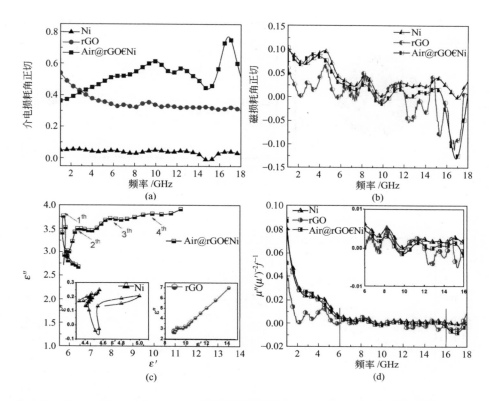

图 3.23　Ni、rGO、Air@rGO∈Ni 微球的介电损耗角正切值（a）、磁损耗角正切值（b）、
Cole-Cole 图（c）和涡流损耗（d）

进入材料内部，从而破坏阻抗匹配性。如图 3.23(d) 所示，Ni 在 12～15GHz 频率范围内 $\mu''(\mu')^{-2}f^{-1}$ 基本保持不变，说明 Ni 表面产生了涡流，而 Air@rGO∈Ni 在 1～18GHz 频段内 $\mu''(\mu')^{-2}f^{-1}$ 值随着频率变化而出现波动，说明 Air@rGO∈Ni 没有产生涡流，由此可见，Air@rGO∈Ni 微球很好地克服了 Ni 纳米粒子容易产生涡流的缺陷。

通过以上分析可知，Air@rGO∈Ni 微球具有优异吸波性能是因为其具有多种损耗机制，既有介电损耗又有磁损耗。Air@rGO∈Ni 微球对电磁波的损耗机理示意图，如图 3.24 所示。

根据匹配系数和吸收系数的计算公式，分别计算了 Ni、rGO、Air@rGO∈Ni 微球的阻抗匹配系数（Z）和吸收系数（α），结果如图 3.25 所示。由图可知，三者的阻抗匹配系数大小顺序为：Ni＞Air@rGO∈Ni＞rGO，rGO 的匹配性能差是由于其导电性好，对电磁波反射较强，电磁波不易进入其内部；加入 Ni 后，

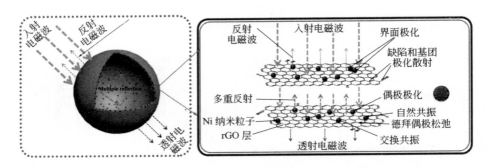

图 3.24　Air@rGO€Ni 微球的吸波机理示意图

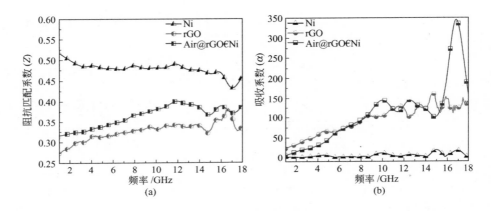

图 3.25　Ni、rGO、Air@rGO€Ni 微球的阻抗匹配系数（a）和吸收系数（b）

Air@rGO€Ni 微球的匹配系数相比于 rGO 有较大的提高。图 3.25(b) 为吸收系数，在 1～18GHz 频率范围内 Air@rGO€Ni 的吸收系数明显大于 Ni 和 rGO，表明其损耗电磁波能力较强；正是由于 Air@rGO€Ni 具有较大的吸收系数和合适的匹配系数，使得其具有优于 Ni 和 rGO 的吸波性能。

3.2.5　Air@rGO€Ni 微球的耐腐蚀性能

Ni 具有较好的耐酸性，但是其粒径为纳米级的时候，Ni 纳米粒子的耐酸性会下降。而 3.1 节的研究发现空心结构的还原氧化石墨烯微球能够很好地保护磁性纳米粒子，使其不易被盐酸腐蚀，因此可以期待 Air@rGO€Ni 微球也具有很好的耐腐蚀性。把 Air@rGO€Ni 微球加入 0.1mol/L 的稀盐酸溶液中静置 5d，然后过滤、洗涤、烘干获得盐酸处理后的 Air@rGO€Ni 微球。通过振动样品磁

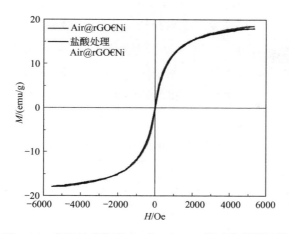

图 3.26　盐酸处理前后 Air@rGO€Ni 微球的磁滞回线

强计测试浸泡后微球的饱和磁化强度，并和盐酸处理前作对比，结果如图 3.26 所示。盐酸浸泡后，Air@rGO€Ni 微球的饱和磁化强度为 17.9emu/g，相比浸泡前仅仅下降了 4.8%，表现出优异的耐酸性。

　　为了对比盐酸浸泡前后微球的吸波性能变化，把浸泡后的 Air@rGO€Ni 微球和固体石蜡按照 1∶2 的质量比制备同轴试样，测试其电磁参数并模拟得到其反射损耗，如图 3.27 所示，在匹配厚度为 3.0mm 时，盐酸处理后的 Air@rGO€Ni 微球有最优吸波效果，其最小反射损耗为－48.3dB，反射损耗小于－10dB 的频率范围为 8.0～12.2GHz。

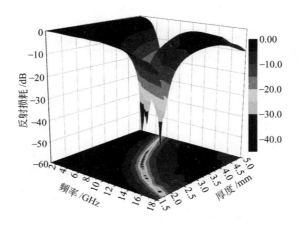

图 3.27　盐酸处理后 Air@rGO€Ni 微球反射损耗、

匹配厚度和频率的三维图

表 3.7 列出了 Ni、rGO、Air@rGO€Ni 微球和盐酸浸泡后的 Air@rGO€Ni 微球最小反射损耗、匹配厚度、反射损耗小于－10dB 的频宽等，通过对比可以看出，盐酸酸处理前后 Air@rGO€Ni 微球的吸收频宽比 Ni 和 rGO 宽，匹配厚度薄，吸收强度更大。以上结果说明 Air@rGO€Ni 的特殊结构起到了对 Ni 纳米粒子的保护作用，使得微球具有很好的耐酸性能，这为特殊条件下吸波材料应用提供了可能。

表 3.7 Ni、rGO、Air@rGO€Ni 微球和盐酸处理的 Air@rGO€Ni 微球吸波性能

样品	RL_{min} /dB	匹配厚度 /mm	频率范围 (RL≤－10dB)/GHz	频宽 (RL≤－10dB)/GHz
Ni	－16.8	2.9	7.6~9.8	2.2
rGO	－40.0	4.8	3.7~5.1,14.2~16.5	3.7
Air@rGO€Ni	－59.7	2.7	9.4~14.2	4.8
盐酸处理 Air@rGO€Ni	－48.3	3.0	8.0~12.2	4.2

3.2.6 Ni 含量对 Air@rGO€Ni 微球吸波性能的影响

为了研究 Ni 与 rGO 配比对 Air@rGO€Ni 微球吸波性能的影响规律，通过控制乙酰丙酮镍含量来达到改变 Ni 含量的目的；分别制备了添加 1.0g、1.5g、2.0g 乙酰丙酮镍的前驱体，通过煅烧得到的 Air@rGO€Ni 微球分别标注为 $S_{1.0}$、$S_{1.5}$ 和 $S_{2.0}$。然后分别和固体石蜡按照 1：2 的质量比制备同轴测试试样，测得电磁参数，并模拟得到不同厚度下的反射损耗，结果如图 3.28 所示。由图 3.28 可知，试样的反射损耗最小值出现位置随着厚度增加而向低频移动，这种现象的原因和 Air@rGO€Co 微球的相同，都满足四分之一波长公式。另外，对比三种试样在同一厚度下最小反射损耗出现的频率位置发现，随着 Ni 含量的增加，最小反射损耗出现位置向高频位置移动。这可能是由于复合微球中 Ni 含量的增加，导致复合微球中 rGO 相对含量降低，从而导致微球介电常数明显下降，磁导率增加；但是磁导率和介电常数的乘积呈现减小的趋势，根据四分之一波长公式可知，磁导率和介电常数的乘积减小，材料的谐振频率增加，因此随着 Ni 含量的增加，吸收峰向高频移动。当厚度为 2.7mm 时，$S_{1.0}$、$S_{1.5}$ 和 $S_{2.0}$ 的最小反射损耗值和反射损耗小于－10dB 的频宽列于表 3.8 中，由表 3.8 可知，$S_{1.0}$、$S_{1.5}$ 和 $S_{2.0}$ 都具有较好的吸波性能，说明介电损耗和磁损耗的材料通过一定工艺复合可以达到比单独一种损耗机理材料更好的吸波性能。

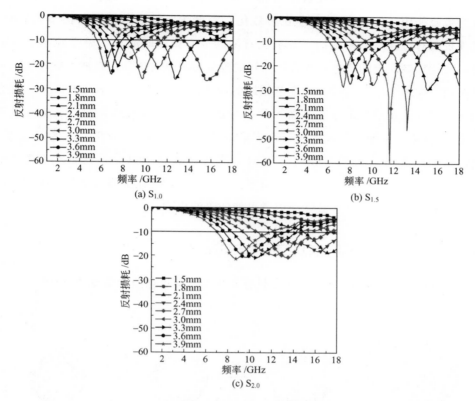

图 3.28　$S_{1.0}$、$S_{1.5}$ 和 $S_{2.0}$ 在不同厚度下的反射损耗

表 3.8　不同 Ni 含量的 Air@rGO€Ni 微球在厚度为 2.7mm 时的吸波性能

样品	RL_{min}/dB	频率范围（RL≤−10dB）/GHz	频宽（RL≤−10dB）/GHz
$S_{1.0}$	−26.1	8.5～11.5	3.0
$S_{1.5}$	−59.7	9.4～14.2	4.8
$S_{2.0}$	−20.7	10.8～17.1	6.3

3.3　Air@rGO€Fe₃O₄ 空心微球的制备及其复合材料吸波性能

前述制备的 Air@rGO€Ni 空心微球的有效吸收频率虽然向低频方向移动了，但是其有效吸收频宽变窄了，因此不满足"薄、轻、宽、强"的需求。

Fe$_3$O$_4$ 是一种常用的磁损耗吸波材料，有较高的磁导率，因此其对电磁波有很好的吸收作用。但是 Fe$_3$O$_4$ 存在易氧化、密度大等缺点。通过前两节的研究，发现负载有磁性纳米粒子的还原氧化石墨烯空心微球既能保护磁性粒子不被腐蚀，又能抑制涡流的产生；具有此结构的吸波材料既有优异的吸波性能，又耐化学腐蚀。在本节中，通过与 3.2 节相同的两步法制备了 Air@rGO€Fe$_3$O$_4$ 空心微球，首先使用油包水方法制备了聚乙烯醇（PVA）/乙酰丙酮铁（AAI）/氧化石墨烯（GO）前驱体，然后通过高温煅烧法得到 Air@rGO€Fe$_3$O$_4$ 空心微球。通过 XRD、XPS、VSM、SEM、TEM 等手段对 Air@rGO€Fe$_3$O$_4$ 空心微球的物相、化学成分、磁性能、微观结构等进行表征，并使用矢量网络分析仪测试试样的电磁参数，分析其吸波性能以及可能的吸波机理。

3.3.1 Air@rGO€Fe$_3$O$_4$ 空心微球的制备[9]

Air@rGO€Fe$_3$O$_4$ 空心微球的制备分两步，其示意图如图 3.29 所示。

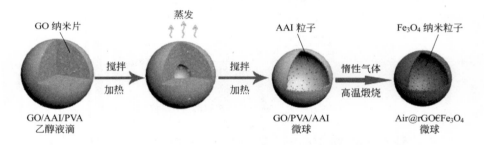

图 3.29 Air@rGO€Fe$_3$O$_4$ 空心微球的制备示意图

(1) 前驱体的制备

以氧化石墨烯水溶液、聚乙烯醇、乙酰丙酮铁（Ⅲ）、无水乙醇的混合物为水相，橄榄油为油相，以油包水的方法制备 PVA/AAI/GO 前驱体。具体步骤：将氧化石墨烯和去离子水通过超声分散，配成 4.5mg/mL 的悬浮液，称取 0.3g 聚乙烯醇并溶于 20mL 氧化石墨烯悬浮液中配成混合液 A；称取 1.0g 乙酰丙酮铁并溶于 40mL 无水乙醇配成混合液 B；将混合液 A 和 B 在 75℃下混合均匀，然后缓慢滴加到 75℃的橄榄油中，并使用均质机在 6000r/min 的搅拌速度下持续搅拌 3min，之后换成普通机械搅拌器，在 75℃下持续搅拌 2h 后将温度升至 95℃再搅拌 2h。最后通过过滤、洗涤、烘干获得 PVA/AAI/GO 前驱体。

（2）Air@rGO€Fe₃O₄ 空心微球的制备

将上述获得的前驱体放入管式炉中，在 Ar 气氛中，500℃下处理 2h。在高温下 PVA 被分解为水和二氧化碳，GO 被还原为 rGO[30]，AAI 分解产生 Fe_3O_4 和 CO_2 等[31]，从而得到 Air@rGO€Fe₃O₄ 空心微球。

为了进行对照实验，把氧化石墨烯和乙酰丙酮铁分别放入管式炉中煅烧，煅烧工艺和制备 Air@rGO€Fe₃O₄ 微球的相同，分别制备了 rGO 和 Fe_3O_4 对比试样。

3.3.2　Air@rGO€Fe₃O₄ 空心微球的结构与形貌

通过 X 射线光电子能谱（XPS）对 Air@rGO€Fe₃O₄ 空心微球的表面化学成分进行分析。图 3.30(a) 为 Air@rGO€Fe₃O₄ 空心微球的全谱图，在 131eV、285eV、532eV 和 711.3eV 出现的峰，分别对应 Fe 3p、C 1s、O 1s 和 Fe 2p，表明空心微球含有 C、O、Fe 三种元素。对上述全谱图中的 C 1s 峰进行分峰拟

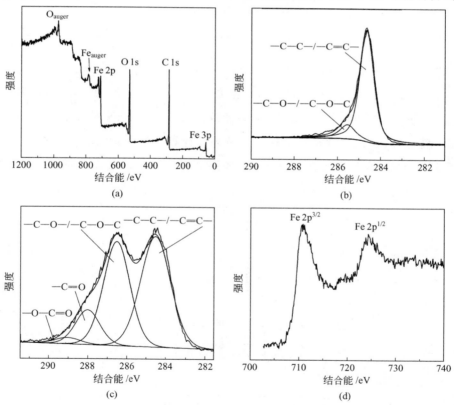

图 3.30　Air@rGO€Fe₃O₄ 空心微球 XPS 全谱图（a）、Fe 2p 分峰图（b）和

C 1s 分峰图（c）以及氧化石墨烯 C 1s 分峰图（d）

合，如图 3.30(b) 所示，在结合能为 284.5eV 和 286.3eV 出现两个特征峰，这两个峰分别归属于—C—C—（—C ＝C—）和—C—O—（—C—O—C—）。对比氧化石墨烯的 C 1s 拟合谱图 ［图 3.30(c)］ 发现，微球表面没有出现—C ＝O 和—O—C ＝O 的特征峰，并且—C—O—（—C—O—C—）的特征峰强度也变弱了，表明微球中氧含量下降了（具体含量见表 3.9），以上结果说明在高温条件下氧化石墨烯被还原成了还原氧化石墨烯。图 3.30(d) 为 Air@rGO€Fe$_3$O$_4$ 空心微球的 Fe 2p 分峰图，图中 711.2eV 和 723.8eV 出现的峰分别对应 Fe 的 Fe 2p$^{3/2}$ 和 Fe 2p$^{1/2}$ 电子态[11]，与 Fe$_3$O$_4$ 的 Fe 2p$^{3/2}$ 和 Fe 2p$^{1/2}$ 特征峰相吻合，进一步证明乙酰丙酮铁在高温下分解产生了 Fe$_3$O$_4$ 纳米颗粒。

表 3.9　Air@rGO€Fe$_3$O$_4$ 微球和氧化石墨烯各官能团的百分含量

样品	各官能团含量/%			
	—C—C—	—C—O—	—C ＝O	—O—C ＝O
Air@rGO€Fe$_3$O$_4$	85.43	14.57	0	0
氧化石墨烯	46.73	38.78	12.15	2.34

图 3.31 为氧化石墨烯和 Air@rGO€Fe$_3$O$_4$ 空心微球的 XRD 谱图，氧化石墨烯在 10.8°处出现特征峰，根据布拉格方程（$n\lambda = 2d\sin\theta$）可以计算出其层间距为 0.92nm。Air@rGO€Fe$_3$O$_4$ 空心微球的谱图中，10.8°处没有出现氧化石墨烯的特征峰，而是在 25.4°出现一个宽峰，计算其层间距为 0.41nm，这是由于氧化石墨烯在高温下其含氧官能团被脱除而发生还原，变成还原氧化石墨烯，从而使层间距下降[11]；该谱图在 18.2°、30.1°、35.5°、37.1°、43.1°、53.5°、

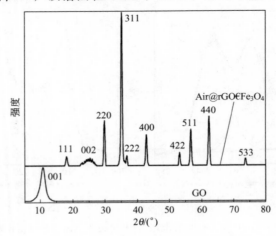

图 3.31　氧化石墨烯和 Air@rGO€Fe$_3$O$_4$ 空心微球的 XRD 谱图

56.9°、62.6°和 74.0°出现的衍射峰分别对应 Fe_3O_4 的（111）、（220）、（311）、（222）、（400）、（422）、（511）、（440）和（533）晶面，与面心立方晶系 Fe_3O_4 的标准 XRD 卡（JCPDS NO.65-3107）完全相符。以上数据表明，在高温条件下，氧化石墨烯被还原为还原氧化石墨烯，乙酰丙酮铁分解生成了 Fe_3O_4。

通过 SEM 对 PVA/AAI/GO 前驱体和 Air@rGO€Fe_3O_4 空心微球结构进行观察。如图 3.32(a) 所示，PVA/AAI/GO 前驱体呈现球形结构，由于聚乙烯醇

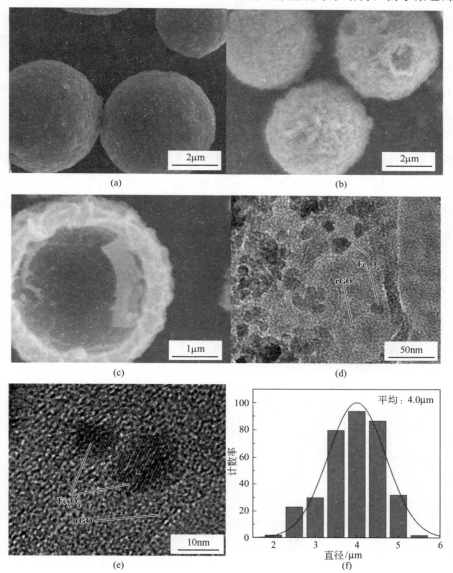

图 3.32 Air@rGO€Fe_3O_4 空心微球 SEM 图和 TEM 图以及 PVA/AAI/GO 前驱体 SEM 图

包裹在微球的表面，使得微球表面较为光滑，微球直径在 4～6μm 之间。在 500℃下煅烧 2h 后，如图 3.32(b) 所示，微球直径略有缩小，表面也变得粗糙，这是由于聚乙烯醇在高温下完全分解，微球只剩下石墨烯作为支撑骨架。图 3.32(f) 给出了复合微球的平均直径统计直方图，并做数值分析，发现煅烧后的复合微球平均直径约为 4μm。图 3.32(c) 是复合微球的断面，可以看出 Air@rGO€Fe_3O_4 微球具有空心结构，球壁厚度约为 0.5μm。超声处理 Air@rGO€Fe_3O_4 微球 1h，得到的碎片通过 TEM 进行观察，如图 3.32(d) 所示，Fe_3O_4 负载在 rGO 片层之间，形成类似三明治结构，这种结构可以起到保护 Fe_3O_4 的作用。采用高分辨率透射电镜观察纳米 Fe_3O_4 粒子，如图 3.32(e) 所示，Fe_3O_4 的粒径约为 10nm，其晶面间距为 0.25nm，与面心立方晶系的 Fe_3O_4 的 (311) 晶面的晶面间距一致。

对 Air@rGO€Fe_3O_4 空心微球的断面进行能谱分析，如图 3.33 所示。首先对断面进行线扫描，发现从微球外表面到内壁 Fe 元素的分布呈现递增的趋势，碳元素的分布则与之相反，表明 Fe_3O_4 主要分布在微球的内壁，这种分布规律使得 Fe_3O_4 纳米粒子不易被氧化或者腐蚀，提高了 Air@rGO€Fe_3O_4 空心微球的化学稳定性。图 3.33(c)～(e) 分别为微球外表面、截面和内表面三处的 EDS

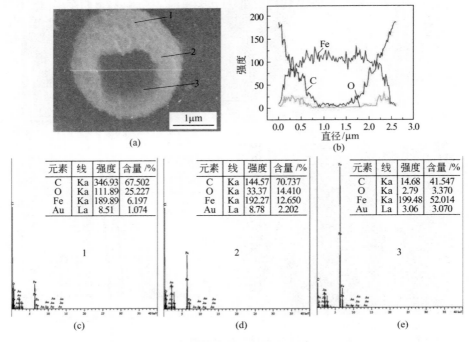

图 3.33 Air@rGO€Fe_3O_4 空心微球断面 SEM 图以及不同位置的 EDS 元素分布图

元素分布图，各元素含量列于表 3.10，Fe 元素的含量从外到内分别为 6.2%、12.7% 和 52.0%，和线扫描得到的结果相同，Fe 元素的分布从微球外表面到内壁呈现递增的趋势。

表 3.10　Air@rGO€Fe₃O₄ 空心微球不同位置各元素含量

位置	各元素含量/%		
	C	O	Fe
外表面	67.5	25.2	6.2
截面	70.7	14.4	12.7
内表面	41.5	3.4	52.0

3.3.3　Air@rGO€Fe₃O₄ 电磁参数与吸波性能

通过振动样品磁强计分别测试了 Air@rGO€Fe₃O₄ 微球和 Fe₃O₄ 纳米颗粒的磁性能，得到其室温下的磁滞回线和矫顽力。如图 3.34 所示，Fe₃O₄ 纳米颗粒和 Air@rGO€Fe₃O₄ 微球的饱和磁化强度分别为 51.51emu/g 和 33.98emu/g；Air@rGO€Fe₃O₄ 微球由于存在没有磁性的 rGO，因此其饱和磁化强度必然比纯 Fe₃O₄ 纳米颗粒低；通过饱和磁化强度的大小，可以计算出 Air@rGO€Fe₃O₄ 微球中 Fe₃O₄ 的含量约为 66%。Fe₃O₄ 颗粒和 Air@rGO€Fe₃O₄ 微球的矫顽力分别为 158.38Oe 和 39.21Oe，磁性材料的矫顽力大小与磁性粒子的直径有直接关系，粒子的粒径越小，矫顽力越小[12]；纯 Fe₃O₄ 颗粒的矫顽力比 Air

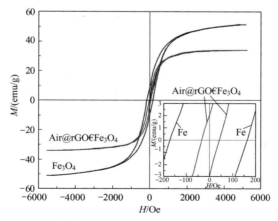

图 3.34　Air@rGO€Fe₃O₄ 微球和 Fe₃O₄ 纳米颗粒
的磁滞回线和矫顽力曲线图

@rGO€Fe₃O₄ 微球的大表明纯 Fe_3O_4 颗粒直径要比负载在微球内部的 Fe_3O_4 大，Air@rGO€Fe₃O₄ 微球中的 Fe_3O_4 负载在 rGO 片层之间，减少了 Fe_3O_4 的团聚，因此微球中 Fe_3O_4 的粒径小于直接煅烧乙酰丙酮铁获得的 Fe_3O_4 粒径。

Fe_3O_4、rGO、Air@rGO€Fe₃O₄ 微球分别和固体石蜡按照 1∶2 的质量比制成环形试样，测得的介电常数实部（ε'）、虚部（ε''）和磁导率实部（μ'）、虚部（μ''），如图 3.35 所示。图 3.35（a）和图 3.35（b）显示，Fe_3O_4、rGO、Air@rGO€Fe₃O₄ 微球的介电常数实部和虚部值分别在 5.7～5.5、14.2～8.9、9.8～7.2 和 −0.1～0.7、7.0～2.6、2.4～2.1 范围内，Air@rGO€Fe₃O₄ 的介电常数实部和虚部介于 Fe_3O_4 和 rGO 之间，并明显大于 Fe_3O_4；表明加入 rGO 这种介电损耗型吸波材料后，Air@rGO€Fe₃O₄ 的介电损耗能力比 Fe_3O_4 有明显提高。另外，所有试样的介电常数都随着频率增加而降低，这是由于介质在交变电场中产生极化的时间滞后于电场变化频率，并且随着频率增加，这种滞后越明显[13]。图 3.35（c）为试样的磁导率实部曲线图，图中显示 Air@rGO€Fe₃O₄ 和 Fe_3O_4 的磁导率随着频率增加而下降，这是由于在交变的磁场下，磁性材料

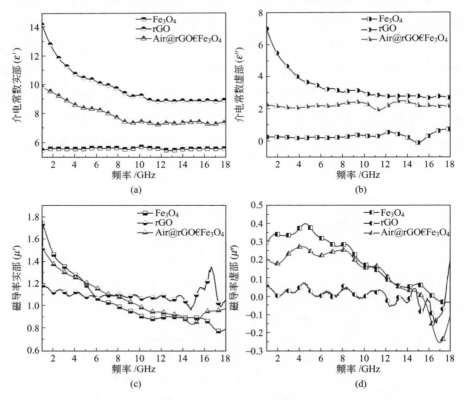

图 3.35 Fe_3O_4、rGO、Air@rGO€Fe₃O₄ 微球的电磁参数曲线图

产生感应电流，感应电流又能产生感应磁场，从而使磁导率下降；而 rGO 由于没有磁性，其磁导率在整个频率范围基本保持不变。图 3.35 (d) 为试样的磁导率虚部曲线图，其变化规律基本和试样磁导率实部相同，只是 Air@rGO€Fe$_3$O$_4$ 和 Fe$_3$O$_4$ 在 1～6GHz 范围内出现了几个共振峰，这是由于磁性材料在电磁场中发生了自然共振、畴壁共振、交换共振等现象。

通过 Matlab 软件计算得到 Fe$_3$O$_4$、rGO、Air@rGO€Fe$_3$O$_4$ 微球在 1～18GHz 频率范围对应不同匹配厚度的反射损耗，结果如图 3.36 所示。图 3.36 (a) 可以看出，Fe$_3$O$_4$ 整体的吸波性能较差，其最小反射损耗为 −11.7dB，匹配厚度为 3.7mm，频率为 8.5GHz。rGO 的反射损耗如图 3.36(b) 所示，其吸波性能比 Fe$_3$O$_4$ 优异，在 4.5GHz 处出现最小反射损耗为 −44.9dB，匹配厚度为 5mm，反射损耗小于 −10dB 的频宽为 3.1GHz；尽管 rGO 的反射损耗较小，但是其匹配厚度较大，吸收频宽较窄，达不到吸波材料"薄、宽"的要求。图 3.36(c) 为 Air@rGO€Fe$_3$O$_4$ 微球的反射损耗，其最小反射损耗达到 −52dB，

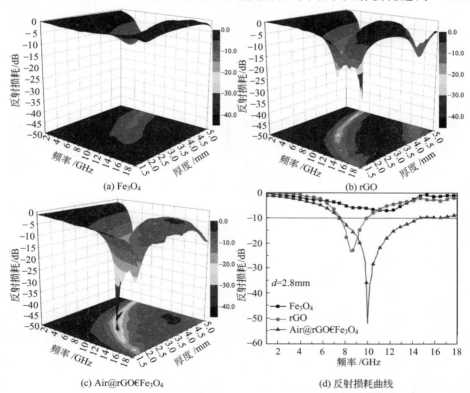

(a) Fe$_3$O$_4$　　　　　　　　　　(b) rGO

(c) Air@rGO€Fe$_3$O$_4$　　　　　　(d) 反射损耗曲线

图 3.36　Fe$_3$O$_4$ 粒子、rGO 和 Air@rGO€Fe$_3$O$_4$ 微球反射损耗、匹配厚度和频率的
三维图以及三个试样在 2.8mm 时的反射损耗曲线

匹配厚度仅为 2.8mm，并且在其他厚度下也有很强的吸收。图 3.36（d）列出 Fe_3O_4、rGO、Air@rGO€Fe_3O_4 微球在匹配厚度为 2.8mm 时的反射损耗，Air@rGO€Fe_3O_4 微球在 7.5～14.7GHz 频率范围内的反射损耗都小于－10dB，吸收频宽达到 7.2GHz，明显比 Fe_3O_4 和 rGO 的吸收频率范围宽。由此可见，通过一定工艺制备具有特殊结构同时具有磁损耗和介电损耗的复合吸波材料能够达到增强吸收强度和吸收频宽的效果。

3.3.4 Air@rGO€Fe_3O_4 电磁波损耗机制

图 3.37 为 Fe_3O_4、rGO、Air@rGO€Fe_3O_4 微球在 1～18GHz 频率范围内的介电损耗角正切和磁损耗角正切曲线图，由图可知 Air@rGO€Fe_3O_4 的磁损耗角正切和介电损耗角正切都较大，表明其磁损耗和介电损耗能力都较强，因此其吸波性能优异；而 rGO 和 Fe_3O_4 只有较大的介电损耗角正切值或者磁损耗角正切值，表明 rGO 主要以介电损耗衰减电磁波，Fe_3O_4 主要以磁损耗衰减电磁波，因此他们的吸波性能较差。

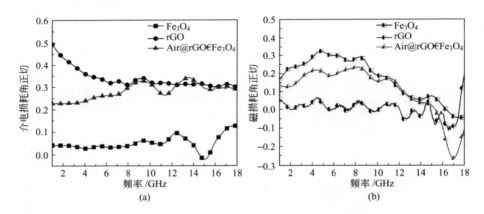

图 3.37 Fe_3O_4、rGO、Air@rGO€Fe_3O_4 微球的介电损耗角
正切（a）和磁损耗角正切（b）曲线图

如图 3.38（a）给出了 Fe_3O_4、rGO、Air@rGO€Fe_3O_4 微球的 Cole-Cole 图。由图可知，Air@rGO€Fe_3O_4 微球出现四个半圆，其中在介电常数实部为 7.5～9.5 时有一个较为完整的半圆，表示在这个范围内微球的介电损耗主要来自德拜松弛，对比图 3.35（a）可知，该位置处在频率范围 1～8.5GHz 内；另外三个不规则半圆可能是其他松弛或者极化产生的，如 Maxwell-Wagner 松弛、电子/离子极化、偶极极化等[17-20]。相比较而言，Fe_3O_4 和 rGO 的 Cole-Cole 图中

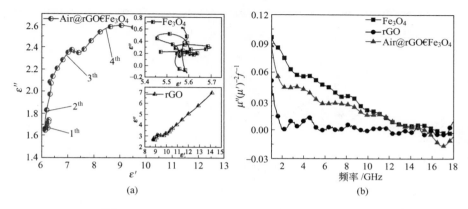

图 3.38　Fe_3O_4、rGO、Air@rGO€Fe_3O_4 微球的

Cole-Cole 图（a）和涡流损耗图（b）

只有少量甚至没有出现半圆，因此他们存在较弱甚至没有德拜松弛。介电松弛过程可以衰减电磁波，正是 Air@rGO€Fe_3O_4 具有四级松弛过程，使得其表现出优异的吸波性能。

磁性材料也有多种损耗机制，如磁滞损耗、涡流损耗、自然共振、交换共振和畴壁共振等[17,20]。其中磁滞损耗是在强磁场中材料发生不可逆磁化产生的，因此吸波材料对电磁波吸收过程中应该没有磁滞损耗；畴壁共振主要发生在低于2GHz 的低频处；在 2～6GHz 范围内的共振一般为自然共振，是由磁性粒子小尺寸效应和形状各向异性引起的[21]，图 3.37（b）中 Air@rGO€Fe_3O_4 和 Fe_3O_4 的磁损耗角正切在 2～6GHz 范围内出现的共振峰就是自然共振峰；在中频段磁性材料一般会出现交换共振，在 6～12GHz 出现多个共振峰是由于发生了交换共振引起的，这主要归功于 Fe^{2+}、空穴、空间电荷等的极化[17,32,33]。在交变的磁场中，Fe_3O_4 可以通过电磁感应产生涡流，产生的涡流可以损耗部分电磁波，但又会阻止电磁波进入材料内部。图 3.38（b）显示，Fe_3O_4 在 12～18GHz 频率范围内 $\mu''(\mu')^{-2}f^{-1}$ 基本保持不变，说明 Fe_3O_4 表面产生了涡流，具有涡流损耗，而 Air@rGO€Fe_3O_4 在该频段内 $\mu''(\mu')^{-2}f^{-1}$ 值随着频率变化而出现波动，说明 Air@rGO€Fe_3O_4 没有产生涡流。

通过以上分析可以了解到，Air@rGO€Fe_3O_4 微球具有优异吸波性能是因为其具有多种损耗机制，既有介电损耗又有磁损耗。为了直观体现 Air@rGO€Fe_3O_4 微球对电磁波的损耗机理，现给出其吸波损耗示意图，如图 3.39 所示。

吸波材料能否对电磁波达到很好的吸收效果，有两个方面需要考虑：一是电

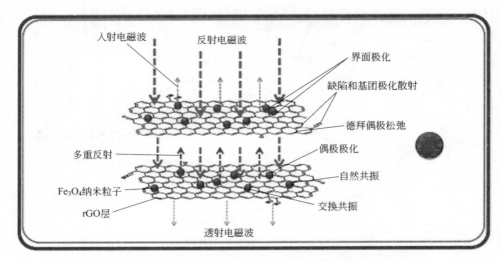

图 3.39　Air@rGO€Fe$_3$O$_4$ 微球吸波机理示意图

磁波是否能够进入吸波材料内部，称为材料的匹配系数；二是进入的电磁波能否被快速有效地损耗，称之为吸收系数。根据匹配系数和吸收系数的计算公式 [式(1.21) 和式(1.22)]，分别计算了 Fe$_3$O$_4$、rGO、Air@rGO€Fe$_3$O$_4$ 微球的阻抗匹配系数 （Z）和吸收系数 （α），结果如图 3.40 所示；三者的阻抗匹配系数大小顺序为：Fe$_3$O$_4$＞Air@rGO€Fe$_3$O$_4$＞rGO，说明导电性好的 rGO 对电磁波反射较强，电磁波不易进入其内部，匹配性较差；加入 Fe$_3$O$_4$ 后，Air@rGO€Fe$_3$O$_4$ 微球的匹配系数相比于 rGO 有所提高，匹配性能提高。图 3.40(b) 为吸收系数曲线图，在 1～15GHz 频率范围内 Air@rGO€Fe$_3$O$_4$ 的吸收系数明显大于 Fe$_3$O$_4$ 和 rGO，表明其损耗电磁波能力较强；正是由于 Air@rGO€Fe$_3$O$_4$ 具

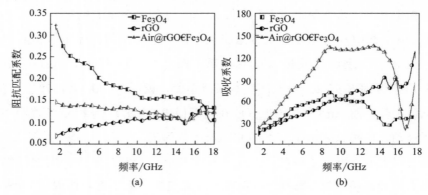

图 3.40　Fe$_3$O$_4$、rGO、Air@rGO€Fe$_3$O$_4$ 微球
的阻抗匹配系数 （a）和吸收系数 （b）

有较大的吸收系数和合适的匹配系数，使得其具有优于 Fe_3O_4 和 rGO 的吸波性能。另外，Air@rGO€Fe_3O_4 和 Fe_3O_4 的吸收系数在频率为 13～18GHz 范围内出现下降的现象，这是由于在该范围内，Air@rGO€Fe_3O_4 和 Fe_3O_4 的磁导率虚部为负数造成的；磁导率虚部为负数的材料目前报道的有反磁性物质和超材料，显然 Fe_3O_4 不属于这两类；Hou 等[34] 提出是由于磁性材料出现法布里-珀罗共振，导致试样的磁导率为负数。

3.3.5　Air@rGO€Fe_3O_4 微球的耐腐蚀性能

Fe_3O_4 是常用的纳米吸波粒子，但是它存在化学稳定性差等缺陷，限制了其应用范围。Air@rGO€Fe_3O_4 微球中，Fe_3O_4 纳米粒子被 rGO 包裹，并且只有少量 Fe_3O_4 分布在微球的外表面，这种结构很好地起到了保护 Fe_3O_4 的作用。把 Air@rGO€Fe_3O_4 微球放入 0.1mol/L 的稀盐酸溶液中；由于微球的密度比水小，因此必须用磁铁吸引使其完全浸入盐酸溶液中静置 5d，然后过滤、洗涤、烘干获得盐酸处理后的 Air@rGO€Fe_3O_4 微球。通过振动样品磁强计测试盐酸溶液浸泡后微球的饱和磁化强度，并和盐酸处理前作对比，结果如图 3.41 所示。盐酸浸泡后，Air@rGO€Fe_3O_4 微球的饱和磁化强度为 31.79emu/g，相比浸泡前下降了 6.5%，饱和磁化强度下降主要是因为微球表面的 Fe_3O_4 被盐酸溶解，且溶解的量少于 6.5%，Air@rGO€Fe_3O_4 微球表现出优异的耐酸性。

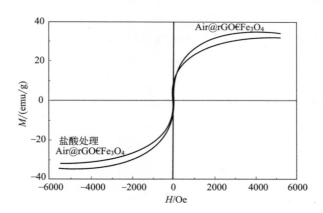

图 3.41　盐酸处理前后 Air@rGO€Fe_3O_4 微球的磁滞回线

为了对比盐酸浸泡前后微球吸波性能的变化，把浸泡后的 Air@rGO€Fe_3O_4 微球和固体石蜡按照 1：2 的质量比制备同轴试样，测试其电磁参数并模拟得到其反射损耗，如图 3.42。结果显示，盐酸浸泡 5d 后的 Air@rGO€Fe_3O_4

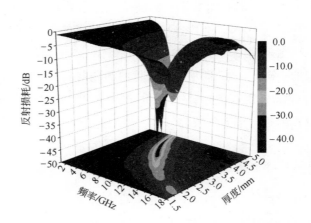

图 3.42　盐酸处理后 Air@rGO€Fe₃O₄ 微球反射损耗、

匹配厚度和频率的三维图

微球的最小反射损耗仍有－46dB，匹配厚度为 3.5mm，反射损耗小于－10dB 的频率范围为 6.3～12.3GHz。为了和 Fe₃O₄、rGO、Air@rGO€Fe₃O₄ 微球的吸波性能作直观对比，表 3.11 列出了上述四种试样的最小反射损耗、匹配厚度、反射损耗小于－10dB 的频宽等，对比可知，盐酸溶液处理前后 Air@rGO€Fe₃O₄ 微球的吸收频宽都比 Fe₃O₄ 和 rGO 宽，匹配厚度薄，吸收强度更大。以上结果说明 Air@rGO€Fe₃O₄ 微球具有很强的耐酸性，并能保持优异的吸波性能，这为特殊条件下吸波材料的应用提供了可能。

表 3.11　Fe₃O₄、rGO、Air@rGO€Fe₃O₄ 微球和盐酸处理的

Air@rGO€Fe₃O₄ 微球吸波性能

样品	RL_{min} /dB	匹配厚度 /mm	频率范围 ($RL \leqslant -10dB$)/GHz	频宽($RL \leqslant$ $-10dB$)/GHz
Fe₃O₄	－11.7	3.7	7.9～9.2	1.3
rGO	－44.9	5.0	3.9～5.3,14.0～15.7	3.1
Air@rGO€Fe₃O₄	－52	2.8	7.5～14.7	7.2
盐酸处理 Air@rGO€Fe₃O₄	－46	3.5	6.3～12.3	6.0

3.3.6　Fe₃O₄ 含量对 Air@rGO€Fe₃O₄ 微球吸波性能的影响

为了考察 Fe₃O₄ 与 rGO 配比对 Air@rGO€Fe₃O₄ 微球吸波性能的影响规律，可以通过控制乙酰丙酮铁添加量来达到改变 Fe₃O₄ 含量的目的；分别制备

了添加 0.5g、1.0g、1.5g 乙酰丙酮铁的前驱体，通过煅烧得到的 Air@rGO€
Fe_3O_4 微球标注为 $S_{0.5}$、$S_{1.0}$ 和 $S_{1.5}$，然后分别和固体石蜡按照 1∶2 质量比制备
同轴测试试样，测得电磁参数，并模拟得到不同厚度下的反射损耗，结果如
图 3.43 所示。由图可知，试样的反射损耗最小值出现位置随着厚度增加而向低
频移动，造成这种现象的原因和前述 Air@rGO€Ni 微球一样，都满足四分之一
波长公式。此外，对比不同 Fe_3O_4 含量的试样在同一厚度下最小反射损耗出现
的频率位置发现，随着 Fe_3O_4 含量的增加，最小反射损耗出现位置向高频位置
移动。这可能是由于复合微球中 Fe_3O_4 含量的增加，导致复合微球中 rGO 相对
含量降低，从而导致微球介电常数明显下降，磁导率增加；但是磁导率和介电常
数的乘积呈现减小的趋势，根据四分之一波长公式可知，磁导率和介电常数的乘
积减小，材料的谐振频率增加。因此，随着 Fe_3O_4 含量的增加，吸收峰向高频
移动。当厚度为 2.8mm 时，$S_{0.5}$、$S_{1.0}$ 和 $S_{1.5}$ 的最小反射损耗和反射损耗小于
−10dB 的频宽列于表 3.12 中，由表中结果可知，$S_{0.5}$、$S_{1.0}$ 和 $S_{1.5}$ 的吸波性能
都优于纯 rGO 和纯 Fe_3O_4，并且 $S_{1.0}$ 的吸收强度和频宽都大于 $S_{0.5}$ 和 $S_{1.5}$，说明

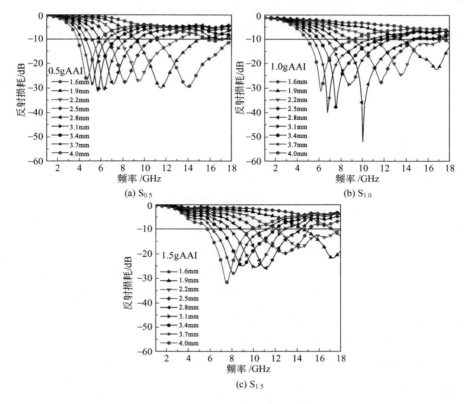

图 3.43　$S_{0.5}$、$S_{1.0}$ 和 $S_{1.5}$ 在不同厚度下的反射损耗

表 3.12　不同 Fe_3O_4 含量的 $Air@rGO€Fe_3O_4$ 微球在厚度为 2.8mm 时的吸波性能

样品	RL_{min}/dB	频率范围(RL≤−10dB)/GHz	频宽(RL≤−10dB)/GHz
$S_{0.5}$	−28.5	5.8～9.3	3.5
$S_{1.0}$	−52	7.5～14.7	7.2
$S_{1.5}$	−25.9	8.8～14.3	5.5

通过介电损耗和磁损耗材料的复合可以提升材料的吸波性能，并且二者具有一个最佳的配比，当达到最佳配比时，复合吸波材料才具有最优吸收性能。

3.4　结论

本章采用改进后的 Hummers 方法制备了 GO，并以 GO 作为起始物，通过油包水与高温煅烧相结合的工艺手段，设计制备了兼具磁损耗和介电损耗的 $Air@rGO€Co$、$Air@rGO€Ni$ 和 $Air@rGO€Fe_3O_4$ 空心微球及其吸波材料。采用 XRD、XPS、VSM、SEM 和 TEM 等手段测试分析了空心微球的物相与结构、表面化学成分、磁性能、微观形貌等。此外，还通过矢量网络分析仪测试了空心微球的电磁参数，并用 Matlab 软件模拟得到在 1～18GHz 范围内的反射损耗，分析了空心微球对电磁波的损耗机理。通过研究得出以下结论。

（1）$Air@rGO€Co$ 微球内部为空心结构，大小约为 4～6μm，球壁厚度约为 0.4μm。与 rGO 和 Co 相比，$Air@rGO€Co$ 空心微球的吸波性能有很大的提高，在厚度为 2.2mm 时，最小反射损耗 −68.1dB，反射损耗小于 −10dB 的频宽达到 7.1GHz，有效吸收频率范围为 10.9～18.0GHz，吸收频率较高。$Air@rGO€Co$ 空心微球具有优异吸波性能，是由于其内部存在对电磁波的多重损耗机制，如 rGO 和 Co 粒子之间以及 Co 和 Co 粒子的界面极化、rGO 的德拜松弛、Maxwell-Wagner 松弛、电子/离子极化、偶极极化、Co 粒子的电子极化、自然共振和交换共振等；此外，由于 rGO 的良好导电性，抑制 Co 表面产生涡流，从而增加匹配特性。由于 Co 负载在 rGO 片层之间，并且其含量从微球外表面到内表面呈现递增的趋势，这种结构起到了保护 Co 的作用，使得 $Air@rGO€Co$ 空心微球具有很好的耐腐蚀性；在 0.1mol/L 的盐酸溶液浸泡 5d 后，其饱和磁化强度仅下降了 7.5%；测试其吸波性能发现，在厚度为 2.8mm 时，最小反射损耗达到 −50.4dB，反射损耗小于 −10dB 的频率范围为 9.0～15.1GHz。

（2）Air@rGO€Ni 微球内部为空心结构，大小约为 3～5μm，球壁厚度约为 0.4μm。相比于 rGO 和 Ni，Air@rGO€Ni 空心微球的吸波性能有很大的提高，在厚度为 2.7mm 时，最小反射损耗－59.7dB，反射损耗小于－10dB 的频宽达到 4.8GHz；与 Air@rGO€Co 微球相比，其吸收频率向低频移动，但吸收频宽变窄。Air@rGO€Ni 空心微球具有优异吸波性能，是由于其内部存在对电磁波的多重损耗机制，如 rGO 和 Ni 粒子之间以及 Ni 和 Ni 粒子的界面极化，rGO 的德拜松弛、Maxwell-Wagner 松弛、电子/离子极化、偶极极化，Ni 粒子的电子极化、自然共振和交换共振等；此外，由于 rGO 的较好导电性，抑制 Ni 表面产生涡流，从而增加匹配特性。由于 Ni 负载在 rGO 片层之间，这种结构起到了保护 Ni 的作用，使得 Air@rGO€Ni 空心微球具有很好的耐腐蚀性；在 0.1mol/L 的盐酸溶液浸泡 5d 后，其饱和磁化强度仅下降了 4.8％；测试其吸波性能发现，在厚度为 3.0mm 时，最小反射损耗达到－48.3dB，反射损耗小于－10dB 的频率范围为 8.0～12.2GHz。

（3）Air@rGO€Fe$_3$O$_4$ 微球具有优异的吸波性能，在厚度为 2.8mm 时，最小反射损耗为－52dB，反射损耗小于－10dB 的频宽达到 7.2GHz；与 Air@rGO€Co 空心微球和 Air@rGO€Ni 空心微球相比，其有效吸收频宽更宽，吸收频率更低。Air@rGO€Fe$_3$O$_4$ 空心微球具有优异吸波性能，是由于其内部存在对电磁波的多重损耗机制，如 rGO 和 Fe$_3$O$_4$ 粒子之间以及 Fe$_3$O$_4$ 和 Fe$_3$O$_4$ 粒子的界面极化，rGO 的德拜松弛、Maxwell-Wagner 松弛、电子/离子极化、偶极极化，Fe$_3$O$_4$ 粒子的电子极化、自然共振和交换共振等；此外，微球的空腔结构使得电磁波在其中发生多重反射，也起到增强电磁波吸收的作用。由于 Fe$_3$O$_4$ 负载在 rGO 片层之间，并且其含量从微球外表面到内表面呈现递增的趋势，这种结构起到了保护 Fe$_3$O$_4$ 的作用，使得 Air@rGO€Fe$_3$O$_4$ 空心微球具有很好的耐腐蚀性；在 0.1mol/L 的盐酸溶液浸泡 5d 后，其饱和磁化强度仅下降了 6.5％；测试其吸波性能发现，在厚度为 3.5mm 时，最小反射损耗达到－46dB，反射损耗小于－10dB 的频率范围为 6.3～12.3GHz。

（4）Air@rGO€Co 空心微球、Air@rGO€Ni 空心微球和 Air@rGO€Fe$_3$O$_4$ 空心微球对电磁波的吸收峰位置随匹配厚度和磁性粒子含量的变化而变化；匹配厚度增加，吸收峰位置向低频区移动，磁性粒子含量增加，吸收峰位置向高频区移动。

参 考 文 献

[1]　Zeng Qiang, Xiong Xuhai, Chen Ping, Yu Qi, Wang Qi, Wang Rongchao, Chu Hairong. Air@rGO

€Fe₃O₄ microspheres with spongy shell：self-assembly and microwave absorption performance ［J］. J. Mater. Chem C，2016，4，10518-10528.

［2］ Zeng Qiang，Chen Ping，Yu Qi，Chu Hairong，Xiong Xuhai，Xu Dongwei，Wang Qi. Self-assembly of ternary hollow microspheres with strong wideband microwave absorption and controllable microwave absorption properties ［J］. Scientific Reports，2017，7：8388.

［3］ Zeng Qiang，Xu Dongwei，Chen Ping，et al. 3D graphene-Ni microspheres with excellent microwave absorption and corrosion resistance properties ［J］. Journal of Materials Science：Materials in Electronics，2018，29（3），2421-2433.

［4］ 曾强，陈平，于祺，徐东卫. 具有宽频与可控微波吸收性能的石墨烯空心微球的自组装 ［J］. 材料研究学报，2018，32（2）：119-125.

［5］ Ma F，Qin Y，Li Y Z. Enhanced microwave performance of cobalt nanoflakes with strong shape anisotropy ［J］. Applied Physics Letters，2010，96（20）：202507.

［6］ He C Z，Qiu S，Wang X Z，et al. Facile synthesis of hollow porous cobalt spheres and their enhanced electromagnetic properties ［J］. Journal of Materials Chemistry，2012，22（41）：22160-22166.

［7］ Li J G，Huang J J，Qin Y，et al. Magnetic and microwave properties of cobalt nanoplatelets ［J］. Materials Science and Engineering B，2007，138（3）：199-204.

［8］ Ma Z，Liu Q F，Yuan J，et al. Analyses on multiple resonance behaviors and microwave reflection loss in magnetic Co microflowers ［J］. Physica status solidi B，2012，249（3）：575-580.

［9］ 陈平，曾强，于祺，熊需海. 一种负载磁性纳米粒子的石墨烯空心微球的制备方法 ［P］. 中国发明专利，授权专利号：ZL201510925343.3，2017-07-11.

［10］ Pan G H，Zhu J，Ma S L，et al. Enhancing the electromagnetic performance of Co through the phase-controlled synthesis of hexagonal and cubic Co nanocrystals grown on graphene ［J］. ACS Applied Materials & Interfaces，2013，5（23）：12716-12724.

［11］ He H K，Gao C. Supraparamagnetic，conductive and processable multifunctional graphene nanosheets coated with high-density Fe₃O₄ nanoparticles ［J］. ACS Applied Material & Interfaces，2010，2：3201-3210.

［12］ Bao N Z，Shen L M，Wang Y H A，et al. Controlled growth of monodisperse self-supported superparamagnetic nanostructures of spherical and rod-like CoFe₂O₄ nanocrystals ［J］. Journal of the American Chemical Society，2009，131（36）：12900-12901.

［13］ Moon K S，Choi H D，Lee A K，et al. Dielectric properties of epoxy-dielectrics-carbon black composite for phantom materials at radio frequencies ［J］. Journal of Applied Polymer Science，2000，77：1294-1302.

［14］ Shi X L，Cao M S，Yuan J，et al. Dual nonlinear dielectric resonance and nesting microwave absorption peaks of hollow cobalt nanochains composites with negative permeability ［J］. Applied Physics Letters，2009，95（16）：163108.

［15］ Zhao B，Shao G，Fan B B，et al. Synthesis of flower-like CuS hollow microspheres based on nanoflakes self-assembly and their microwave absorption properties ［J］. Journal of Materials Chemistry A，2015，3（19）：10345-10352.

［16］ Duan Y P，Liu Z，Jing H，et al. Novel microwave dielectric response of Ni/Co-doped manganese dioxides and their microwave absorbing properties ［J］. Journal of Materials Chemistry，2012，22（35）：18291-18299.

［17］ Tong G X，Liu Y，Cui T T，et al. Tunable dielectric properties and excellent microwave absorbing properties of elliptical Fe_3O_4 nanorings ［J］. Applied Physics Letters，2016，108（7）：072905.

［18］ Yu H L，Wang T S，Wen B，et al. Graphene/polyaniline nanorod arrays：synthesis and excellent electromagnetic absorption properties ［J］. Journal of Materials Chemistry，2012，22（40）：21679-21685.

［19］ Liu P，Zhou P H，Xie J L，et al. Electromagnetic and absorption properties of urchinlike Ni composites at microwave frequencies ［J］. Journal of Applied Physics，2012，111（9）：093905.

［20］ Meng F B，Wei W，Chen J J，et al. Growth of Fe_3O_4 nanosheet arrays on graphene by a mussel-inspired polydopamine adhesive for remarkable enhancement in electromagnetic absorptions ［J］. Rsc Advances，2015，5（122）：101121-101126.

［21］ Kittel C. On the theory of ferromagnetic resonance absorption ［J］. Physical Review，1948，73（2）：155-161.

［22］ Lv H L，Ji G B，Zhang H Q，et al. Co_xFe_y@C composites with tunable atomic ratios for excellent electromagnetic absorption properties ［J］. Scientific Reports，2015，5：18249.

［23］ Lv H L，Liang X H，Ji G B，et al. Porous three-dimensional flower-like Co/CoO and its excellent electromagnetic absorption properties ［J］. ACS Applied Materials & Interfaces，2015，7（18）：9776-9783.

［24］ Kong L，Yin X W，Ye F，et al. Electromagnetic wave absorption properties of ZnO-based materials modified with $ZnAl_2O_4$ nanograins ［J］. The Journal of Physical Chemistry C，2013，117（5）：2135-2146.

［25］ Huang Y X，Zhang H Y，Zeng G X，et al. The microwave absorption properties of carbon-encapsulated nickel nanoparticles/silicone resin flexible absorbing material ［J］. Journal of Alloys and Compounds，2016，682：138-143.

［26］ An Z，Zhang J. Facile large scale preparation and electromagnetic properties of silica-nickel-carbon composite shelly hollow microspheres ［J］. Dalton Transactions，2016，45（7）：2881-2887.

［27］ Yang Y Q，Qi S H，Wang J N. Preparation and microwave absorbing properties of nickel-coated graphite nanosheet with pyrrole via in situ polymerization ［J］. Journal of Alloys and Compounds，2012，520：114-121.

［28］ Liu Y，Luo F，Su J B，et al. Electromagnetic and microwave absorption properties of the Nickel/Ti_3SiC_2 hybrid powders in X-band ［J］. Journal of Magnetism and Magnetic Materials，2014，365：126-131.

［29］ Nam Y W，Choi J H，Lee W J，et al. Fabrication of a thin and lightweight microwave absorber containing Ni-coated glass fibers by electroless plating ［J］. Composites Science and Technology，2017，

145：165-172.

[30] Liu W W，Li H，Zeng Q P，et al. Fabrication of ultralight three-dimensional graphene networks with strong electromagnetic wave absorption properties [J]. Journal of Materials Chemistry A，2015，3 (7)：3739-3747.

[31] Zhang T，Huang D Q，Yang Y，et al. Fe_3O_4/carbon composite nanofiber absorber with enhanced microwave absorption performance [J]. Material Science Engineering B，2013，178：1-9.

[32] Tong G X，Wu W H，Guan J G，et al. Synthesis and characterization of nanosized urchin-like α-Fe_2O_3 and Fe_3O_4：microwave electromagnetic and absorbing properties [J]. Journal of Alloys and Compounds，2011，509 (11)：4320-4326.

[33] Ni S B，Sun X L，Wang X H，et al. Low temperature synthesis of Fe_3O_4 micro-spheres and its microwave absorption properties [J]. Materials Chemistry and Physics，2010，124 (1)：353-358.

[34] Hou Z L，Zhang M，Kong L B，et al. Microwave permittivity and permeability experiments in high-loss dielectrics：caution with implicit Fabry-Pérot resonance for negative imaginary permeability [J]. Applied Physics Letters，2013，103 (16)：162905.

第4章
磁功能化石墨烯复合材料及其吸波性能

4.1 铁氧化物/rGO 的制备及吸波性能

通过调节 rGO 含量，可以得到吸波性能良好的吸波材料。但 rGO 不具有磁性，对电磁波的损耗有限。因而，将磁性粒子和 rGO 复合，使复合材料兼有介电损耗和磁损耗，可以提高复合材料的吸波性能。目前，以 Fe_3O_4[1-6]、α-Fe_2O_3[7]、γ-Fe_2O_3[8-10]、$CoFe_2O_4$[11-13]、$NiFe_2O_4$[14,15]研究较为广泛。在制备方法上，大都采用溶剂热法、共沉淀法、前驱体煅烧等方法。这些方法制备磁性粒子/rGO 复合材料大都采用高温回流或者通入还原性气体进行磁性晶体的生长和 GO 的还原；如制备 Fe_3O_4/rGO 复合材料采用的溶剂热方法所用到的溶剂一般为二乙二醇、乙二醇、丙三醇等，一般需要在160℃以上回流；前驱体煅烧一般都要在高温炉里500℃以上进行，并在整个过程中通入还原性气体（NH_3、H_2等）。从绿色化学、经济效益、能源角度出发，需要一种省时间、绿色环保、简单易行的方法，来制备一种高性能吸波材料。项目组采用共沉淀方法制备了 α-Fe_2O_3/rGO 吸波材料[16]，通过调节 α-Fe_2O_3 的含量，调节吸波材料的电磁参数，制备了具有优异吸波性能的复合材料；将得到的 α-Fe_2O_3/rGO 经过高温退火，则转换为 Fe_3O_4/rGO 吸波材料，且保持了优异的吸波性能；这就意味着即使 Fe_3O_4/rGO 中的 Fe_3O_4 在高温或氧化条件下被氧化成 Fe_2O_3，其仍有优异的吸波性能，为制备耐高温、耐氧化的吸波材料奠定了基础。

4.1.1 铁氧化物/rGO 的制备

GO 溶液的制备见第2章。量取制备好的 GO 溶液 140mL 置于 250mL 烧杯中，300W 探头超声 1h，再转移至 500mL 三口烧瓶中备用。称取 3.75g $FeCl_3$

溶于 100mL 蒸馏水中，缓慢滴加到盛有 GO 溶液的烧瓶中，机械搅拌。滴加完后，将体系温度升至 50℃，缓慢滴加氨水，直至 pH＝11，在 50℃ 下反应 0.5h。再升温到 95℃，向体系中滴加 10mL 水合肼，反应 3h。将得到的产物，用磁铁吸附水洗、醇洗直至 pH＝7。然后将样品置于 60℃ 真空烘箱中 10h，最终得到的产物命名为 α-F/rGO-1。改变 $FeCl_3$ 的量分别为 5.0g、6.25g，其他过程不变，制备得到的产物命名为 α-F/rGO-2、α-F/rGO-3。

将制备的 α-F/rGO-1 研碎，置于陶瓷方舟中，送入管式炉中。通入氩气排除氧气。然后将管式炉以 10℃/min 的速率升温至 500℃，保温 1h，自然冷却至室温，过程中以氩气为保护气体，得到 Fe_3O_4/rGO，以 F/rGO-1 表示；并以同样的方法处理 α-F/rGO-2、α-F/rGO-3 得 F/rGO-2、F/rGO-3。整个过程如图 4.1 所示。

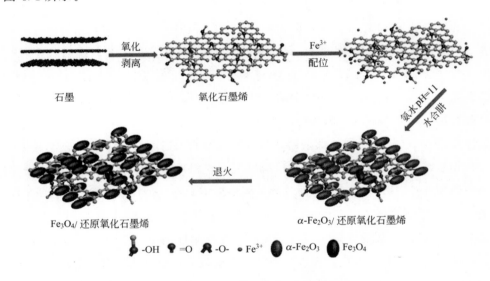

图 4.1　α-F/rGO 和 F/rGO 制备过程

4.1.2　铁氧化物/rGO 的结构表征

图 4.2 所示为石墨、GO、rGO、α-F/rGO-3、F/rGO-3 红外光谱图。从图 4.2 可见，石墨的红外光谱中，在 $3400cm^{-1}$ 和 $1634cm^{-1}$ 处分别出现羟基振动的特征峰，这可能是由于石墨层间吸附的水分子引起的；除此之外，石墨中并无其他官能团的特征峰。当将石墨进行氧化后，GO 的红外光谱中除包含羟基振动的特征峰外，在 $1730cm^{-1}$ 处出现 C＝O 伸缩振动峰，$1356cm^{-1}$ 处为 O＝C—O 的伸缩振动峰，$1220cm^{-1}$ 为环氧基的伸缩振动峰，$1069cm^{-1}$ 为烷氧基的伸缩振

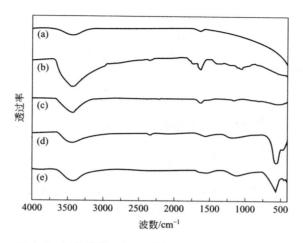

图 4.2　红外光谱：(a) 石墨；(b) GO；(c) rGO；
(d) α-F/rGO-3；(e) F/rGO-3

动峰，充分说明经过氧化后，GO 含有多种含氧官能团。经过水合肼还原后 rGO 的红外光谱中可明显观察到在 GO 中的含氧官能团的特征峰已经消失，表明此种方法成功将含氧官能团移除，恢复了 C＝C 的共轭结构[17]。在 α-F/rGO-3、F/rGO-3 的红外光谱中，在 1558cm^{-1} 处的特征峰为芳环中 C＝C 的振动峰；在 rGO 中可能由于 C＝C 的对称性，而为非红外活性，而在 α-F/rGO-3、F/rGO-3 等中由于铁离子的存在破坏了 C＝C 的对称性，使其偶极矩发生变化导致；而 1180cm^{-1} 处的特征峰为 C—O 的伸缩振动峰，表明经过水合肼和高温还原后，仍有残余的含氧官能团；相对于 rGO，这可能是由于铁氧化物在 GO 表面，影响了水合肼及高温对它的还原。此外，α-F/rGO-3 中 559cm^{-1} 处的吸收峰为 Fe-O 的特征峰，而经过高温退火后 F/rGO—3 中 Fe—O 的特征峰在 572cm^{-1} 处[18,19]。

图 4.3 为 α-F/rGO-1、α-F/rGO-2、α-F/rGO-3 的 X 射线衍射谱图。图中 24.1°、33.1°、35.6°、40.8°、49.4°、53.9°、57.4°、62.3°、63.9°、72.1°、75.4°处的衍射峰分别对应 α-Fe$_2$O$_3$ 晶体的（012）、（104）、（110）、（113）、（024）、（116）、（122）、（214）、（300）、（119）、（220）晶面，与标准卡片（JCPDS card NO.89-0598）峰位一致，且产物中没有其他峰，表明生成了较纯的 α-Fe$_2$O$_3$。通过观察，还可以发现 α-F/rGO-1 在 23.8°处有一宽峰，这是由于 α-F/rGO-1 中 α-Fe$_2$O$_3$ 含量较少，rGO 中无定形碳堆叠产生的；而 α-F/rGO-2、α-F/rGO-3 中 23.8°处没有此峰，这是由于随着 α-Fe$_2$O$_3$ 含量的增加，α-Fe$_2$O$_3$

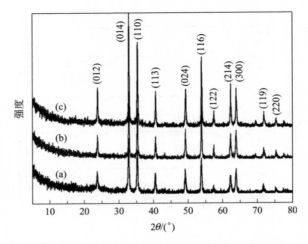

图 4.3　XRD 谱图：(a) α-F/rGO-1；(b) α-F/rGO-2；(c) α-F/rGO-3

在片层上的含量增加，阻止了 rGO 的堆叠。以上数据充分表明制备的产物含有 α-Fe$_2$O$_3$ 和 rGO。

图 4.4 为 α-F/rGO 在 500℃经 1h 退火后的 X 射线衍射谱图。图中 18.3°、30.1°、35.4°、37.1°、43.1°、53.4°、57.0°、62.6°、71.0°、74.0°处的衍射峰分别对应 Fe$_3$O$_4$ 的（111）、（220）、（311）、（222）、（400）、（422）、（511）、（440）、（620）、（533）晶面，与标准卡片（JCPDS NO.88-0866）峰位一致，没有其他晶体的衍射峰，产物较纯。同样 F/rGO-1 在 23.8°处有一宽峰，与 α-F/rGO-1 情况类似。

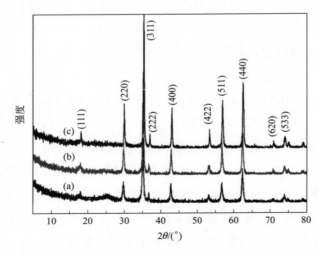

图 4.4　XRD 谱图：(a) F/rGO-1；(b) F/rGO-2；(c) F/rGO-3

4.1.3　铁氧化物/rGO 的形貌表征

图 4.5 为 F/rGO-1、F/rGO-2、F/rGO-3 和 α-F/rGO-3 的扫描电镜图。从图 (a)～(c) 中可以观察到 Fe_3O_4 呈枸杞状，平均长度为 200nm，平均宽度为 90nm；图 (a) 中 Fe_3O_4 分布在 rGO 片层结构中，并被 rGO 包裹，这是由于 rGO 含量较多导致的；随着 Fe_3O_4 含量的增加，Fe_3O_4 均匀分布在 rGO 两侧，在磁力的作用下团聚在一起；图 (c) 中由于 Fe_3O_4 的含量较多，导致 rGO 全部被 Fe_3O_4 覆盖；图 (d) 为 α-F/rGO-3 的 SEM 图。从图中可以看出 α-Fe_2O_3 也呈椭球状，平均长度和宽度分别约为 200nm 和 90nm；对比 α-Fe_2O_3 和 Fe_3O_4 的大小和形态，发现经过退火过程，并未改变铁氧化物的形貌特征。

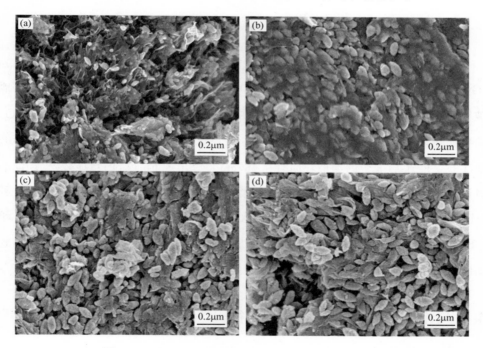

图 4.5　F/rGO-1 (a)、F/rGO-2 (b)、F/rGO-3 (c)
和 α-F/rGO-3 (d) 的扫描电镜图

图 4.6 为铁氧化物/rGO 的拉曼光谱。从图中可以观察到，所有样品在 $1347cm^{-1}$ 和 $1597cm^{-1}$ 处均出现特征峰，分别对应石墨烯中的 D 峰和 G 峰。石墨中 D 峰很小，表明 sp^2 共轭结构完整；而 GO 中 D 峰较大，表明氧化过后，石墨共轭结构被破坏；当进行还原过后 D 峰稍有减小，与 G 峰比值变小，表明经过还原后，对其共轭结构进行了一定程度的修复；α-F/rGO-3 的 D 峰相对于

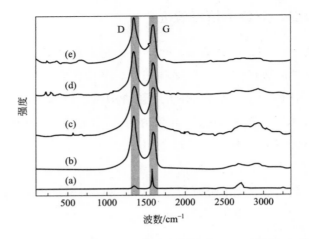

图 4.6　石墨（a）、GO（b）、rGO（c）、α-F/rGO-3（d）
和 F/rGO-3（e）的拉曼光谱图

rGO 有明显增加，这可能是由于 α-Fe_2O_3 原位生长于 GO 片层上，一定程度地破坏了 rGO 中的共轭结构导致的，同时在 242cm^{-1}、490cm^{-1} 处还出现了 α-Fe_2O_3 的特征峰，充分表明复合材料中有 α-Fe_2O_3；在 F/rGO-3 中，其 D 峰和 G 峰的情况与 α-F/rGO-3 中的类似，同时在 667cm^{-1} 处出现 Fe_3O_4 的特征峰[20]；以上讨论充分说明，在制备 α-F/rGO-3 过程中，GO 被还原成 rGO，同时生成了 α-Fe_2O_3。而将 α-F/rGO 进行 500℃退火处理后，α-Fe_2O_3 转变成了 Fe_3O_4，即 α-F/rGO 转变成 F/rGO。α-Fe_2O_3 转变成 Fe_3O_4 可能是由于 rGO 中残留的含氧基团在高温下生成了还原性气体如 H_2、CO 后，将 α-Fe_2O_3 还原为 Fe_3O_4[21]。

4.1.4　铁氧化物/rGO 的热失重表征

图 4.7 为 F/rGO-1、F/rGO-2、F/rGO-3 在空气氛围下，10℃/min 升温速率下的热失重曲线。从图中可以看出，随着温度的升高三个样品的质量均在减少。25～100℃为吸附在材料表面水分的质量损失，400～550℃之间为 rGO 的质量损失。对于 F/rGO-2、F/rGO-3，在 250～300℃之间质量有轻微的增加，这可能是由 Fe_3O_4 吸收氧气被氧化导致[22]。从图 4.7 中还可观察到，三个样品中 Fe_3O_4 的含量分别为 50.5%（F/rGO-1）、75.5%（F/rGO-2）、81.6%（F/rGO-3）。

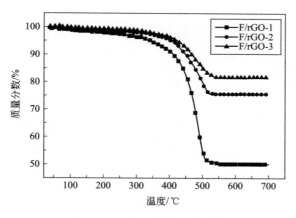

图 4.7　F/rGO 的热失重曲线

4.1.5　铁氧化物/rGO 的吸波性能

在交变的电磁场中，材料的吸波性能与其介电常数、磁导率、材料厚度和电磁波频率有较大关系。为了研究材料在特定频率下的吸波性能，将制备好的材料与石蜡以 1∶1 的质量比进行充分混合，压成外径为 7.0mm、内径为 3.0mm、厚度为 3.0mm 的同心轴，采用微波矢量网络分析仪测量其 1～18GHz 内的电磁参数，然后模拟材料的反射损耗。

（1）α-Fe_2O_3/rGO 的电磁参数及吸波性能

如图 4.8 所示，分别为不同质量比的 α-F/rGO 的介电常数和磁导率与频率的关系曲线。图 4.8(a) 为 α-F/rGO-1、α-F/rGO-2、α-F/rGO-3 的介电常数实部与频率关系曲线。从图中可以观察到随着频率的升高，三者的介电常数实部均减小。在 1～18GHz 内 α-F/rGO-1 的值在 7.9～21.9 范围内变化，α-F/rGO-2 的值在 7.8～17.1 内变化，α-F/rGO-3 的值在 7.1～15.9 内变化。随着 α-Fe_2O_3 质量的增加，材料的 ε' 变小，这可能是 Fe_2O_3 的半导体性质所致。由于 rGO 的电导率高，当 rGO 含量较多时，材料在基体内可以形成良好的导电网络，因而电导率较高，ε' 较高；而当 Fe_2O_3 含量增加时，阻断了 rGO 导电网的形成，因而 ε' 下降。在 10.9GHz 和 15.0GHz 处三者的 ε' 有轻微的上升，这可能是由极化共振效应引起的。图 4.8(b) 为 α-F/rGO 的介电常数虚部，代表对电磁波的损耗，在 1～18GHz 内 α-F/rGO-1 的 ε'' 值在 4.1～9.7 范围内变化，α-F/rGO-2 的范围为 3.1～7.1，α-F/rGO-3 在 3.6～5.6 内变化。与 ε' 规律相似，均随着 α-Fe_2O_3 含量的增加减小；在 1～7.4GHz 内，随着频率的增加，ε'' 减小，而在

7.4～18.0GHz 内，ε'' 开始出现波动，表现出共振特性，可能是由于材料中偶极极化、界面极化等效应引起，且共振效应均有利于对电磁波的损耗。

图 4.8(c) 和（d）分别为 α-F/rGO 的磁导率实部和虚部。由于 α-Fe$_2$O$_3$ 磁性较弱，因此尽管 α-Fe$_2$O$_3$ 含量增加，α-F/rGO 的磁导率实部变化也并不明显。α-F/rGO-1、α-F/rGO-2、α-F/rGO-3 的 μ' 值分别在 1.0～1.2、0.9～1.2、0.9～1.2 范围内变化；在 16.5GHz 处的共振峰可能是由于共振效应引起材料磁导率的变化。α-F/rGO-1、α-F/rGO-2、α-F/rGO-3 的 μ'' 值分别在 -0.1～0.0、-0.1～0.1、-0.2～0.1 之间变化；由于 Fe$_2$O$_3$ 磁性较弱，因此 μ'' 的波动可能是由极化效应导致的；在外界电场中，材料内部的载流子会发生运动，因而可能产生直流电流，根据 Maxwell 电磁理论，变化的电场产生磁场，因此负的 μ'' 可能是由材料内部载流子的迁移产生的直流电流导致，并向材料外部散射电磁能[23,24]。

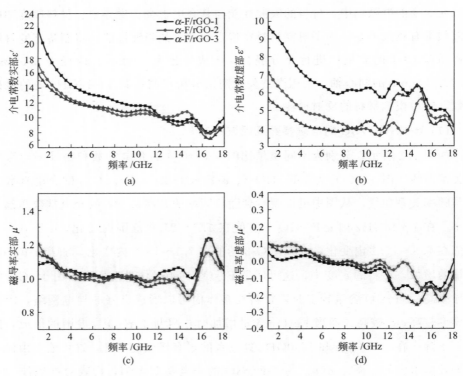

图 4.8　α-F/rGO 的介电常数实部（a）、虚部（b）；
磁导率实部（c）、虚部（d）

将用微波矢量网络分析仪测量得到的电磁参数代入式（1.24）中，采用

Matlab 软件进行模拟，得到 α-F/rGO-1、α-F/rGO-2、α-F/rGO-3 材料在不同厚度下的反射损耗曲线。当 RL 小于－10dB 时，表明材料吸收了电磁波 90％的能量，称为有效吸收。

图 4.9 为 α-F/rGO-1 在不同厚度下的反射损耗曲线。表 4.1 总结了在特定厚度下的有效吸收频宽、损耗峰值和峰值频率。通过对不同厚度进行模拟，当厚度为 1.5mm 时，材料的有效吸收频宽最宽，小于－10dB 的频率为 14.0～18.0GHz；有效频宽为 4.0GHz，最大损耗－31.6dB。随着厚度的增加，其有效频宽逐渐变小，损耗峰值也逐渐向低频移动。

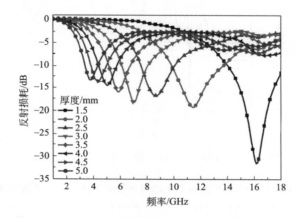

图 4.9　α-F/rGO-1 在不同厚度下反射损耗曲线

表 4.1　α-F/rGO-1 在不同厚度下的有效吸收频宽、损耗峰值和峰值频率

厚度 /mm	＜－10dB 频率范围 /GHz	＜－10dB 有效吸收 频宽/GHz	损耗峰值 /dB	峰值频率 /GHz
1.5	14.0～18.0	4.0	－31.6	16.1
2.0	9.8～13.7	3.9	－19.4	11.4
2.5	7.4～10.0	2.6	－16.8	8.6
3.0	6.1～8.0	1.9	－18.4	7.0
3.5	5.1～6.7	1.6	－16.0	5.8
4.0	4.5～5.8	1.3	－14.6	5.0
4.5	3.9～5.0	1.1	－13.7	4.3
5.0	3.5～4.3	0.8	－13.4	3.0

图 4.10 为 α-F/rGO-2 在不同厚度下的反射损耗曲线。表 4.2 总结了在特定厚度下的有效吸收频宽、损耗峰值和峰值频率。当厚度为 1.8mm 时，材料的有效吸收频宽最宽，小于－10dB 的频率为 12.0～16.9GHz；有效吸收频宽为 4.9GHz，最大反射损耗为－31.6dB。与 α-F/rGO-1 相似，其有效吸收频宽逐渐变小，损耗峰值也逐渐向低频移动。

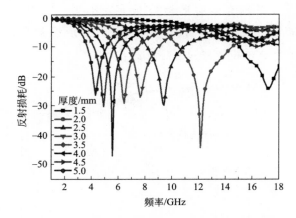

图 4.10　α-F/rGO-2 在不同厚度下反射损耗曲线

表 4.2　α-F/rGO-2 在不同厚度下的有效吸收频宽、损耗峰值和峰值频率

厚度 /mm	<－10dB 频率范围 /GHz	<－10dB 有效吸收 频宽/GHz	损耗峰值 /dB	峰值频率 /GHz
1.5	15.1～18.0	2.9	－23.9	17.1
1.8	12.0～16.9	4.9	－31.6	13.9
2.0	10.6～14.3	3.7	－43.9	12.1
2.5	8.2～10.8	2.6	－29.5	9.4
3.0	6.7～8.9	2.2	－26.8	7.6
3.5	5.7～7.4	1.7	－28.8	6.5
4.0	4.9～6.4	1.5	－46.6	5.6
4.5	4.2～5.7	1.5	－29.9	4.9
5.0	3.8～5.2	1.4	－25.9	4.3

图 4.11 为 α-F/rGO-3 在不同厚度下的反射损耗曲线。表 4.3 总结了在特定厚度下的有效吸收频宽、损耗峰值和峰值频率。当厚度为 1.7mm 时，材料的有效吸收频宽最宽，小于－10dB 的频率为 12.7～17.4GHz；有效频宽为 4.7GHz，最大损耗－47.7dB。其有效频宽和吸收峰值随厚度的变化情况与 α-F/rGO-1、α-F/rGO-2 相似。

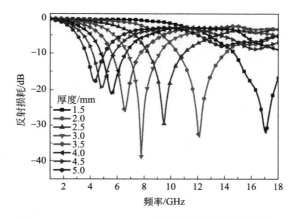

图 4.11　α-F/rGO-3 在不同厚度下反射损耗曲线

表 4.3　α-F/rGO-3 在不同厚度下的有效吸收频宽、损耗峰值和峰值频率

厚度 /mm	<−10dB 频率范围 /GHz	<−10dB 有效吸收 频宽/GHz	损耗峰值 /dB	峰值频率 /GHz
1.5	14.4～18.0	3.6	−32.7	17.0
1.7	12.7～17.4	4.7	−47.7	14.4
2.0	10.6～13.9	3.3	−32.9	12.1
2.5	8.4～10.8	2.4	−29.1	9.5
3.0	6.9～9.0	2.1	−38.3	7.8
3.5	5.6～7.6	2.0	−25.8	6.6
4.0	4.8～6.5	1.7	−21.0	5.6
4.5	4.2～5.6	1.4	−19.1	4.9
5.0	3.7～5.0	1.3	−17.6	4.3

　　此外，通过三组材料损耗曲线的分析，发现 α-F/rGO-2 在 1～5mm 厚度内变化时，材料在 4.1～18.0GHz 内有 −20dB 以下的吸收。

（2）Fe_3O_4/rGO 的电磁参数及吸波性能[16]

　　当把制备的 α-F/rGO 在管式炉中以 Ar 为保护气氛，并 10℃/min 由室温升至 500℃，恒温 1h，并自然冷却至室温；α-F/rGO 上负载的 $α-Fe_2O_3$ 会转变为 Fe_3O_4，即 F/rGO 复合材料，且同样具备优异的吸波性能。

　　将制备的 F/rGO 与石蜡以 1∶1 比例混合，研磨均匀压制成同心轴，测量其电磁参数。图 4.12 为 F/rGO 的介电常数和磁导率。图 4.12(a) 为 F/rGO 介电常数实部，与 α-F/rGO 进行比较，可以发现，并无明显变化；1～18GHz 内，

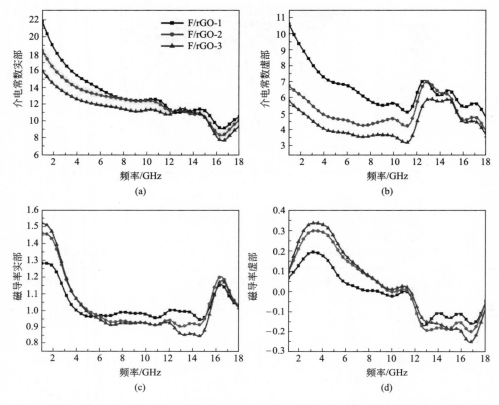

图 4.12　F/rGO 的介电常数实部（a）、虚部（b）；磁导率实部（c）、虚部（d）

F/rGO-1 在 9.0～21.7 之间变化，F/rGO-2 在 8.2～18.3 之间变化，F/rGO-3 在 7.6～16.0 之间变化；在 10.7GHz 和 13.2GHz 处均出现了与 α-F/rGO 类似的共振峰。图 4.12（b）为介电常数虚部，F/rGO-1 在 4.7～10.6 之间变化，F/rGO-2 在 3.8～6.8 之间变化，F/rGO-3 在 3.6～5.8 之间变化；其变化规律、数值大小及共振峰均与 α-F/rGO 介电常数虚部变化规律相似。图 4.12（c）为 F/rGO 磁导率实部，与 α-F/rGO 进行比较可以发现，磁导率实部有明显的增加；F/rGO-1 在 0.9～1.3，F/rGO-2 在 0.9～1.5，F/rGO-3 在 0.8～1.5 之间变化。随着 Fe_3O_4 含量的增加，磁导率最大值在增加。图 4.12(d) 为磁导率虚部，F/rGO-1 在 -0.1～0.2，F/rGO-2 在 -0.2～0.3，F/rGO-3 在 -0.2～0.3 范围内变化。在 3.4GHz 处出现自然共振峰，可以由公式计算[25]。

$$2\pi f_r = \gamma H_a \qquad (4.1)$$

$$H_a = 4|K_1|3\mu_0 M_s \qquad (4.2)$$

在 11.2～12.8GHz 内，磁导率虚部出现大幅下降，其原因与 α-F/rGO 中一样，可能是由载流子在体系内部形成直流电流，向外辐射磁场引起。

图 4.13 为 F/rGO-1 的反射损耗与频率关系图。表 4.4 为特定厚度下的有效吸收频宽、损耗峰值和峰值频率的总结。当厚度为 1.6mm 时，F/rGO-1 有效吸收频宽最宽为 4.5GHz（12.5～17.0GHz）。图 4.14 为 F/rGO-2 的反射损耗与频率关系图。表 4.5 为特定厚度下对有效吸收频宽、损耗峰值和峰值频率的总结。当厚度为 1.8mm 时，F/rGO-2 有效吸收频宽最宽为 4.6GHz（12.0～16.6GHz）。图 4.15 为 F/rGO-3 的反射损耗与频率关系图。表 4.6 为特定厚度下对有效吸收频宽、损耗峰值和峰值频率的总结。当厚度为 1.7mm 时，F/rGO-3 有效吸收频宽最宽为 4.4GHz（12.3～16.7GHz）。通过对比可以发现，随着 Fe_3O_4 含量的增加，材料的吸波性先提高再降低。对于 F/rGO-2，其厚度在 1.5～5.0mm 范围内变化时，材料在 3.4～18GHz 内可以实现 -10dB 以下的吸收。

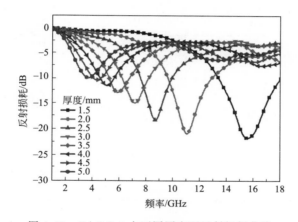

图 4.13　F/rGO-1 在不同厚度下反射损耗曲线

表 4.4　F/rGO-1 在不同厚度下的有效吸收频宽、损耗峰值和峰值频率

厚度 /mm	<−10dB 频率范围 /GHz	<−10dB 有效吸收 频宽/GHz	损耗峰值 /dB	峰值频率 /GHz
1.5	13.5～17.9	4.4	−21.5	15.5
1.6	12.5～17.0	4.5	−21.2	14.1
2.0	9.6～12.7	3.1	−20.7	11.0
2.5	7.6～9.8	2.2	−18.0	8.6
3.0	6.2～8.0	1.8	−14.7	7.2
3.5	5.3～6.7	1.4	−12.7	5.8
4.0	4.6～5.5	0.9	−11.3	5.1
4.5	4.1～4.4	0.3	−10.2	4.3
5.0	—	—	−9.8	3.7

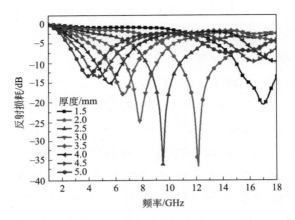

图 4.14 F/rGO-2 在不同厚度下反射损耗曲线

表 4.5 F/rGO-2 在不同厚度下的有效吸收频宽、损耗峰值和峰值频率

厚度 /mm	<−10dB 频率范围 /GHz	<−10dB 有效吸收 频宽/GHz	损耗峰值 /dB	峰值频率 /GHz
1.5	15.0~18.0	3.0	−20.6	17.0
1.8	12.0~16.6	4.6	−42.5	13.4
2.0	10.7~13.6	2.9	−36.2	12.1
2.5	8.4~10.8	2.4	−35.6	9.5
3.0	6.8~9.0	2.2	−24.7	7.8
3.5	5.5~7.5	2.0	−17.9	6.6
4.0	4.6~6.5	1.9	−15.1	5.6
4.5	4.0~5.6	1.6	−13.4	4.6
5.0	3.4~4.7	1.3	−13.1	4.0

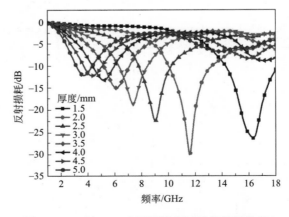

图 4.15 F/rGO-3 在不同厚度下反射损耗曲线

表 4.6　F/rGO-3 在不同厚度下的有效吸收频宽、损耗峰值和峰值频率

厚度 /mm	<−10dB 频率范围 /GHz	<−10dB 有效吸收 频宽/GHz	损耗峰值 /dB	峰值频率 /GHz
1.5	14.2~18.0	3.8	−26.3	16.3
1.7	12.3~16.7	4.4	−26.8	14.0
2.0	10.0~13.2	3.2	−29.3	11.5
2.5	7.9~10.2	2.3	−22.3	9.0
3.0	6.3~8.3	2.0	−18.5	7.3
3.5	5.2~7.0	1.8	−14.6	6.1
4.0	4.4~5.9	1.5	−13.1	5.2
4.5	3.7~5.0	1.3	−12.2	4.3
5.0	3.2~4.3	1.1	−12.1	3.7

4.1.6　铁氧化物/rGO 的吸波机理

通过以上分析可知，通过调节 α-F/rGO 中 α-Fe_2O_3 含量可以调节复合材料的吸波性能，主要是通过调节材料的电磁参数，满足匹配和损耗特性，其中以 α-F/rGO-2 的吸波性能最优。将此种材料经过高温退火处理，α-F/rGO 转变成 F/rGO，且保持了优异的吸波性能。这意味着，F/rGO 可作为高温环境下的隐身材料。Fe_3O_4 在高温环境下容易被氧化成 Fe_2O_3，而当 F/rGO 应用于高温条件下时，即便 Fe_3O_4 转变为 Fe_2O_3，也可以具有优异的吸波性能。

图 4.16 为对 F/rGO 复合材料吸波机理的总结。F/rGO 优异的吸波性能源于其电损耗和磁损耗的结合。电损耗主要包括偶极极化松弛、界面极化松弛、离子极化松弛、电子极化松弛、空间电荷极化松弛等。而离子极化松弛和电子极化松弛分别发生在 THz 和 PHz 频段，因此在 GHz 频段材料对电磁波的损耗主要来源于偶极极化松弛、界面极化松弛和空间电荷极化松弛。rGO 中的缺陷及残余含氧基团可以提供极化中心，产生偶极极化松弛，同时 rGO 中的缺陷还可作为散射点，对电磁波进行多重散射，消耗电磁波能量；Fe_3O_4 与 rGO 及 Fe_3O_4 粒子间的界面处，还可以发生界面极化松弛；rGO 由于含有共轭结构，其载流子在外电场下进行移动，形成电导损耗；以上介电损耗会转换成热能进行释放。磁损耗主要包括磁滞损耗、涡流效应、交换共振、自然共振和畴壁共振等。在较弱的电磁场中，磁滞损耗可以忽略不计，而畴壁共振一般在 MHz 范围内，因此在 GHz 内的磁损耗主要来源于自然共振、交换共振和涡流损耗[26]。由 F/rGO

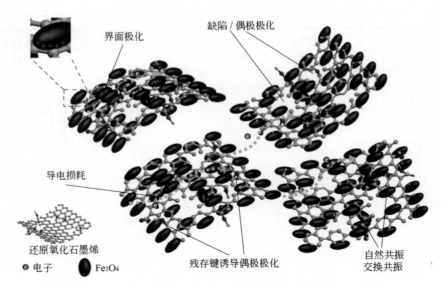

图 4.16　F/rGO 吸波机理的总结

复合材料磁导率实部和虚部可知，在 3.4GHz 处出现自然共振峰，与文献中较吻合；而由 Aharoni 理论可以推测，F/rGO 磁导率在 17.0GHz 处的共振峰可能由交换共振引起[27]。

4.2　FeCo/rGO 的设计制备及吸波性能

制备磁性粒子/石墨烯复合吸波材料大都以 Fe_3O_4、α-Fe_2O_3 和 γ-Fe_2O_3、Co_3O_4、$CoFe_2O_4$、$NiFe_2O_4$ 等为主。这些磁性粒子的饱和磁化强度较低，磁损耗有限。FeCo[28] 合金具有饱和磁化强度高、居里温度高以及电导率高等特点，可以作为高性能吸波材料应用[29]。同时还可以根据应用需要，调节 Fe 和 Co 在磁性粒子中的比例来满足多方面需要。本节采用共沉淀与高温退火相结合的方法，制备了高性能的吸波剂 FeCo/rGO 复合材料，并测试了其微波吸收性能。所采用的方法高效、绿色且适合大规模制备。

4.2.1　FeCo/rGO 的设计制备[30]

氧化石墨烯溶液的制备见第 2 章。量取制备好的氧化石墨烯溶液 140mL 置于 250mL 烧杯中，300W 探头超声 1h，再转移至 500mL 三口烧瓶中备用。称取

1.2g FeCl$_2$ · 4H$_2$O 和 1.4g CoCl$_2$ · 6H$_2$O 溶于 100mL 蒸馏水中，滴加到盛有 GO 溶液的烧瓶中并通入 Ar 保护，机械搅拌。滴加完后，将体系温度升至 80℃。称量 5.8g NaBH$_4$，加入到用 NH$_3$ 调节到 pH＝9 的 100mL 水溶液中，搅拌均匀，并向上述 500mL 烧瓶中缓慢滴加。滴加完毕后，在 80℃ 下反应 1h[31,32]。将得到的产物，用磁铁吸附水洗、醇洗直至 pH＝7。然后将样品置于 60℃ 真空烘箱中 10h。改变 FeCl$_2$、CoCl$_2$ 和 NaBH$_4$ 的量，其他过程保持不变。

将上述得到的产物研碎，置于陶瓷方舟中，送入管式炉中。通入氩气排除氧气。然后将管式炉以 10℃/min 的速率升温至 500℃，保温 1h，自然冷却至室温，过程中以氩气为保护气体，得到 FeCo/rGO。

按如上方法制备纯 FeCo 合金粒子作为对比实验。不同含量的 FeCo 的 FeCo/rGO 配方见表 4.7。

表 4.7　不同含量 FeCo 的 FeCo/rGO 配方

GO 液/mL	FeCl$_2$ · 4H$_2$O/g	CoCl$_2$ · 6H$_2$O/g	NaBH$_4$/g	代号
140	1.2	1.4	5.8	FeCo/rGO-1
140	3.6	4.3	6.3	FeCo/rGO-2
140	6.0	7.2	6.7	FeCo/rGO-3
—	6.0	7.2	6.7	—

4.2.2　FeCo/rGO 的结构表征

图 4.17 为 FeCo/rGO 的 XRD 图。经过退火后，FeCo/rGO 出现较明显的衍

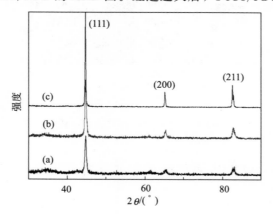

图 4.17　XRD 谱图：(a) FeCo/rGO-1；
(b) FeCo/rGO-2；(c) FeCo/rGO-3

射峰，其中 44.8°、65.2° 和 82.6° 分别对应 FeCo 的（111）、（200）和（211）晶面且与标准卡片的峰位一致（JCPDS NO.44-1433）。

4.2.3 FeCo/rGO 的形貌表征

图 4.18 为 FeCo/rGO 扫描电镜图片。由图可以观察到，随着 FeCo 含量的增加，在 rGO 表面负载的 FeCo 逐渐增加，且 FeCo 粒子逐渐变大。这是由于在退火过程中，过多的 FeCo 粒子团聚导致。而 rGO 较好地保持了其片层结构，并伴有堆叠和褶皱。

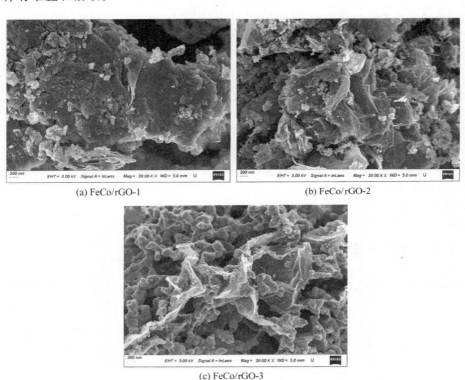

(a) FeCo/rGO-1　　　　　　　　　　(b) FeCo/rGO-2

(c) FeCo/rGO-3

图 4.18　FeCo/rGO-1、FeCo/rGO-2 和 FeCo/rGO-3 的扫描电镜图

4.2.4 FeCo/rGO 的电磁参数及吸波性能[33]

（1）FeCo/rGO 的电磁参数

将制备好的材料与石蜡以 1：1 的质量比进行充分混合，压成外径为 7.0mm、内径为 3.0mm、厚度为 3.0mm 的样品，采用微波矢量网络分析仪测

量其 1～18GHz 内的电磁参数，模拟材料的反射损耗。

　　如图 4.19 所示，分别为不同质量比的 FeCo/rGO 的介电常数和磁导率与频率的关系曲线。

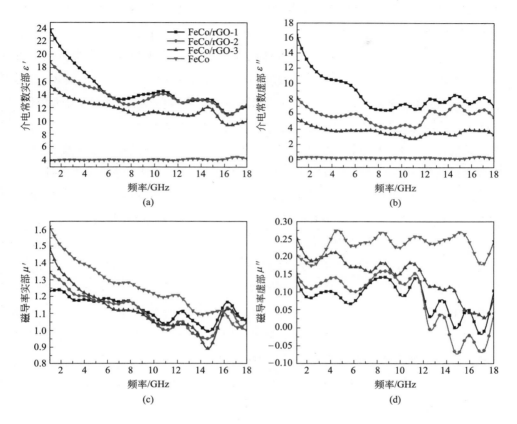

图 4.19　FeCo/rGO 和 FeCo 的介电常数实部（a）、
虚部（b）；磁导率实部（c）、虚部（d）

　　图 4.19(a) 为 FeCo/rGO-1、FeCo/rGO-2、FeCo/rGO-3 的介电常数实部（ε'）与频率关系曲线。FeCo/rGO-1 的介电常数实部在 1～7.1GHz 范围内随着频率的升高，逐渐减小，从 23.7 减小到 13.2；随后，随着频率的变化，在 14.5～10.9 范围内开始波动，这些波动可能是由极化共振效应引起。FeCo/rGO-2 和 FeCo/rGO-3 也可以观察到相似的现象。在 1～7.8GHz 范围内，FeCo/rGO-2 的 ε' 从 18.9 减小到 12.4；随后在 7.8～18.0GHz 内在 10.8～14.0 范围内开始波动。在 1～8.6GHz 范围内，FeCo/rGO-3 的 ε' 从 15.2 减小到 10.8，在 8.6～18.0GHz 内在 9.3 到 12.0 范围内波动。此外，三个样品出现共振峰的频率相

近，可能是同一种共振效应。在 1～18GHz 内，随着 FeCo 质量的增加，材料的 ε' 变小，这可能是由高含量的 FeCo 阻碍了 rGO 形成导电网络所致。rGO 的电导率高，当 rGO 含量较多时，材料在基体内可以形成良好的导电网络，因而电导率较高，所以 ε' 较高；而当 FeCo 含量增加时，阻断了 rGO 导电网的形成，因而 ε' 会有所下降。

图 4.19（b）为 FeCo/rGO 的介电常数虚部（ε''），代表对电磁波的损耗，在 1～18GHz 内 FeCo/rGO-1 的 ε'' 值在 6.3～16.3 范围内变化，FeCo/rGO-2 在 4.0～8.0 范围内变化，FeCo/rGO-3 在 2.5～5.3 范围内变化。与 ε' 规律相似，均随着 FeCo 含量的增加而减小；在低频段内，随着频率的增加，ε'' 均匀减小；在高频段内，随着频率的升高，ε'' 开始出现波动，表现出共振特性，可能是由材料中偶极极化、界面极化等效应引起，这些共振效应均有利于电磁波的损耗。

图 4.19（c）和图 4.19（d）分别为 FeCo/rGO 的磁导率实部（μ'）和虚部（μ''）。FeCo/rGO-1、FeCo/rGO-2、FeCo/rGO-3 的 μ' 值分别在 0.1～1.2、0.9～1.3、0.9～1.5 范围内变化；在 16.3GHz 处的共振峰可能是由于共振效应引起材料磁导率的变化。FeCo/rGO-1、FeCo/rGO-2、FeCo/rGO-3 的 μ'' 值分别在 0～0.1、－0.1～0.2、0～0.3 之间变化；μ'' 的波动可能是共振效应导致的；在外界电场中，材料内部的载流子会发生运动，因而可能产生直流电流，根据 Maxwell 电磁理论，变化的电场产生磁场，因此负的 μ'' 可能是由材料内部载流子的迁移产生的直流电流向材料外部散射磁能导致。与第 3 章中 F/rGO 的 μ'' 相比较，FeCo/rGO 的 μ'' 值为负值部分变少，这可能是由 FeCo 高饱和磁化强度增加了磁损耗引起的（表 4.8）。

表 4.8　不同含量 FeCo 吸波粒子的电磁参数范围

样品	ε'	ε''	μ'	μ''
FeCo/rGO-1	11.0～23.7	6.3～16.4	1.0～1.2	0.0～0.1
FeCo/rGO-2	10.8～18.9	4.0～8.0	0.9～1.3	－0.1～0.1
FeCo/rGO-3	9.3～15.2	2.5～5.3	0.9～1.5	0.0～0.3
FeCo	3.9～4.5	－0.1～0.2	1.0～1.6	0.2～0.3

（2）FeCo/rGO 的吸波性能

图 4.20 为 FeCo/rGO-1 的反射损耗与频率关系图。表 4.9 为特定厚度下的有效吸收频宽、损耗峰值和峰值频率的总结。当厚度为 1.4mm 时，FeCo/rGO-1 有效吸收频宽最宽为 3.3GHz（13.1～16.4GHz）。

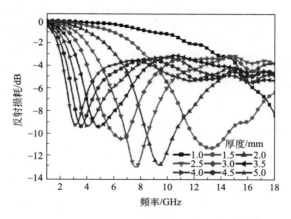

图 4.20　FeCo/rGO-1 在不同厚度下反射损耗曲线

表 4.9　FeCo/rGO-1 在不同厚度下的有效吸收频宽、损耗峰值和峰值频率

厚度 /mm	<－10dB 频率范围 /GHz	<－10dB 有效吸收 频宽/GHz	损耗峰值 /dB	峰值频率 /GHz
1.0	—	—	－8.6	18.0
1.4	13.1～16.4	3.3	－10.8	13.8
1.5	11.9～14.4	2.5	－11.3	13.2
2.0	8.5～10.4	1.9	－12.7	9.4
2.5	6.9～8.5	1.6	－12.9	7.6
3.0	6.0～6.9	0.9	－10.4	6.6
3.5	—	—	－9.4	4.9
4.0	—	—	－9.4	4.1
4.5	—	—	－9.3	3.5
5.0	—	—	－9.2	3.1

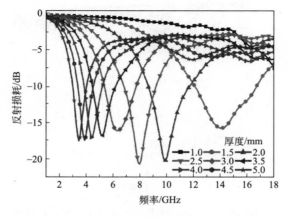

图 4.21　FeCo/rGO-2 在不同厚度下反射损耗曲线

表 4.10　FeCo/rGO-2 在不同厚度下的有效吸收频宽、损耗峰值和峰值频率

厚度 /mm	<−10dB 频率范围 /GHz	<−10dB 有效吸收 频宽/GHz	损耗峰值 /dB	峰值频率 /GHz
1.0	—	—	−7.3	18.0
1.5	12.2～16.5	4.3	−15.5	14.0
1.6	12.3～17.3	5.0		
2.0	8.7～11.5	2.8	−20.0	9.9
2.5	6.9～9.2	2.3	−20.5	7.9
3.0	5.4～7.6	2.2	−15.9	6.3
3.5	4.6～6.1	1.2	−16.6	5.1
4.0	3.9～5.2	1.3	−16.8	4.4
4.5	3.5～4.5	1.0	−17.2	3.9
5.0	3.0～4.0	1.0	−17.3	3.4

　　图 4.21 为 FeCo/rGO-2 的反射损耗曲线。表 4.10 为特定厚度下对有效吸收频宽、损耗峰值和峰值频率的总结。当厚度为 1.5mm 时，FeCo/rGO-2 有效频宽最宽为 4.3GHz（12.2～16.5GHz）。图 4.22 为 FeCo/rGO-3 的反射损耗曲线。表 4.11 为特定厚度下有效吸收频宽、损耗峰值和峰值频率的总结。当厚度为 1.6mm 时，FeCo/rGO-3 有效频宽最宽为 5.0GHz（12.3～17.3GHz）。图 4.23 为 FeCo 的反射损耗曲线。观察可知，在 1.5～5.0mm 内没有 −10dB 以下的频段。

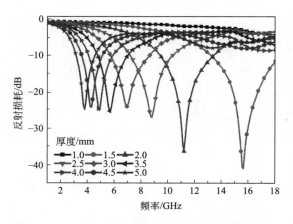

图 4.22　FeCo/rGO-3 在不同厚度下反射损耗曲线

表 4.11 FeCo/rGO-3 在不同厚度下的有效吸收频宽、损耗峰值和峰值频率

厚度 /mm	<−10dB 频率范围 /GHz	<−10dB 有效吸收 频宽/GHz	损耗峰值 /dB	峰值频率 /GHz
1.0	—	—	−4.7	18.0
1.5	13.4～18.0	4.6	−40.3	15.6
1.6	12.3～17.3	5.0	−29.8	14.5
2.0	9.6～13.2	3.6	−35.5	11.2
2.5	7.3～10.2	2.9	−26.3	8.8
3.0	5.8～8.5	2.7	−23.3	6.9
3.5	4.9～6.9	2.0	−24.6	5.7
4.0	4.2～5.8	1.6	−24.4	4.9
4.5	3.6～5.0	1.4	−23.5	4.3
5.0	3.3～4.5	1.2	−24.2	3.8

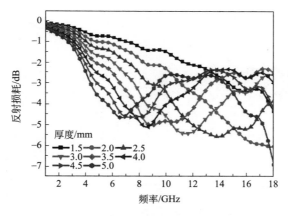

图 4.23 FeCo 在不同厚度下反射损耗曲线

4.2.5 FeCo/rGO 的电损耗

由德拜松弛理论，材料的介电常数 ε' 和 ε'' 可以写成如下形式[34,35]：

$$\left(\varepsilon'-\frac{\varepsilon_s-\varepsilon_\infty}{2}\right)+(\varepsilon'')^2=\left(\frac{\varepsilon_s-\varepsilon_\infty}{2}\right)^2 \tag{4.3}$$

ε_s 为静态介电常数，ε_∞ 为频率无穷大时的介电常数。ε' 对 ε'' 作图为一个半圆，叫 Debye 圆或叫作 Cole-Cole 圆。图 4.24 为 FeCo/rGO-1、FeCo/rGO-2、FeCo/rGO-3、rGO 及 FeCo 的 ε' 对 ε'' 图。其中每一个半圆对应一种 Debye 极化

松弛过程,即代表一种介电损耗。半圆数量越多,代表介电损耗种类越多,越有利于对电磁波的损耗和吸收。由图 4.24 可知,相对于 rGO 而言,FeCo/rGO 的

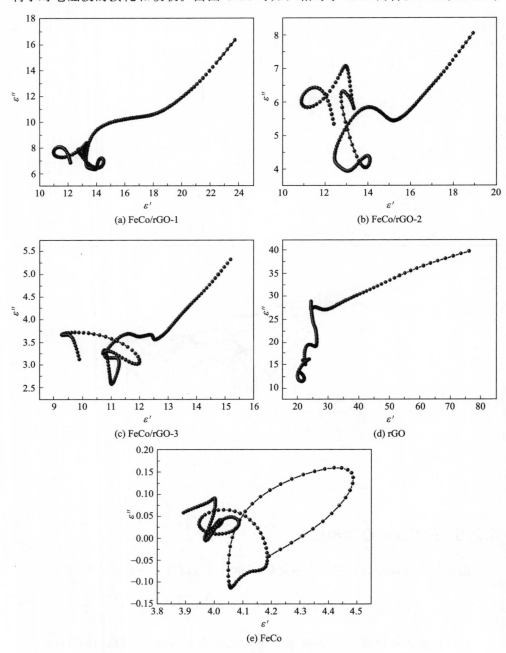

图 4.24　FeCo/rGO-1（a）、FeCo/rGO-2（b）、FeCo/rGO-3（c）、
rGO（d）和 FeCo（e）的 Cole-Cole 环曲线

Cole-Cole 曲线中，有更多的小半圆，表明此种材料具有多种极化松弛现象。这些极化松弛现象源于 rGO 中的残余缺陷、残余含氧基团产生的偶极极化，rGO 中离域的电子产生的极化，以及 FeCo 与 rGO 接触的界面处产生的界面极化和 FeCo 粒子自身界面处产生的界面极化等[36]。

4.2.6　FeCo/rGO 的磁损耗

吸波材料的磁损耗主要来源于磁滞损耗、畴壁共振、涡流损耗、交换共振和自然共振。而畴壁共振一般发生在兆赫兹级别。在弱磁场下磁滞损耗也可以忽略。对于涡流损耗，由公式[32]

$$\mu''\approx2\pi\mu_0(\mu')^2\sigma d^2f/3 \tag{4.4}$$

$$\mu''(\mu')^{-2}f^{-1}=2\pi\mu_0\sigma d^2/3 \tag{4.5}$$

式中，μ_0 为真空条件下的磁导率；σ 为电导率。若磁损耗仅来源于涡流损耗，则 $\mu''(\mu')^{-2}f^{-1}$ 随频率不变化，为一常数。图 4.25 为 FeCo/rGO 的 $\mu''(\mu')^{-2}f^{-1}$ 与频率关系曲线。由图 4.25 可知，在 1～18GHz 范围内，$\mu''(\mu')^{-2}f^{-1}$ 随频率的变化而变化，表明材料对电磁波的磁损耗可能不仅仅来源于涡流损耗，还有其他共振效应。

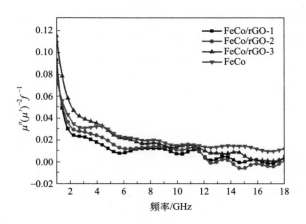

图 4.25　FeCo/rGO 的 $\mu''(\mu')^{-2}f^{-1}$ 随频率变化曲线

介电损耗角正切（$\tan\delta_\varepsilon=\varepsilon''/\varepsilon'$）可以用来衡量材料对电磁波的介电损耗能力，磁损耗角正切（$\tan\delta_\mu=\mu''/\mu'$）可以用来衡量材料对电磁波的磁损耗能力。图 4.26 为 FeCo/rGO 的 $\tan\delta_\varepsilon$ 和 $\tan\delta_\mu$。可以发现，在整个频段内，材料的介电损耗均大于磁损耗，表明材料以介电损耗为主。

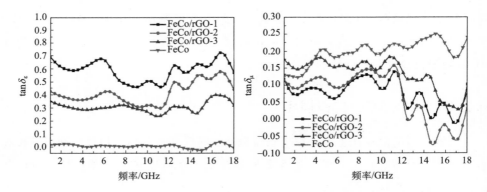

图 4.26 FeCo/rGO 和 FeCo 的损耗角正切随频率变化曲线

4.2.7 FeCo/rGO 的阻抗匹配系数及吸收系数

图 4.27 为 FeCo/rGO 的阻抗匹配系数。从图 4.27 可见，随着 FeCo 含量的增加，FeCo/rGO 的阻抗匹配系数逐渐增加，表明材料的阻抗匹配特性在提高，其中纯 FeCo 的阻抗匹配性最好。而从 FeCo/rGO 的吸收系数可以看出，随着 FeCo 含量的增加，材料的吸收系数逐渐减小；表明对入射进来的电磁波的衰减能力在减弱。由以上结果可知，FeCo/rGO-3 的吸波性能最优，并不是衰减能力最强的 FeCo/rGO-1 有最好的吸收性能。因此可以得出，要想材料对电磁波有较好的吸收，不仅要满足匹配特性，还要满足衰减特性。也就是吸波材料不仅要有适当的介电常数和磁导率让外界电磁波更多地进入材料内部，还要有较好的衰减性能，对入射的电磁波有较强的损耗。

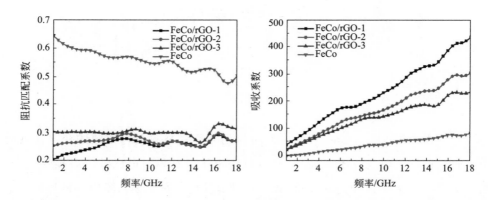

图 4.27 FeCo/rGO 和 FeCo 的阻抗匹配系数和吸收系数

4.2.8　FeCo/rGO 的最大损耗分析

吸波材料在不同厚度下对电磁波吸收的峰值，可以用四分之一波长理论来解释[37,38]：

$$t_{\mathrm{m}} = \frac{nc}{4f_{\mathrm{m}}\sqrt{|\mu_{\mathrm{r}}||\varepsilon_{\mathrm{r}}|}} \quad (n=1,3,5,\cdots) \tag{4.6}$$

式中，t_{m} 为吸波材料厚度；f_{m} 为峰值频率；$|\mu_{\mathrm{r}}|$ 为峰值频率下的磁导率的模量，$|\varepsilon_{\mathrm{r}}|$ 为峰值频率下的介电常数的模量；c 为真空条件下的光速。当吸波材料的厚度满足式(4.6)时，在自由空间和材料界面处的电磁波与衬底和材料界面处反射回自由空间的电磁波相位相差 $180°$，因此会加强对电磁波的吸收。通过公式计算得到 FeCo/rGO-3 的 t_{m}，并以 f_{m} 对 t_{m} 作图（如图 4.28）；可得理论上吸收峰值频率下对应的吸波材料厚度。通过对比峰值频率下实际的模拟厚度与 t_{m}，发现所制备的材料满足四分之一波长规则。

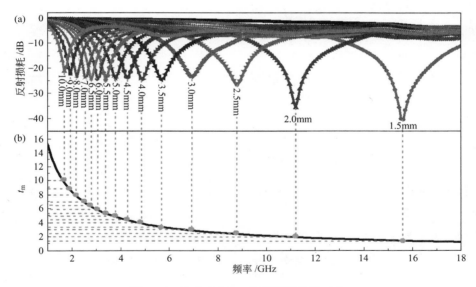

图 4.28　FeCo/rGO-3 反射损耗曲线（a）；

由公式(4.6)计算得到的 t_{m} 对频率曲线（b）

吸波粒子在基体中的含量对复合材料电磁参数影响较大。因此，通过添加不同含量的吸波粒子，测试了不同含量吸波粒子的电磁参数。将 FeCo/rGO-3 在石蜡基体中的含量分别调节至 30%、40%、50%、60%、70%，按照如上方法制备成同心轴，测量电磁参数，其结果见图 4.29。随着吸波粒子含量的增加，复

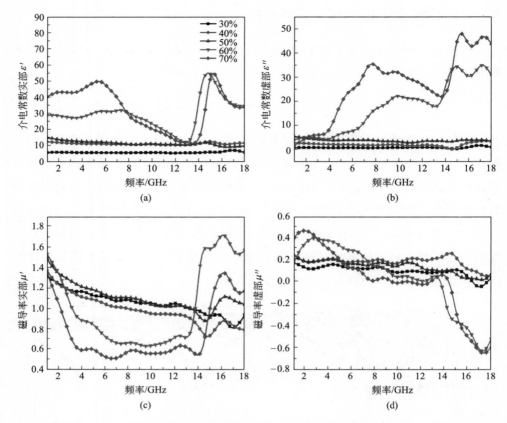

图 4.29 不同含量 FeCo/rGO-3 复合材料的
介电常数实部（a）、虚部（b）；磁导率实部（c）、虚部（d）

合材料的介电常数实部和虚部均逐渐增加。且随着频率的增加，均表现出共振行为，产生多重峰。复合材料的磁导率随着频率的增加均有减小的趋势，并表现出共振行为。表 4.12 为不同含量吸波粒子电磁参数值范围。

表 4.12 不同含量 FeCo/rGO-3 的电磁参数范围

含量/%	ε'	ε''	μ'	μ''
30	5.6~7.3	0.0~1.4	0.8~1.3	0.0~0.2
40	10.5~12.7	−0.2~3.3	0.7~1.4	0.1~0.3
50	9.3~15.2	2.6~5.3	0.9~1.5	0.0~0.2
60	12.3~55.0	3.7~34.8	0.6~1.7	−0.6~0.4
70	11.6~54.7	1.3~48.0	0.5~1.4	−0.6~0.5

通过模拟，计算了不同含量吸波粒子的反射损耗曲线。由图 4.30 可知，随着吸波粒子含量的增加，吸波性能先升高再下降。这是由于，随着吸波粒子含量的增加，材料的介电常数虚部和磁导率虚部逐渐增加，增加了材料对电磁波的损耗。当含量增加到 50% 时，吸波材料表现出最优异的吸波性能。而当含量继续增加，材料吸波性能反而下降；这是由于，随着吸波粒子含量的增加，复合材料

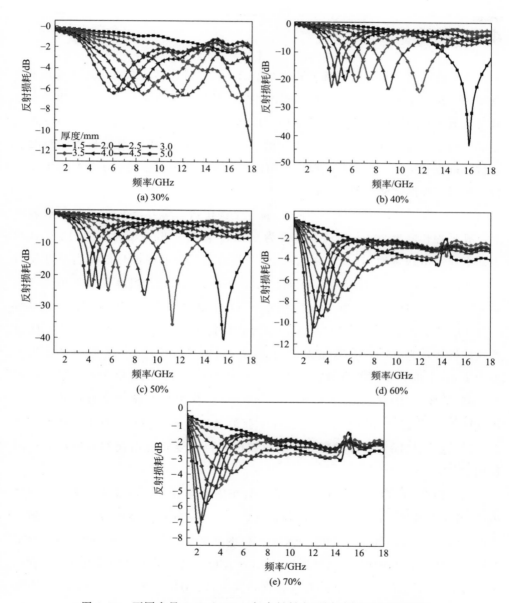

图 4.30　不同含量 FeCo/rGO-3 复合材料在不同厚度下的反射损耗

的介电常数较大，与外界阻抗相差较多；电磁波在材料与自由空间界面处被反射的较多，仅有少部分电磁波入射到材料内部，因此损耗较小；以上结果表明，可以通过控制FeCo的含量或者吸波粒子在基体中的含量调控电磁参数，满足匹配特性，提高材料对电磁波的吸收能力。

4.3　结论

本章通过化学氧化法制备了氧化石墨烯，再经过化学还原成功制得还原氧化石墨烯。探讨了还原氧化石墨烯的吸波性能。随后借助氧化石墨烯，采用共沉淀和高温退火相结合的方法制备了 α-Fe$_2$O$_3$/rGO、Fe$_3$O$_4$/rGO 和 FeCo/rGO 高性能吸波粒子。通过红外光谱、拉曼光谱、热重分析仪、SEM 等分析手段对所制备材料进行了结构、形貌的表征；采用微波矢量网络分析仪测试了材料的电磁参数，模拟了吸波性能；得到的结论如下：

（1）α-Fe$_2$O$_3$/rGO 中的 α-Fe$_2$O$_3$ 粒子呈枸杞状，均匀分布在 rGO 片层表面上，其平均长度为 200nm，平均宽度为 90nm。随着 α-Fe$_2$O$_3$ 含量的增加，rGO 表面上粒子负载量增加；α-Fe$_2$O$_3$/rGO-2 具有最优异的吸波性能，当厚度仅为 1.8mm 时，有效吸收频宽为 4.9GHz（12.0～16.9GHz）；当厚度为 4.0mm 时，最大吸收为 -46.6dB。当将 α-Fe$_2$O$_3$/rGO 在氩气氛围下 500℃ 退火 1h 后，α-Fe$_2$O$_3$ 转变为 Fe$_3$O$_4$，且粒子大小和形态保持不变。Fe$_3$O$_4$/rGO 仍具有优异的吸波性能；当 Fe$_3$O$_4$ 的含量为 75.5% 时，材料具有最优异的吸波性能。当厚度为 1.8mm 时，材料的有效吸收频宽为 4.6GHz（12.0～16.6GHz），最大吸收为 -42.5dB。α-Fe$_2$O$_3$/rGO 和 Fe$_3$O$_4$/rGO 可以作为抗氧化吸波材料使用；当 Fe$_3$O$_4$/rGO 在恶劣环境使用时，Fe$_3$O$_4$ 会被氧化为 α-Fe$_2$O$_3$，而此时材料仍具有优异的吸波性能。两种材料优异的吸波性能得益于介电损耗和磁损耗的协同作用。

（2）FeCo/rGO 中的 FeCo 为晶态，且牢固地镶嵌在石墨烯片层表面；随着 FeCo 含量的增加，rGO 表面的负载量变大，且 FeCo 粒子逐渐变大；这可能是在退火过程中 FeCo 团聚导致的。FeCo/rGO 的介电常数实部和虚部随着 FeCo 含量的增加逐渐变小，而磁导率逐渐增加。FeCo/rGO-3 具有最优异的吸波性能；在厚度仅为 1.6mm 条件下，材料的有效吸收频宽为 5.0GHz（12.3～17.3GHz）；当厚度仅为 1.4mm 时，材料的最大吸收在 17.1GHz 处为 -41.7dB。FeCo/rGO 优异的吸波性能得益于介电损耗和磁损耗的协同效应；同时合适的阻抗匹配系数和衰减常数也是其具有优异吸波性能的必要因素；FeCo/rGO 满足四分之一波长规则，因此可以根据实际需求设计吸波材料厚度，应用于不同频段。

参 考 文 献

[1]　Liu X，Cui X，Chen Y，et al. Modulation of electromagnetic wave absorption by carbon shell thickness in carbon encapsulated magnetite nanospindles-poly (vinylidene fluoride) composites [J]. Carbon，2015，95：870-878.

[2]　Xu H L，Bi H，Yang R B. Enhanced microwave absorption property of bowl-like Fe_3O_4 hollow spheres/reduced graphene oxide composites [J]. Journal of Applied Physics，2012，111 (7)：16229.

[3]　Guan P F，Zhang X F，Guo J J. Assembled Fe_3O_4 nanoparticles on graphene for enhanced electromagnetic wave losses [J]. Applied Physics Letters，2012，101 (15)：8392.

[4]　Wang T，Liu Z，Lu M，et al. Graphene-Fe_3O_4 nanohybrids：Synthesis and excellent electromagnetic absorption properties [J]. Journal of Applied Physics，2013，113 (2)：024314-024318.

[5]　Zheng J，Lv H，Lin X，et al. Enhanced microwave electromagnetic properties of Fe_3O_4/graphene nanosheet composites [J]. Journal of Alloys & Compounds，2014，589 (4)：174-181.

[6]　Shen B，Zhai W，Tao M，et al. Lightweight，multifunctional polyetherimide /graphene@ Fe_3O_4 composite foams for shielding of electromagnetic pollution [J]. Acs Applied Materials & Interfaces，2013，5 (21)：11383-11391.

[7]　Zhang H，Xie A，Wang C，et al. Novel rGO/α-Fe_2O_3 composite hydrogel：synthesis，characterization and high performance of electromagnetic wave absorption [J]. Jmaterchema，2013，1 (30)：8547-8552.

[8]　Kong L，Yin X，Zhang Y，et al. Electromagnetic Wave Absorption Properties of Reduced Graphene Oxide Modified by Maghemite Colloidal Nanoparticle Clusters [J]. Jphyschemc，2017，117 (38)：19701-19711.

[9]　Ren Y，Zhu C，Qi L，et al. Growth of γ-Fe_2O_3 nanosheet arrays on graphene for electromagnetic absorption applications [J]. Rsc Advances，2014，4 (41)：21510-21516.

[10]　Singh A P，Mishra M，Sambyal P，et al. Encapsulation of γ-Fe_2O_3 decorated reduced graphene oxide in polyaniline core-shell tubes as an exceptional tracker for electromagnetic environmental pollution [J]. Journal of Materials Chemistry A，2014，2 (10)：3581-3593.

[11]　Ren F，Zhu G，Ren P，et al. Cyanate ester resin filled with graphene nanosheets and $CoFe_2O_4$-reduced graphene oxide nanohybrids as a microwave absorber [J]. Applied Surface Science，2015，351：40-47.

[12]　Meng Z，Huang Y，Zhang N. Reduced graphene oxide-$CoFe_2O_4$ composite：Synthesis and electromagnetic absorption properties [J]. Applied Surface Science，2015，345：272-278.

[13] Li X, Feng J, Zhu H, et al. Sandwich-like graphene nanosheets decorated with superparamagnetic CoFe$_2$O$_4$ nanocrystals and their application as an enhanced electromagnetic wave absorber [J]. Rsc Advances, 2014, 4 (63): 33619-33625.

[14] Fu M, Jiao Q, Zhao Y. Preparation of NiFe$_2$O$_4$ nanorod-graphene composites via an ionic liquid assisted one-step hydrothermal approach and their microwave absorbing properties [J]. Journal of Materials Chemistry A, 2013, 1 (18): 5577-5586.

[15] He J Z, Wang X X, Zhang Y L, et al. Small magnetic nanoparticles decorating reduced graphene oxides to tune the electromagnetic attenuation capacity [J]. Journal of Materials Chemistry C, 2016, 4 (29): 7130-7140.

[16] Chu Hairong, Zeng Qiang, Chen Ping, Yu Qi, Xu Dongwei, Xiong Xuhai, Wang Qi. Synthesis and electromagnetic wave absorption properties of matrimony vine-like iron oxide/reduced graphene oxide prepared by a facile method [J]. Journal of Alloys and Compounds, 2017, 719: 296-307.

[17] Ren P G, Yan D X, Ji X, et al. Temperature dependence of graphene oxide reduced by hydrazine hydrate [J]. Nanotechnology, 2011, 22 (5): 055705.

[18] Chandra V, Park J, Chun Y, et al. Water-dispersible magnetite-reduced graphene oxide composites for arsenic removal [J]. Acs Nano, 2010, 4 (7): 3979.

[19] Acik M, Mattevi C, Gong C, et al. The role of intercalated water in multilayered graphene oxide [J]. Acs Nano, 2010, 4 (10): 5861-5868.

[20] Faria D L a D, Silva S V, Oliveira M T D. Raman microspectroscopy of some iron oxides and oxy-hydroxides [J]. Journal of Raman Spectroscopy, 1997, 28 (11): 873-878.

[21] Chernyshova I V, Jr H M, Madden A S. Size-dependent structural transformations of hematite nanoparticles. 1. phase transition [J]. Physical Chemistry Chemical Physics Pccp, 2007, 9 (14): 1736-1750.

[22] Lu J, Jiao X, Chen D, et al. Solvothermal synthesis and characterization of Fe$_3$O$_4$ and γ-Fe$_2$O$_3$ nanoplates [J]. Journal of Physical Chemistry C, 2009, 113 (10): 4012-4017.

[23] Deng L, Han M. Microwave absorbing performances of multiwalled carbon nanotube composites with negative permeability [J]. Applied Physics Letters, 2007, 91 (2): 354.

[24] Shi X L, Cao M S, Yuan J, et al. Dual nonlinear dielectric resonance and nesting microwave absorption peaks of hollow cobalt nanochains composites with negative permeability [J]. Applied Physics Letters, 2009, 95 (16): 477.

[25] Zhan Y, Meng F, Lei Y, et al. One-pot solvothermal synthesis of sandwich-like graphene nanosheets/Fe$_3$O$_4$ hybrid material and its microwave electromagnetic properties [J]. Materials Letters, 2011, 65 (11): 1737-1740.

[26] Liu X, Cui X, Chen Y, et al. Modulation of electromagnetic wave absorption by carbon shell thickness in carbon encapsulated magnetite nanospindles-poly (vinylidene fluoride) composites [J]. Carbon, 2015, 95: 870-878.

[27] Aharoni A. Exchange resonance modes in a ferromagnetic sphere [J]. Journal of Applied Physics,

1991, 69 (11): 7762-7764.

[28]　单小璇. 磁性纳米材料的化学法制备及性能研究 [D]. 广州: 华南理工大学, 2011.

[29]　Toneguzzo P, Viau G, Acher O, et al. Monodisperse Ferromagnetic Particles for Microwave Applications [J]. Advanced Materials, 2010, 10 (13): 1032-1035.

[30]　陈平, 褚海荣, 于祺, 杨森, 熊需海, 王琦. Fe/Co 还原氧化石墨烯复合吸波材料的制备方法 [P]. 中国发明专利, 授权专利号: ZL201710371155. X, 2019-11-08.

[31]　Gao W, Alemany L B, Ci L, et al. New insights into the structure and reduction of graphite oxide [J]. Nature Chemistry, 2009, 1 (5): 403-408.

[32]　Das S, Nayak G C, Sahu S K, et al. Development of FeCoB/Graphene Oxide based microwave absorbing materials for X-Band region [J]. Journal of Magnetism & Magnetic Materials, 2015, 384: 224-228.

[33]　褚海荣, 陈平, 于祺, 徐东卫. FeCo/石墨烯的制备及吸波性能 [J]. 材料研究学报, 2018, 32 (3): 161-167.

[34]　Wang C, Han X, Xu P, et al. The electromagnetic property of chemically reduced graphene oxide and its application as microwave absorbing material [J]. Applied Physics Letters, 2011, 98 (7): 217.

[35]　Guizhen, Wang, Gengping, et al. High densities of magnetic nanoparticles supported on graphene fabricated by atomic layer deposition and their use as efficient synergistic microwave absorbers [J]. Nano Research, 2014, 7 (5): 704-716.

[36]　Yanfang W, Dongliang C, Xiong Y, et al. Hybrid of MoS_2 and reduced graphene oxide: a lightweight and broadband electromagnetic wave absorber [J]. Acs Applied Materials & Interfaces, 2015, 7 (47): 26226-26234.

[37]　Li X, Feng J, Du Y, et al. One-pot synthesis of $CoFe_2O_4$/graphene oxide hybrids and their conversion into FeCo/graphene hybrids for lightweight and highly efficient microwave absorber [J]. Journal of Materials Chemistry A, 2015, 3 (10): 5535-5546.

[38]　Li X, Yi H, Zhang J, et al. Fe_3O_4-graphene hybrids: nanoscale characterization and their enhanced electromagnetic wave absorption in gigahertz range [J]. Journal of Nanoparticle Research, 2013, 15 (3): 1-11.

第 5 章

三维石墨烯纳米复合材料制备及其吸波性能

5.1 三维石墨烯的制备及吸波性能

石墨烯因其独特的二维晶体结构与优异的理化性能，已在众多领域受到了广泛关注与大量研究。近几年来，因其质轻、比表面积大、介电常数高等特点而在电磁波吸收领域产生了重要影响与广泛研究。然而，二维（2D）石墨烯受制于分散性差、界面接触电阻高、介电常数偏离理想值等问题，限制了其在吸波领域的应用。同时由于石墨烯片层之间强烈的 π-π 相互作用，会导致其在液体中极易团聚堆叠到一起而令其有效比表面积降低，严重降低了石墨烯优异的电、热以及催化等性能。

为了充分发挥石墨烯的吸波潜力，人们进行了以下两方面的不懈努力。一则研究人员将其与其他损耗机理材料（如铁氧体、纳米金属微粉、导电高分子、陶瓷）进行复合应用，获得具有协同效应的复合材料吸波剂。再则研究者们提出了三维结构石墨烯的构建并做出了许多的尝试，三维石墨烯既维持了石墨烯优异的力、电、热学性能，又显著地提高了石墨烯的有效比表面积。三维石墨烯的高比表面积、多孔结构以及三维导电网络均有利于电磁波吸收。

本节以镍纳米粒子（Ni-NPs）为模板与催化剂，三乙二醇提供碳源，通过模板法成功制备了多层石墨烯封装镍纳米粒子[1]。最后通过浓盐酸的刻蚀作用，获得了三维石墨烯。详细考察了三维石墨烯的电磁参数与吸波性能，并对其吸波机理进行了探究。

5.1.1　三维石墨烯的制备

(1) 镍纳米粒子 (Ni-NPs) 的制备

称量 4.75g NiCl$_2$·6H$_2$O 放入 500mL 的密闭三口烧瓶内，随后量取 200mL 的乙二醇溶剂缓慢倒入烧瓶内。将烧瓶移至 60℃ 恒温水浴中，并开启机械搅拌，至 NiCl$_2$·6H$_2$O 完全溶解、溶液绿色透明，得到 0.1mol/L NiCl$_2$ 的乙二醇溶液。然后，向该溶液中缓慢滴入 25mL 的水合肼 (80%)，溶液颜色转变为天蓝色，表明氯化镍与水合肼完全混合均匀后，逐滴加入 1mol/L 氢氧化钠 (NaOH) 溶液至其 pH 达到 11 后，反应 40min，待溶液颜色变成黑色时，再进行 10min 的反应，以保证 NiCl$_2$ 被完全还原。将得到的产物用去离子水、无水乙醇多次抽滤、洗涤，于 60℃ 真空烘箱内干燥后，得到镍纳米粒子。

(2) 多层石墨烯封装镍纳米粒子的制备

将制备的 Ni-NPs (2g) 转移到含少量 1mol/L NaOH 溶液的三乙二醇 (TEG，60mL) 溶液中，倒入容积为 150mL 聚亚苯基 (PPL) 内衬不锈钢反应釜中，重复上述过程 5 次，将六只反应釜放入烘箱，升温至 250℃，反应 12h。反应过后，自然冷却至室温，用去离子水、无水乙醇将产物多次抽滤、洗涤，真空干燥得到黑色粉末。随后将该黑色粉末放入陶瓷方舟，送入管式炉中，通入氩气排除氧气，管式炉以 10℃/min 的速率升温至 500℃，保温 2h，自然冷却至室温。

(3) 镍纳米粒子的刻蚀

将上述制备获得的产物放入 250mL 烧杯中，向其中加入 1mol/L 稀盐酸，因为其密度比稀盐酸小，必须将磁铁置于烧杯底部以吸引其完全浸没于盐酸溶液中，静置 12h 溶解掉 Ni-NPs，然后用去离子水进行多次的抽滤、洗涤至中性，冷冻干燥得到稀盐酸处理后的三维石墨烯，并将其命名为 3DG。

5.1.2　三维石墨烯的微观形貌

(1) X 射线粉末衍射分析

图 5.1 为 3DG 的 XRD 谱图，3DG 的衍射谱图在 $2\theta = 26.0°$ 处出现一谱峰，为石墨的 (002) 晶面衍射峰，在 43.58° 处的衍射宽峰，对应于石墨的 (100) 晶面特征衍射峰，这表明通过模板法所制备的 3DG 具有石墨晶体结构。

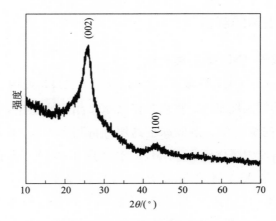

图 5.1 3DG 的 XRD 谱图

（2）拉曼光谱分析

拉曼光谱常用于进行碳材料的分析，能够表征碳材料晶体结构的有序与无序性[2]。图 5.2 为 3DG 的拉曼光谱，从图中可以观察到，在 $1341cm^{-1}$、$1584cm^{-1}$、$2660cm^{-1}$ 及 $2920cm^{-1}$ 处出现特征峰，分别对应石墨烯的 D、G、2D 和 D＋G 特征峰。D 峰与 A_{1g} 模式有关，A_{1g} 模式归因于无序石墨平面端部 sp^3 碳区域的振动；G 峰则属于 E_{2g} 振动模式，对应于石墨烯纳米薄片六边形晶格中 sp^2 碳区域的平面内振动，分别表明 3DG 中的石墨晶格存在缺陷以及其具有石墨的 sp^2 杂化结构。2D 峰为双声子共振拉曼峰，可以通过其强度来判断石墨烯的堆叠程度。3DG 的 2D 峰强度较弱、峰宽较宽，说明在其形成过程中产生了一定程度的石墨烯片层的堆叠。D 峰和 G 峰的强度比被广泛用于测量石墨烯的无序程度，实验制备出的 3DG 的 I_D/I_G（1.447）值明显高于化学气相沉积法所制备的石墨烯，

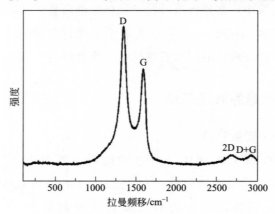

图 5.2 3DG 的拉曼光谱

说明 3DG 中具有缺陷石墨烯片层。

（3）微观形貌分析

为了深入了解 3DG 的微观结构与形貌，进行了 SEM 测试。图 5.3 为 3DG 的扫描电镜图。由图 5.3(a) 可以看出在去除 Ni 纳米粒子后，石墨烯连接成 3D 网络，形成弯曲和皱褶的结构，且没有发生严重的团聚。该三维网络含有大量的纳米级孔隙，其独特的结构使其具有极大的比表面积与极低的密度。从高分辨 SEM 图［图 5.3(b)］中可以观察到，该 3D 多孔网络由随机定向的分支结构所构成，且有部分分支结构出现了球形节点，这可能是由于 3DG 是在 Ni 纳米粒子的表面及其空隙之间生长所致。

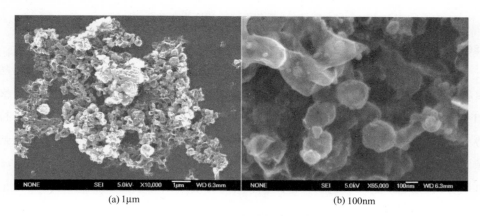

(a) 1μm   (b) 100nm

图 5.3 3DG 的扫描电镜图

（4）Brunauer-Emmett-Teller（BET）比表面积分析

为了进一步揭示 3DG 的多孔结构，还对其进行了 BET 比表面积分析。图 5.4 为 3DG 的吸附/脱附曲线与相关的孔径分布，由图可知 3DG 的 N_2 吸附曲线属于Ⅳ型等温线，且可以观察到显著的回滞环，表明 3DG 存在大量介孔。由插图可以看出 3DG 呈现较宽的孔径分布，但主要集中在 3.15nm 处。经过计算得到 3DG 的比表面积为 $899m^2/g$，表明合成的三维石墨烯具有极大的比表面积，其较高的比表面积得益于其独特的三维多孔结构。

5.1.3 3DG 的电磁参数及吸波性能

由传输线理论可知，当电磁波在介质中传播时，影响其反射损耗的主要参数有复介电常数、复磁导率、吸波剂厚度与电磁波频率等。为了深入研究上述参数对吸波材料吸波性能的影响，测试了在石蜡中质量分数为 10% 的 3DG 在 2～

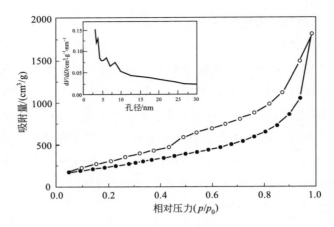

图 5.4　3DG 的 N_2 吸附曲线，插图为孔径分布曲线

18GHz 频率范围内的复介电常数与复磁导率。

图 5.5 为 3DG 的复介电常数随频率的变化曲线图。由图可以观察到，伴随着频率的升高，3DG 的介电常数实部呈现逐渐下降的趋势，表现出显著的频率相关的介电响应。在 2～10GHz 的频率范围内 ε' 剧烈降低，10GHz 之后下降趋势有所减缓并伴随着轻微波动。这可能是因为发生在低频区的电导泄漏、极化弛豫和高频区的界面极化等相关弛豫现象所引起的[3]。而对于 ε'' 来说，从图 5.5 可以看出，其在 5.6GHz 处形成了一个大的介电共振峰，在 14～18GHz 出现了三个较小的共振峰。

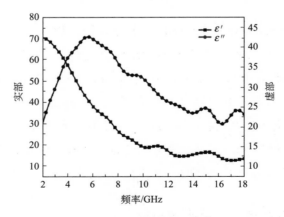

图 5.5　3DG 的复介电常数

图 5.6 为 3DG 的复磁导率随频率的变化曲线图，由图可见，3DG 的磁导率实部（μ'）近似等于 1，而磁导率虚部（μ''）则接近于 0，这主要是因为 3DG 不具备磁性。由此可知，3DG 的电磁波损耗机理主要以介电损耗为主。

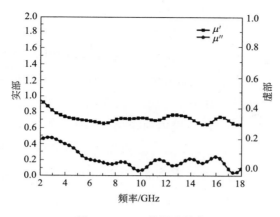

图 5.6 3DG 的复磁导率

通常来说，吸波介质的复介电常数与复磁导率的实部与虚部分别代表了其对电磁能的存储与损耗能力，因此在获得了良好的阻抗匹配特性时，吸波介质的复介电常数虚部、复磁导率虚部越大，则表明了其具有越强的电磁波损耗能力。因此可以通过电磁参数的调节达到提高材料吸波能力的目的。

根据公式(1.24)，利用 Matlab 软件模拟计算得到 3DG 对应不同匹配厚度时在 2～18GHz 频率范围内的反射损耗（RL），结果如图 5.7 所示。由图可知，3DG 所对应的各个匹配厚度的反射损耗均大于－10dB，整体上吸波性能表现较差，几乎没有吸波能力，在厚度为 1.4mm 时，其具有最小的反射损耗（RL_{min}），仅为－3.57dB。导致其吸波性能差的主要原因是 3DG 的介电常数与磁导率相差过大，使得其阻抗匹配性差，更多的电磁波在介质与自由空间的界面处发生反射而未能进入 3DG 内部被吸收掉。

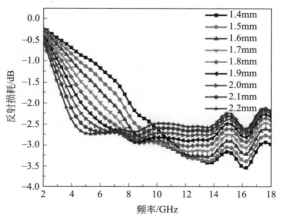

图 5.7 3DG 在不同厚度下的反射损耗曲线

5.1.4 电磁波损耗机理

介电损耗角正切与磁损耗角正切分别代表了吸波材料对电磁波的介电损耗和磁损耗能力，是衡量吸波能力强弱的两个重要参数，它们的值越大说明吸波材料的介电、磁损耗能力越强。图 5.8 为 3DG 的介电损耗角正切（$\tan\delta_\epsilon$）和磁损耗角正切（$\tan\delta_\mu$）在 2～18GHz 范围内的变化曲线图。由图可以发现，3DG 的介电损耗角正切相当大且呈上升趋势，而磁损耗角正切较小。从图 5.8 中还可以观察到在整个测试频率范围内 $\tan\delta_\epsilon$ 都大于 $\tan\delta_\mu$，表明 3DG 主要以介电损耗机制衰减电磁波。

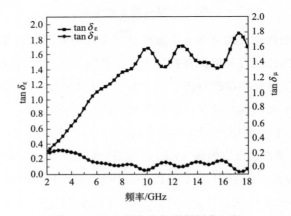

图 5.8　3DG 的介电与磁损耗角正切

通过上述对 3DG 电磁参数以及介电损耗角正切、磁损耗角正切的分析可知，其对电磁波能量的衰减是由介电损耗实现的，这主要源于材料的界面极化与界面弛豫。鉴于电子极化与离子极化时间极短可以忽略不计，因此在材料与电磁波的相互作用时以电偶极矩的取向极化为主。在变化的电场中，偶极子会产生旋转取向，此外材料内部的极性分子也会发生布朗运动，引起的后果便是阻碍偶极子的定向，使得分子产生相互碰撞而彼此"摩擦"，并逐渐达到平衡状态。当电场发生变化，由于弛豫极化现象的发生，进而引起了对电磁波的介电损耗。德拜偶极弛豫被视作介电材料损耗电磁波的重要机理，根据德拜弛豫理论，材料介电常数实部和虚部可由 Debye 偶极弛豫方程来表示[4]：

$$\varepsilon_r = \varepsilon_\infty + \frac{\varepsilon_s - \varepsilon_\infty}{1 + j\omega\tau} = \varepsilon' - j\varepsilon'' \tag{5.1}$$

式中，ε_s、ε_∞、ω 和 τ 分别为静态介电常数、光频介电常数、角频率和弛豫

时间，根据式(5.1)，可以得到 ε' 和 ε''：

$$\varepsilon' = \varepsilon_\infty + \frac{\varepsilon_s - \varepsilon_\infty}{1 + j\omega^2 \tau^2} \tag{5.2}$$

$$\varepsilon'' = \frac{(\varepsilon_s - \varepsilon_\infty)\omega\tau}{1 + \omega^2 \tau^2} \tag{5.3}$$

消去 $\omega\tau$，得到如下复介电常数关系式：

$$\left(\varepsilon' - \frac{\varepsilon_s + \varepsilon_\infty}{2}\right)^2 + (\varepsilon'')^2 = \left(\frac{\varepsilon_s - \varepsilon_\infty}{2}\right)^2 \tag{5.4}$$

在 ε' 和 ε'' 分别为横、纵坐标的复平面内，可以得到以 $[(\varepsilon_s + \varepsilon_\infty)/2, 0]$ 为圆心，以 $(\varepsilon_s - \varepsilon_\infty)/2$ 为半径的半圆，称为 Cole-Cole 图，又或称 Debye 半圆，其中的每个半圆代表一个德拜弛豫过程。可以通过 Cole-Cole 图来描述针对电介质进行介电极化时的频谱特性。

图 5.9 为 3DG 的 Cole-Cole 图，由图可知 3DG 具有 5 个 Debye 半圆，说明其具有多重弛豫过程。其中 ε' 在 12.7～25 范围内为四个小 Debye 半圆，而在 25～70 范围内为一个大的 Debye 半圆，该大半圆的出现可能是由于 3DG 中大量离域电子的存在，使得介电弛豫过程明显。这种多重弛豫极化主要由电偶极子极化、界面（Maxwell-Wagner）极化、电子/离子极化等极化作用所引起的。石墨烯中的 π 电子云和自身的缺陷引起电偶极子极化，至于界面极化则是因 3DG 与基体之间的丰富的界面产生的。

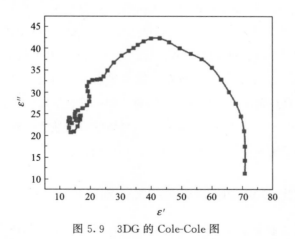

图 5.9　3DG 的 Cole-Cole 图

3DG 在 2～18GHz 频率范围内对电磁波具有一定的介电损耗作用。首先 3DG 存在的缺陷有利于电磁能吸收。电子自旋是电磁波能量转换的一种，表明越强的自旋状态越利于电磁波吸收，而通过引入晶格缺陷能够产生费米能级附近的局域态[5]，当电磁波入射至吸波材料表面时，通过晶格缺陷的引入，电子实现从连续态到费米能级跃迁，产生更强的自旋状态而更多地吸收电磁能。而且 3DG 缺陷的存也引起了偶极极化、电子极化以及相关的弛豫，提高了其介电损耗能力。其次，从 3DG 的 SEM 图与介电常数来看，3DG 因其独特的三维网络多孔结构有利于连续导电网络的形成而拥有良好的导电性，入射的电磁波便可通过该三维导电网络转换成包括电能和热能在内的其他形式的能量。此外，根据 BET 比表面积分析得知其具有极大的比表面积，而高比表面积既会引起电磁波的多次反射[6,7]，又能够与石蜡材料形成大量异质结构界面而促进界面极化，增强了材料对电磁波能量的衰减能力。

5.2 三维石墨烯/α-Fe$_2$O$_3$ 纳米复合材料的制备及吸波性能

前述所制备的三维石墨烯虽展现出了一定吸波潜力，但是其却受制于由电磁参数不匹配所引起的较差的阻抗匹配性，且其单一的损耗机制也不利于其衰减特性的提高。因此通过一定的制备技术将具有其他吸波机制的吸波剂引入至三维石墨烯结构中是提高其吸波性能的重要方法。而且，三维石墨烯具有极高的比表面积与大量的空隙结构，这有利于其与其他吸波粒子的复合。软磁材料具有高饱和磁化强度和高斯诺克极限，使其在千兆赫范围内具有高复磁导率值[8]。软磁材料由于具有高电阻率（$10^8 \sim 10^{12} \Omega \cdot cm$），可以有效地衰减电磁波。在众多的软磁材料中，磁性铁氧体纳米颗粒，如 Fe$_2$O$_3$、Fe$_3$O$_4$，具有优异的磁性能、成本低廉、资源丰富、毒性低、生物相容性好等优点，一直是吸波领域的研究热点。但是磁性铁氧体存在密度高、易氧化等缺点，而三维石墨烯则具有密度低、化学稳定性好等优点。因此，为了有效改善三维石墨烯的吸波性能，通过引入 α-Fe$_2$O$_3$ 纳米粒子来制备兼具介电损耗、磁损耗机制的复合材料。

5.2.1 α-F/3DG 复合吸波材料的设计制备[9]

通过共沉淀法制备了 α-F/3DG 复合材料，其制备工艺如图 5.10 所示。根据单一变量原则，考察了 α-Fe$_2$O$_3$ 含量对 α-F/3DG 复合材料吸波性能的影响。

将 70mg 3DG 作为前驱体，放入 30mL 去离子水中，使用超声处理器 300W 超声探头处理 1h，得到均匀分散的悬浮液。取 0.375g FeCl$_3$·6H$_2$O 溶解在

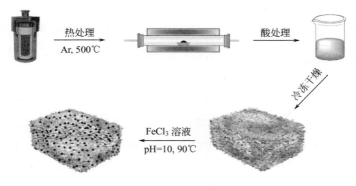

图 5.10　α-F/3DG 的制备示意图

10mL 去离子水并缓慢滴加到上述 3DG 悬浮液中，转移至 100mL 烧瓶中，机械搅拌。随后在水浴锅中加热至 55℃，逐滴地加入氨水，直到反应体系的 pH＝10，并均匀搅拌一会儿。接下来升温至 90℃，反应 4h。用磁铁吸附反应得到的产物，进行多次水洗、醇洗后放入 60℃ 真空烘箱内烘干，将最终得到的产物命名为 α-F/3DG-1。改变 $FeCl_3 \cdot 6H_2O$ 的加入量为 0.5g 与 0.625g，其余反应条件均不改变，将制备得到的产物分别命名为 α-F/3DG-2 与 α-F/3DG-3。

5.2.2　α-F/3DG 结构与形貌分析

图 5.11 为 3DG 和 α-F/3DG 的 XRD 谱图。对于 3DG，$2\theta＝26.0°$ 出现了一处衍射峰，这源于短程有序的堆叠石墨烯片层。α-F/3DG 的图谱中位于 24.2°、33.2°、35.4°、40.5°、49.3°、53.7°、57.2°、62.1°、63.8°、71.6°、75.3° 的衍

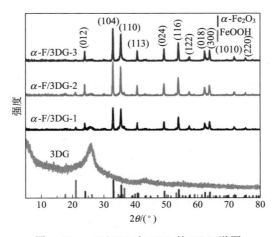

图 5.11　α-F/3DG 和 3DG 的 XRD 谱图

射峰与六方晶系赤铁矿 α-Fe$_2$O$_3$ 的 XRD 数据（JCPDS NO. 33-0664）完美匹配，分别对应于 α-Fe$_2$O$_3$ 的（012）、（104）、（110）、（113）、（024）、（116）、（122）、（018）、（300）、（1010）、（220）晶面。至于在 α-F/3DG-1 和 α-F/3DG-2 的谱图中 $2\theta = 21.1°$ 附近处的弱衍射峰，其可能是在 α-Fe$_2$O$_3$ 生成过程中形成的少量 FeOOH 的（110）晶面（JCPDS NO. 29-0713）的特征衍射峰。同时可以观察到在所有 α-F/3DG 样品的衍射曲线上都可以观察到 $2\theta = 26.0°$ 的衍射峰，证实了三维石墨烯/α-Fe$_2$O$_3$ 复合材料的成功制备。此外，随着 FeCl$_3 \cdot$6H$_2$O 浓度的上升，3DG 的衍射峰强度降低，α-Fe$_2$O$_3$ 的衍射峰强度增加，表明复合材料中 α-Fe$_2$O$_3$ 的含量增加。

3DG 与 α-F/3DG-1 的拉曼光谱如图 5.12 所示。其中 3DG 位于 1346.8cm^{-1} 和 1586.9cm^{-1} 处的两个强特征峰分别为石墨烯的 D 带和 G 带。可以发现，与 3DG 相比，α-F/3DG-1 样品的 D 和 G 的两个典型特征峰移至 1341.0cm^{-1} 与 1582.0cm^{-1}，这可能是由该复合材料中的 α-Fe$_2$O$_3$ 纳米颗粒与 3DG 之间发生的电荷转移现象所引起的。D 和 G 峰的强度比（I_D/I_G）被广泛用于衡量石墨烯无序程度[10]。值得注意的是，与以前的报道不同，α-F/3DG-1 的 I_D/I_G（1.413）低于 3DG（1.447）的强度比。因此，α-F/3DG-1 的较低 I_D/I_G 值意味着其比单一 3DG 具有更好的有序度。

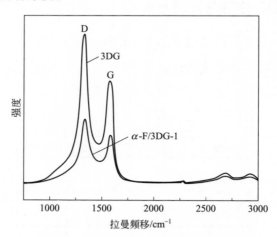

图 5.12　3DG 与 α-F/3DG-1 的拉曼光谱图

进一步通过 X 射线光电子能谱（XPS）研究最终产物 α-F/3DG 的表面化学组成。图 5.13(a) 为 α-F/3DG-1 的 XPS 全谱图，其中于 713eV、533eV、287eV 和 58eV 处出现的峰，分别对应 Fe 2p、O 1s、C 1s 和 Fe 3p，说明 α-F/3DG-1 的组成元素为 Fe、C、O 三种元素。图 5.13(b) 显示了 α-F/3DG-1 的 C 1s 光电

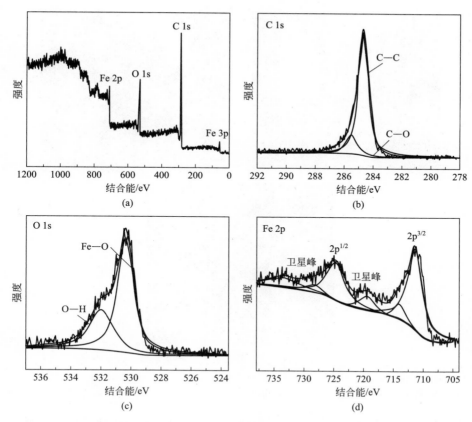

图 5.13　α-F/3DG-1 的 XPS 全谱图 (a)、C 1s 分峰图 (b)、

O 1s 分峰图 (c)、Fe 2p 分峰图 (d)

子能谱，图中的强 C 1s 峰来自复合材料中的三维石墨烯。α-F/3DG-1 的 O 1s 光电子能谱如图 5.13(c) 所示，位于 530.3eV 和 531.9eV 结合能的两处峰分别归属于 Fe—O 和 H—O 的氧键。此外，在图 5.13(d) 的 Fe 2p 光谱中出现在 711.4eV 和 724.7eV 核心能级处的两个突出峰分别对应于 Fe $2p^{3/2}$ 和 Fe $2p^{1/2}$ 自旋轨道峰，与 α-Fe_2O_3 纳米颗粒文献值相一致[11]。此外，以 719.4eV 为中心的相应卫星峰则可以归因于 α-Fe_2O_3 的 Fe^{3+} 离子[12]。结合 XPS 和 XRD 的测试结果，并没有检测到任何其他杂质，如 Fe_3O_4 或 γ-Fe_2O_3，因此我们可以确定负载在 3DG 中的磁性氧化铁是 α-Fe_2O_3。

通过 SEM 对 α-F/3DG 的微观形貌进行观察，图 5.14 分别为 α-F/3DG-1、α-F/3DG-2 和 α-F/3DG-3 的扫描电镜图。从图 5.14(a) 中可以观察到球形结构纳米粒子被完全包裹进三维石墨烯结构内部，该纳米粒子为 α-Fe_2O_3。如图

图 5.14 α-F/3DG-1（a），α-F/3DG-2（b）和 α-F/3DG-3（c）的扫描电镜图

5.14（b）所示，当 $FeCl_3 \cdot 6H_2O$ 的浓度上升，更多的 α-Fe_2O_3 纳米粒子生成，部分的 α-Fe_2O_3 纳米粒子在 3DG 的表面附着，而且可以清楚地观察到其表面凸起小颗粒，类似于爆米花状，颗粒粒径在 $150\sim200nm$ 之间。当 $FeCl_3 \cdot 6H_2O$ 的浓度升至最高，由图 5.14（c）可以看出，更多的 α-Fe_2O_3 纳米粒子与 3DG 复合，且已将 3DG 几乎完全覆盖住，但其开始出现颗粒大小不一的现象。总体上来看，α-Fe_2O_3 纳米粒子在 3DG 的内部与表面分布比较均匀，无严重团聚现象，其源于 3DG 独特的三维多孔网络结构，为 α-Fe_2O_3 纳米粒子提供足够的生长位点。

图 5.15 所示为 α-F/3DG 的透射电镜图片。从图 5.15（a）、（c）和（e）中可以看出球形结构 α-Fe_2O_3 纳米粒子均匀地分布在透明三维石墨烯内部，无严重团聚现象发生，粒径尺寸也与 SEM 结果相一致。由低倍率投射电镜图还可以观察到 3DG 具有褶皱弯曲的片层结构，且在其片层之间存在明显的空隙结构。由高分辨透射电镜图［图 5.15（b）、（d）和（f）］可以观察到 α-Fe_2O_3 纳米粒子被多层结构的 3DG 所包覆，呈独特的包覆结构，且这些纳米颗粒结晶的晶格间距为 0.27nm 和 0.25nm，与六方晶系 α-Fe_2O_3 的（104）和（110）晶面相一致。

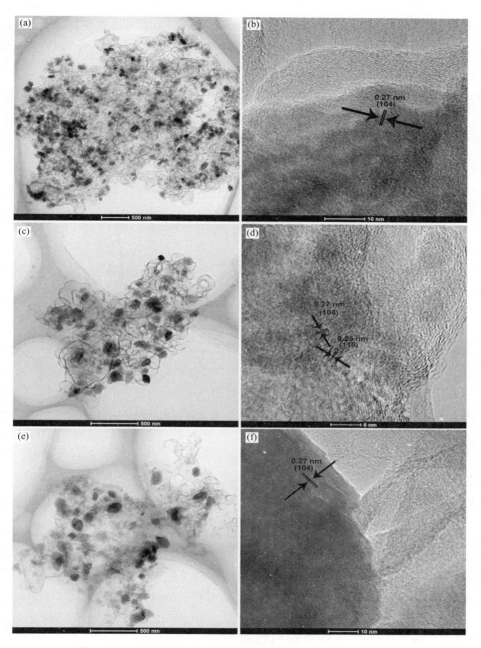

图 5.15　α-F/3DG-1［(a)、(b)］、α-F/3DG-2［(c)、(d)］和

α-F/3DG-3［(e)、(f)］的透射电镜图

氮气吸附-解吸等温线可以揭示物质的多孔结构特征。因此，我们进行了 BET 比表面积分析，以进一步揭示 α-F/3DG 的多孔微观结构。图 5.16 为 α-F/3DG-1 吸附-解吸曲线以及相应的孔径分布（插图）。由图可以观察到 α-F/3DG-1 呈现典型的 IV 型等温曲线，具有明显的滞后环特征，表明 α-F/3DG-1 复合材料具有大量介孔。由其孔径分布图可知，其孔径分布较宽，主要集中在 $2.8 \sim 8.4$nm 范围内。根据计算，α-F/3DG-1 的比表面积和总孔隙体积分别达到了 114.89m^2/g 和 0.726cm^3/g。α-F/3DG 较大的比表面积可以为电磁波的反射和散射提供更多的活性位点，这有利于提高其吸波性能[13]。此外，其多孔结构也有利于促进导电网络的形成以及电磁波的多次反射[10]。

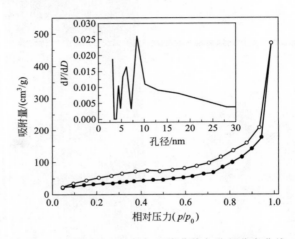

图 5.16　α-F/3DG-1 的氮气吸附曲线与孔径分布曲线

为了获悉 3DG 与 α-Fe$_2$O$_3$ 纳米颗粒的精确质量比，对该复合材料进行了 TGA 测试，结果如图 5.17 所示。在温度升至 450℃之前，三条 TG 曲线均呈缓慢下降趋势，这主要是由 α-F/3DG 复合材料中残留的去离子水以及溶剂的蒸发所引起的；在 $450 \sim 550$℃范围内，TG 曲线急剧下降，则是由于 3DG 在空气中的氧化和分解所致；当温度高于 550℃时，TG 曲线略有下降，表明 3DG 已从复合材料中完全去除。TGA 结果显示三样品的 α-Fe$_2$O$_3$ 纳米颗粒与 3DG 的质量比为 $4.9 : 1$，$1.6 : 1$ 和 $1.1 : 1$，分别对应于 α-F/3DG-1，α-F/3DG-2 和 α-F/3DG-3。

5.2.3　α-F/3DG 电磁参数与吸波性能[14]

复介电常数和复磁导率作为评价材料电磁波吸收特性的两个关键参数，通过对吸波材料电磁参数的调整与优化，可以实现尽可能多地吸收入射电磁波的目

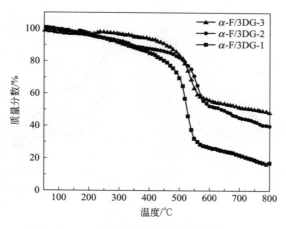

图 5.17　α-F/3DG 在空气氛围下的 TG 曲线

的。将各 α-F/3DG 复合材料与熔融石蜡混合制成环形试样，α-F/3DG 的质量分数为 15%，通过矢量网络分析仪测试得到了其在 2～18GHz 频率范围内的复介电常数 (ε'、ε'') 与复磁导率 (μ'、μ'')，结果如图 5.18 所示。如图 5.18(a) 所示，三者的复介电常数的实部差距较小，且整体上都随着频率的增加而呈下降趋势，分别由 15.5、18.3、15.2 降至 9.3、10.7 和 9.1，这主要是由介电弛豫所引起的。α-F/3DG 复合材料 ε' 随着 $FeCl_3 \cdot 6H_2O$ 浓度的上升而呈现先升高再降低的趋势，这种现象可能源于随着 $\alpha\text{-}Fe_2O_3$ 纳米颗粒的增多产生了更多的接触界面，导致 $\alpha\text{-}Fe_2O_3/3DG$ 在交变电场下电荷载流子增多，引起了 ε' 的增大。但随着 $FeCl_3 \cdot 6H_2O$ 浓度的增加，$\alpha\text{-}Fe_2O_3$ 出现了团聚，所以 α-F/3DG-3 的 ε' 降低。在 8～18GHz 的频率范围内，三者的 ε' 随频率变化出现了波动，这可能归因于极化共振效应。由图 5.18(b) 可以看出三者的 ε'' 在 11～18GHz 的频率范围均呈现一宽峰，显示了共振特性，而这是源于该复合材料的良好导电性。图 5.18 (c)、(d) 显示了各 α-F/3DG 试样的复磁导率的实部与虚部，可以观察到 μ' 与 μ'' 分别围绕着 1 与 0 附近波动。三者的 μ' 在 10～18GHz 时产生了数个共振峰，尤以 α-F/3DG-2 出现的共振峰最多。三者的 μ'' 在整个频率范围内出现了较多的共振峰，其源于磁性材料在电磁场中所发生的自然共振、畴壁共振、交换共振与涡流效应等现象。根据麦克斯韦方程，由于电磁场中电荷的运动，交变电场会产生感应磁场[15]，感应磁场随后将抵消或支配外部磁场，向外辐射电磁波，导致负 μ'' 的产生[16]。

为了评价所得复合材料的电磁波吸收性能，基于传输线理论，利用复磁导率和复介电常数数据，采用 Matlab 软件模拟计算 α-F/3DG 复合材料在不同厚度下

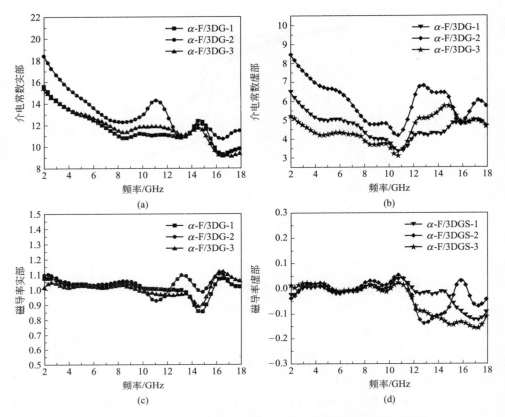

图 5.18　*α*-F/3DG 复合材料的复介电常数与复磁导率的实部与虚部

的反射损耗（RL）。

如图 5.19 为 *α*-F/3DG 复合材料在不同厚度下的反射损耗与频率关系图。表 5.1 总结了三者的最佳吸波性能。对于 *α*-F/3DG-1，当厚度仅为 1.4mm 时，其在 17.30GHz 处达到了最小反射损耗（−55.70dB，对应于最强吸收）。当厚度仅为 1.7mm 时，其具有最宽的有效吸收频带（4.42GHz），有效吸收频率范围为 12.30～16.72GHz［图 5.19（a）］；当厚度为 2.0mm 时，*α*-F/3DG-2 在 10.43GHz 具有最小的反射损耗（−29.80dB）。当厚度为 1.5mm 时，最宽的有效吸收频带达到了 4.17GHz，其有效吸收频率范围为 12.81～16.98GHz［图 5.19（b）］；至于 *α*-F/3DG-3，可以清楚地看到其在 1.66mm 的厚度下具有最小的反射损耗与最宽的有效吸收频带，其在 14.00GHz 时获得−52.21dB 的最小反射损耗，而其最宽的有效吸收频带则为 4.33GHz，有效吸收频率范围为 12.39～16.72GHz［图 5.19（c）］。在不同的给定厚度下，*α*-F/3DG 复合材料在 X 波段（8～12GHz）和 Ku 波段（12～18GHz）之间的反射损耗值均低于−10dB。如

α-F/3DG-1，其在厚度为 1.4～2.2mm 时的有效吸收频宽高达 8.75GHz（9.25～18GHz）。由图 5.19 可见，随着厚度的增加，RL_{min} 向低频率方向移动，这是由四分之一波长衰减原理所引起的，当 $d = 1/4\lambda$ 时，吸波材料上、下表面反射的电磁波相位相差 180°，达到彼此干涉抵消的效果，因此该厚度下的反射损耗值最小[17]，为吸波材料的厚度设计提供了重要指导。此外，α-Fe_2O_3 与 3DG 的质量比在决定样品的吸波性能时也起着至关重要的作用。随着 $FeCl_3 \cdot 6H_2O$ 浓度的上升，α-F/3DG 复合材料的吸波性能呈现先降低后提高的趋势，其中又以 α-F/3DG-1 在所有三个样品中表现出的吸波性能最佳，由此可见该复合材料的吸波性能可以通过对 α-Fe_2O_3 与 3DG 二者的质量比实现调节（如表 5.1 所示）。

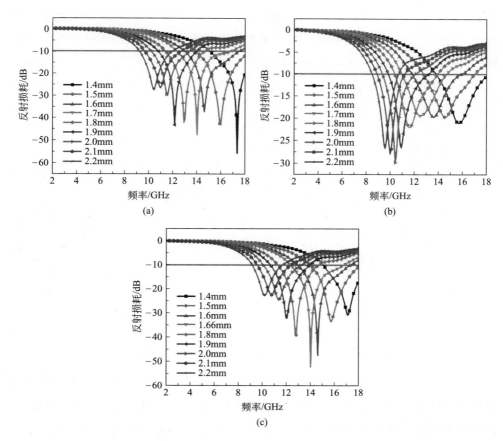

图 5.19　α-F/3DG-1（a）、α-F/3DG-2（b）和 α-F/3DG-3（c）
在不同厚度下的反射损耗

表 5.1　不同 $\alpha\text{-Fe}_2\text{O}_3$ 含量的 $\alpha\text{-F/3DG}$ 复合材料的最优吸波性能

样品	d/mm	RL_{min}/dB	频率范围 (RL≤−10dB)/GHz	有效吸收频宽 (RL≤−10dB)/GHz
$\alpha\text{-F/3DG-1}$	1.4	−55.7	15.1～18	3.9
	1.7	−47.7	12.3～16.72	4.42
$\alpha\text{-F/3DG-2}$	1.5	−19.7	12.81～16.98	4.17
	2.0	−29.8	9.42～12.05	2.63
$\alpha\text{-F/3DG-3}$	1.66	−52.2	12.39～16.72	4.33

5.2.4　α-F/3DG 电磁波损耗机理

α-F/3DG 复合材料的介电损耗角正切（$\tan\delta_\varepsilon$）和磁损耗角正切（$\tan\delta_\mu$）随频率的变化如图 5.20 所示，三种复合材料的 $\tan\delta_\varepsilon$ 值较高，在 11GHz 之前呈逐渐下降趋势，之后则逐渐上升。而三者的 $\tan\delta_\mu$ 值较低，与 μ'' 具有相似变化趋势，具有多个共振峰，这是因为三者的 μ' 主要围绕着 1 周围波动。总体上来看，三种复合材料的 $\tan\delta_\varepsilon$ 高于 $\tan\delta_\mu$，说明 α-F/3DG 的电磁波损耗机制主要以介电损耗为主。

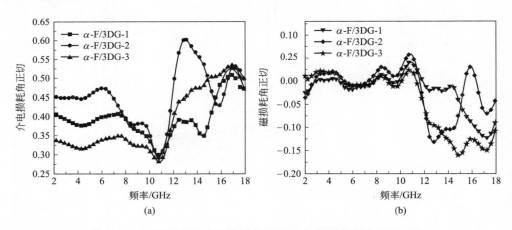

图 5.20　α-F/3DG 的介电损耗角正切（a）和磁损耗角正切（b）

通过之前分析复介电常数和复磁导率的实虚部以及介电损耗角正切、磁损耗角正切等可知，该复合材料的介电损耗强于磁损耗，这主要是由于材料的界面极化和界面弛豫。这些弛豫极化所引起的介电损耗则可由德拜偶极弛豫方程来表示。图 5.21（a）为 α-F/3DG 复合材料的 Cole-Cole 图，三者都显示出了多个不规则半圆，说明其具有多重介电弛豫，主要源于 Maxwell-Wagner 松弛、电子/

离子极化、偶极极化等。α-F/3DG 复合材料的 μ'、μ'' 在 2～18GHz 频率范围内出现了数个共振峰，表明其具有多种可能的磁损耗机制，如涡流损耗、磁滞损耗、自然共振、畴壁共振和交换共振等[18]。磁滞损耗和畴壁共振可以忽略不计，因为这两种磁损耗只在弱电磁场中或低频区（<2GHz）发生。在 2～6GHz 频率范围内的共振峰通常为自然共振，是由 α-Fe$_2$O$_3$ 磁性纳米粒子的形状各向异性与小尺寸效应引起的。图 5.21(b) 中三者的磁损耗角正切在中频段（6～12GHz）范围内出现的多个共振峰则是由交换共振产生的，其主要源于 Fe^{3+}、空间电荷、空穴等的极化[19]。α-Fe$_2$O$_3$ 在交变磁场中能够通过电磁感应产生涡流，涡流在电磁波吸收过程中既能损耗部分电磁波同时又会阻碍电磁波入射至材料内部。如果反射损耗由涡流效应产生，那么根据趋肤效应：

$$C_0 = \mu''(\mu')^{-2} f^{-1} = 2\pi\mu_0 \sigma d^2/3 \qquad (5.5)$$

式中，μ_0 为真空磁导率；σ 为电导率；d 为粒子直径；C_0 的值随着频率的增加而保持恒定。图 5.21(b) 为三者的 C_0 随频率的变化曲线，由图可以发现，三者的 C_0 在 5～9GHz 范围内基本保持不变，接近于 0，表明在该范围内涡流损耗是主要的磁损耗形式；但是，在其他的频率范围内 C_0 的值是随频率的变化而发生波动，因此在该范围内 α-F/3DG 复合材料的磁损耗可归因于自然共振。

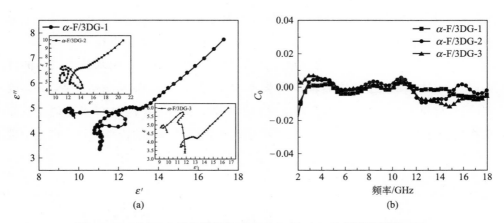

图 5.21　α-F/3DG 复合材料的 Cole-Cole 图（a）和涡流损耗图（b）

按照公式(1.21) 和式(1.22) 分别计算了 α-F/3DG 复合材料的阻抗匹配系数（Z）和吸收系数（α）。图 5.22(a) 为三者的阻抗匹配系数曲线图，由图可知 α-F/3DG-1、α-F/3DG-3 的 Z 在大部分频率范围内都大于 α-F/3DG-2 的 Z，除了 12～16GHz 范围内，说明 α-F/3DG-2 的阻抗匹配性较差，这一结果与其较高的介电常数相一致。图 5.22(b) 为三者的吸收系数曲线图，与图 5.22(a) 中的结果相反，除了 15～17GHz 范围内，α-F/3DG-2 的 α 都大于样品α-F/3DG-1 和
α-F/3DG-3，但三者的 α 较为接近，而 α-F/3DG-1、α-F/3DG-3 的阻抗匹配性较
好，使得其吸波性能要优于α-F/3DG-2。

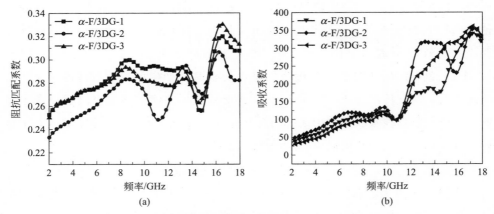

图 5.22　α-F/3DG 复合材料的阻抗匹配系数（a）和吸收系数（b）

通过上述分析可知，α-F/3DG 复合材料展现出了优异吸波性能，这主要归
功于其多重电磁波损耗机制以及由此所带来的协同效应。图 5.23 为 α-F/3DG 复
合材料的吸波示意图，生动展现其对电磁波的损耗机制。首先，根据 3DG 的拉
曼谱图分析可以确定 α-F/3DG 复合材料中无序碳和缺陷的存在，这引起了电磁
波的多次散射并提供了产生偶极极化的极化中心，衰减了电磁波[20]。其次，
α-F/3DG复合材料具有极多的界面，如分散均匀的 α-Fe$_2$O$_3$ 纳米粒子之间的界
面以及其与 3DG 之间的界面，增强了界面极化（又称 Maxwell-Wagner 效
应[21]）与相关的弛豫，有利于对电磁波的吸收。此外，α-F/3DG 极高的比表面
积增强了电磁波的多次反射，增加了电磁波在复合材料中的传播路径，产生了进

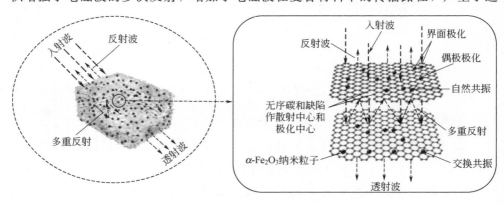

图 5.23　α-F/3DG 复合材料的吸波机理示意图

一步的衰减。而且，其极高的比表面积同时增强了空间极化和偶极极化，提高了电磁波吸收性能。

5.3　三维石墨烯/ZnO 纳米复合材料的制备及吸波性能

当今，大多数吸波领域的研究工作都集中在将石墨烯与磁性金属/金属氧化物纳米颗粒结合以获得优异的电磁波吸收性能。除了抗腐蚀性差、密度高的缺点之外，大多数磁性金属/金属氧化物材料的磁导率在微波频率范围内的变化很小，极难改变[22]。吸波材料的复介电常数实部与虚部则可以通过不同方式进行调节。因此，通过调节介电材料的复介电常数实部与虚部来获得优异的吸波性能更具可行性。

在众多介电材料之中，ZnO 作为宽带隙半导体在光学、光电子学、催化和传感器领域具有广泛的应用[23]。由于其高介电损耗、质轻、低合成成本与高温稳定性等优点，使 ZnO 成为耐高温吸波材料的理想选择之一[24]。研究表明 ZnO 的形貌对其电磁波吸收性能有很大影响[25]。因此，各种独特结构的 ZnO，如四足动物、纳米树、纳米线和纳米棒状，已经通过不同方法制备出来被用于电磁波吸收[25-27]。气相沉积法[27]是合成复杂结构 ZnO 的最广泛使用的方法。水热法[26]、溶胶-凝胶法[24]和溶剂热法通常用于制备超细 ZnO 颗粒和海胆状 ZnO。由于 3DG 和 ZnO 的独特性质以及它们之间的协同效应，将二者进行复合有望获得一种吸波性能优异的耐高温吸波材料。目前制备独特结构 ZnO 所采用的气相沉积或模板法具有制备过程繁琐、反应条件苛刻等缺点。因此，需要开发一种简便的原位法制备具有良好均匀性和分散性的 ZnO 修饰 3DG 复合材料。

本节采用原位结晶法制备了 3DGZ 复合材料，并在合成过程中通过改变 $Zn(NO_3)_2 \cdot 6H_2O$ 的加入量来调节 ZnO 的含量，研究了 3DG 与 ZnO 相对含量变化对复合材料结构和吸波性能的影响规律。

5.3.1　3DGZ 的设计制备

图 5.24 为 3DGZ 纳米复合材料的合成过程示意图。

具体步骤如下：将 0.09g 冻干 3D 石墨烯于 50mL 去离子水中超声处理 1h，形

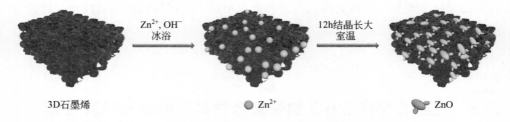

图 5.24　3DGZ 纳米复合材料的合成示意图

成均匀的悬浮液。在冰水浴中机械搅拌下，将 1.487g （0.005mol） Zn(NO$_3$)$_2$·6H$_2$O 溶解在 50mL 去离子水中。将 3DGZ 悬浮液缓慢地加入 Zn(NO$_3$)$_2$ 溶液中，并将混合物充分搅拌 10min 以确保 3D 石墨烯在 Zn(NO$_3$)$_2$ 溶液中的均匀分散。随后，在剧烈搅拌下将 1mol/L KOH 溶液逐滴滴加到上述混合物中直至其 pH＝9。之后，将该反应体系在室温下保持静置状态 12h。通过离心 （10000r/min，5min） 收集所得沉淀，用去离子水洗涤数次除去 K$^+$、NO$_3^-$ 等离子。最后，将所得产物冷冻干燥，并命名为 3DGZ-2。通过分别用 0.744g （0.0025mol） 和 2.23g （0.0075mol） 的 Zn(NO$_3$)$_2$·6H$_2$O 重复上述制备过程，获得 3DGZ-1 和 3DGZ-3 纳米复合材料。

5.3.2　结构与形貌分析

通过 XRD 分析了三个样品的相结构，结果如图 5.25 所示。可以清楚地观察到，三者的 XRD 曲线在 2θ 为 31.73°，34.34°，36.24°，47.57°，56.61° 和 62.86° 处的几个主要衍射峰，与标准谱图 JCPDS NO.01-080-0074 中的六角形结

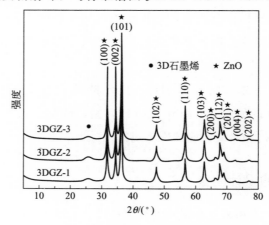

图 5.25　3DGZ 纳米复合材料的 XRD 谱图

构 ZnO 的（100）、（002）、（101）、（102）、（110）和（103）晶面相一致，而且无其他杂质组分的衍射峰出现，表明该纳米复合材料中存在纯的 ZnO。随着 ZnO 相对含量的增加，其 XRD 特征峰也随之变得愈加尖锐。此外，在所有样品的衍射曲线上都出现了位于 $2\theta = 25.91°$ 的宽峰，其源于 3DG 中石墨的（002）晶面衍射峰。因此，由 XRD 分析可知该复合材料为 3DG/ZnO。

图 5.26 所示为 3DG 和 3DGZ-2 的拉曼光谱图，由图中可以观察到两个典型的石墨烯峰，其分别对应于 $1346.8\mathrm{cm}^{-1}$ 处的 D 峰和 $1586.9\mathrm{cm}^{-1}$ 处的 G 峰。D 和 G 峰的强度比（I_D/I_G）被广泛用于表征碳基材料的无序程度，3DGZ-2 的 I_D/I_G（1.292）相对低于 3DG（1.447），表明在 ZnO 形成过程中，有更多的小尺寸 sp^2 杂化碳区域产生[28]。

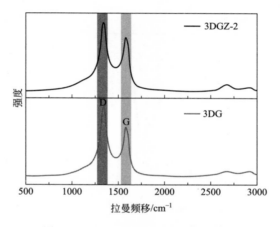

图 5.26　3DG 和 3DGZ-2 的拉曼谱图

通过 XPS 进一步检测所制备的 3DGZ 纳米复合材料的化学组成和氧化价态，图 5.27 为 3DGZ-2 的 XPS 光谱。图 5.27(a)～(c) 表明 3DGZ-2 含有 Zn、O 和 C 元素。在图 5.27(a) 中，Zn 2p 光谱中位于 1045.3eV 和 1022.2eV 的峰分别源自 Zn $2\mathrm{p}^{1/2}$ 和 Zn $2\mathrm{p}^{3/2}$ 原子态。图 5.27 (b) 为样品的 O 1s XPS 光谱，可以分峰拟合成位于 530.0eV 与 531.9eV 的两个峰，它们分别源于 ZnO 的氧空穴与原始结晶氧成分[29]。图 5.27 (c) 为 3DGZ-2 的 C 1s 光谱，其在 284.6eV 和 285.5eV 结合能处出现了两个峰，这分别归因于芳环中的 C—C/C ＝C 与 C—O 基团。综上所述，3DGZ 纳米复合材料被成功制备。

为了深入研究该复合材料的微观形貌与结构，对其进行了 SEM 与 TEM 测试[30]。图 5.28(a)～(c) 为 3DGZ-1、3DGZ-2、3DGZ-3 的扫描电镜图片，可以观察到通过原位结晶法获得的 ZnO 纳米颗粒呈精致的航天飞机状，并且这些

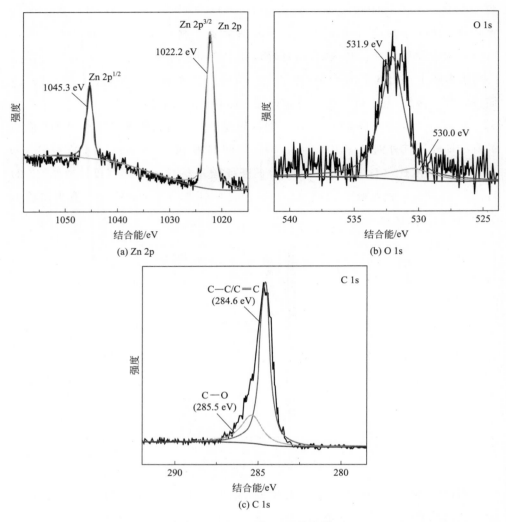

图 5.27 3DGZ-2 的 XPS 分峰谱图

"航天飞机"的平均尺寸约为 700~900nm。ZnO 纳米粒子大多呈现出相似的三瓣结构，且几乎没有观察到团聚现象。此外，还可以看到一个由随机定向的分支所组成的互联三维多孔网络，为复合材料中的 3D 石墨烯。航天飞机状的 ZnO 纳米颗粒均匀地散布在 3D 石墨烯表面与孔隙内，且随着 ZnO 相对含量的增加，其分布密度越高。值得注意的是，ZnO 纳米颗粒紧密附着在 3D 石墨烯结构内，几乎没有任何纳米颗粒与 3D 石墨烯多孔网络结构相分离。这可能源于 3D 石墨烯对 ZnO 纳米颗粒的限制作用，Zn^{2+} 最初被吸引到 3D 石墨烯的结构内并原位结晶成 ZnO 微晶，充当进一步生长的成核前驱体。

图 5.28　3DGZ 纳米复合材料的扫描电镜图：(a) 3DGZ-1；(b) 3DGZ-2；(c) 3DGZ-3

图 5.29 为 3DGZ-2 和 3DGZ-3 不同倍率下的透射电镜图。由图 5.29(a) 和图 5.29(c) 看出 ZnO 纳米颗粒在 3DG 结构内均匀分散，形貌与 SEM 观察结果相一致，呈航天飞机状。图 5.29(b) 和 (d) 为 3DGZ-2 和 3DGZ-3 的高分辨透射电镜图，从中可以观察到 3DG 多层结构，ZnO 纳米晶体的晶格条纹间距经测量为 0.28nm，与 ZnO 的 (100) 晶面相匹配，表明六角形 ZnO 晶体的 (100) 晶面作为航天飞机状的 ZnO 纳米颗粒的主要生长取向。

与实际工程应用密切相关的热稳定性是吸波材料的重要材料特性之一。因此，我们在空气气氛中对三个样品进行了 TG 测试，结果如图 5.30 所示。样品的质量损失过程可以分为三个阶段。在第一阶段，520℃前样品的轻微质量损失是由于蒸馏水和残留溶剂的蒸发造成的。接下来，在 520～620℃之间样品的质量急剧下降，这归因于 3D 石墨烯在空气中的氧化和分解。在 620℃之后，样品的质量保持恒定，表明 3D 石墨烯的完全去除。从 TG 曲线可以得知 3DGZ-1、3DGZ-2、3DGZ-3 的 ZnO 质量分数分别为 70.9%、84.0%和 86.8%。基于上述 TG 分析，所获得 3DGZ 纳米复合材料具有优异的热稳定性。

为了进一步证明 3D 石墨烯/ZnO 纳米复合材料的孔隙结构，对 3DGZ-2 进行了 BET 比表面积分析，得到其 N_2 吸附-解吸等温线，如图 5.31 所示。结果证明 3D 石墨烯/ZnO 纳米复合材料呈多孔结构，其显示出了具有明显滞后环的Ⅳ型等温线，说明所得样品中存在介孔。根据计算以及其孔径分布曲线可知，

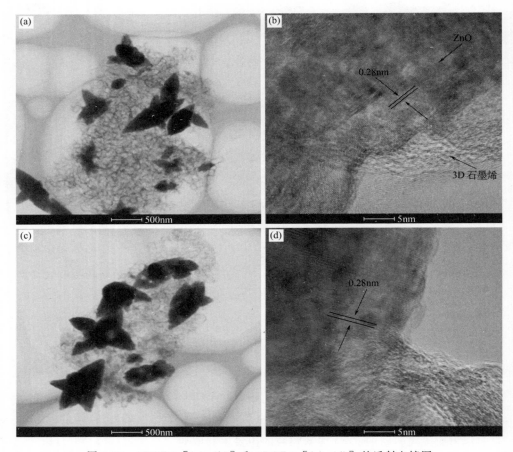

图 5.29　3DGZ-2 [(a)、(b)] 和 3DGZ-3 [(c)、(d)] 的透射电镜图

3DGZ-2 的比表面积达到了 34.35m²/g，其具有大量无序纳米孔，孔径分布范围为 3～30nm。3D 石墨烯/ZnO 纳米复合材料的高表面积与总孔体积为入射电磁波的有效反射和散射提供了更多的活性位点，有利于提高材料的电磁波吸收性能。

5.3.3　电磁参数与吸波性能[30]

为了研究 3D 石墨烯/航天飞机状 ZnO 纳米复合材料的电磁波吸收性能，测试了其在 1～18GHz 频率范围内的复介电常数实部与虚部，如图 5.32 所示。由于 3DGZ 或石蜡中没有磁性物质，测试样品的复磁导率实部（μ'）与虚部（μ''）可分别视作近似等于 1 与 0。由图 5.32(a) 和（b）可知，3DGZ-1 和 3DGZ-3 都显示出相对较低的 ε' 和 ε'' 值，对电磁波损耗能力相对较小。而对于 3DGZ-2，其复介电常数在 1～18GHz 范围内具有最高的 ε' 和 ε'' 值。总的来说，三个样品的 ε'

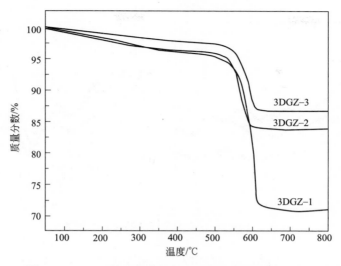

图 5.30　3DGZ 纳米复合材料在空气氛围下的 TG 曲线

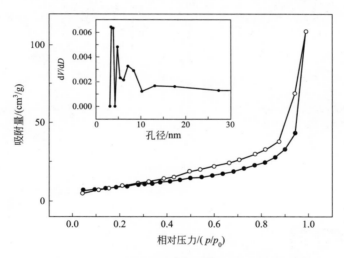

图 5.31　3DGZ-2 的氮气吸附曲线与孔径分布曲线

都随着频率的增加呈现相似的下降趋势。可以看出，三个样品的 ε' 值在 $1\sim$ 7GHz 频率范围内逐渐减小，在 $7\sim18$GHz 的频率范围内出现数个波动。3DGZ-3的 ε' 值显示出最微小的变化，由 14.09 降低至 8.74，而另外两个样品的 ε' 值则分别由 17.89、20.78 降低至 10.88、11.41。同样地，所有样品的 ε'' 值表现出相似的变化趋势。三个样品的 ε'' 值在 7GHz 之前迅速下降，而在 7GHz 之后可以观察到剧烈的波动，出现了数个共振峰，其共振行为可能与趋肤效应以及会引起位移电流滞后的 3D 石墨烯/空气、ZnO/空气和 3D 石墨烯/ZnO 之间的界面有关[31,32]。

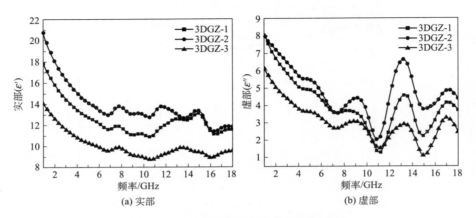

(a) 实部

(b) 虚部

图 5.32　3DGZ 的复介电常数实部与虚部

图 5.33(a)～(c) 为 3DGZ-1、3DGZ-2 和 3DGZ-3 的三维反射损耗图。由图

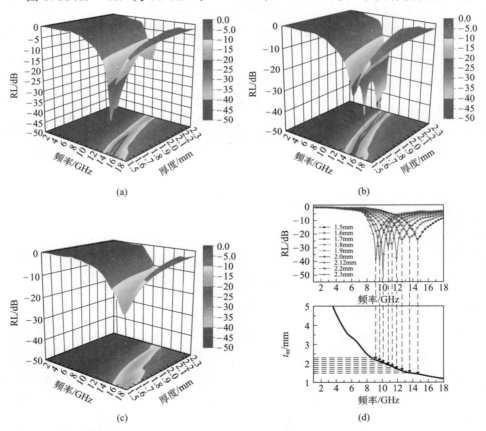

(a)

(b)

(c)

(d)

图 5.33　3DGZ-1（a）、3DGZ-2（b）和 3DGZ-3（c）的三维反射损耗曲线；
3DGZ-2 的二维反射损耗曲线（d），λ/4 模型下的 3DGZ-2 模拟厚度随峰值频率的变化关系图

可见，随着 ZnO 相对含量的增加，与 3DGZ-1 相比，3DGZ-2 的最小反射损耗显著提高，在 10.01GHz 的频率下达到了 −48.05dB，3DGZ-1 在 15.11GHz 处获得了最小反射损耗，为 −34.89dB。值得注意的是，两个样品获得最小反射损耗的匹配厚度分别仅为 1.82mm 和 1.50mm。除了最小反射损耗外，有效频宽是评估电磁波吸收性能的另一个重要因素。3DGZ-1 和 3DGZ-2 对应于 ≤ −10dB 的频率范围分别为 13.58～17.66GHz 和 12.98～17.06GHz，二者的有效频宽都为 4.08GHz，而厚度也都仅为 1.50mm。然而，随着纳米复合材料中 ZnO 相对含量的进一步增加，其电磁波吸收性能有所下降。与其他两个样品相比，3DGZ-3 的电磁波吸收性能相对较差，其在厚度为 1.66mm 时的有效频宽为 3.91GHz（13.83～17.74GHz），当厚度为 1.54mm 时，其在 17.64GHz 处的最小反射损耗仅为 −19.07dB。

表 5.2　不同 ZnO 含量的 3DGZ 纳米复合材料的最优吸波性能

样品	d/mm	$\mathrm{RL_{min}/dB}$	频率范围 （RL≤−10dB）/GHz	频宽 （RL≤−10dB）/GHz
3DGZ-1	1.50	−34.89	13.58～17.66	4.08
3DGZ-2	1.50	−23.29	12.98～17.06	4.08
	1.82	−48.05	10.52～13.41	2.89
3DGZ-3	1.54	−19.07	14.86～18.00	3.14
	1.66	−16.04	13.83～17.74	3.91

表 5.2 总结了三者的最佳吸波性能，在三个样品中，3DGZ-2 表现出最佳的电磁波吸收性能。结果表明，3DGZ 纳米复合材料的电磁波吸收性能可以通过 3D 石墨烯与 ZnO 的质量比容易地调节。同时可以清楚地观察到，峰值频率总是与吸波材料的厚度成反比关系，这种现象可以通过四分之一波长匹配模型来解释，该模型由下式表示：

$$t_{\mathrm{m}}=\frac{nc}{4f_{\mathrm{m}}(|\mu_{\mathrm{r}}||\varepsilon_{\mathrm{r}}|)^{1/2}}(n=1,2,3,\cdots) \tag{5.6}$$

其中 $|\mu_{\mathrm{r}}|$ 和 $|\varepsilon_{\mathrm{r}}|$ 是在 f_{m} 时的 μ_{r} 和 ε_{r} 的模量。该模型的物理意义是当吸波剂的厚度达到匹配厚度（t_{m}）并满足公式（5.6）时，从吸波材料上下界面反射的电磁波相位差 180°，在吸波材料/空气界面完全抵消。基于公式（5.6），模拟了匹配厚度 t_{m} 随峰值频率 f_{m} 变化的曲线。在该图中，黑色星星代表实验匹配厚度（$t_{\mathrm{m}}^{\exp}$），其直接从图 5.33(d) 顶部的反射损耗曲线获得。由图 5.33(d) 可以发现

黑色星星位于模拟 t_m 曲线周围，t_m^{exp} 与模拟 t_m 之间偏差较小，表明 3DGZ-2 的 t_m^{exp} 和峰值频率之间的关系满足模拟四分之一波长（$\lambda/4$）匹配模型。而且，干涉增强损耗是另一个重要的电磁波衰减因素，因此四分之一波长原理可以为设计吸波材料的厚度提供重要的指导。

5.3.4 电磁波损耗机理

在图 5.32 所给出的复介电常数实部与虚部的基础上，计算出三个样品的介电损耗角正切与频率的关系，如图 5.34 所示。在 11～18GHz 的频率范围内，3DGZ-2 的 $\tan\delta_\varepsilon$ 值大于其他两个样品的 $\tan\delta_\varepsilon$，表明在该频率范围内其介电损耗更强。三者的介电损耗曲线都出现了数个共振峰，其是由它们的复介电常数的共振行为所引起的。

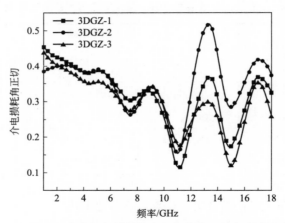

图 5.34　3DGZ 纳米复合材料的介电损耗角正切与频率的关系

图 5.35 为 3DGZ 纳米复合材料的 Cole-Cole 图。可以清楚地观察到，三者的 Cole-Cole 半圆是扭曲的，这表明除了德拜松弛外，还有其他机制对弛豫激化过程产生影响，如 Maxwell-Wagner 弛豫和电子极化。前者是由于界面处电荷的积累而发生在异构体之间。在该 3DGZ 纳米复合材料中，大量界面的存在导致交变电磁场下产生了界面极化（Maxwell-Wagner 效应）。

为了进一步探索电磁参数背后的深刻的电磁波吸收机制，根据式（1.21）和式（1.22）计算了 3DGZ 纳米复合材料的阻抗匹配系数（Z）和吸收系数（α），如图 5.36 所示。在图 5.36（a）中可看出，三者的阻抗匹配系数没有太大差异，其中 3DGZ-2 在所有样品中表现出相对小的阻抗匹配系数。然而根据图 5.36（b），3DGZ-2 展现出最强的衰减能力，这与 3DGZ 的复介电常数与介电损耗角

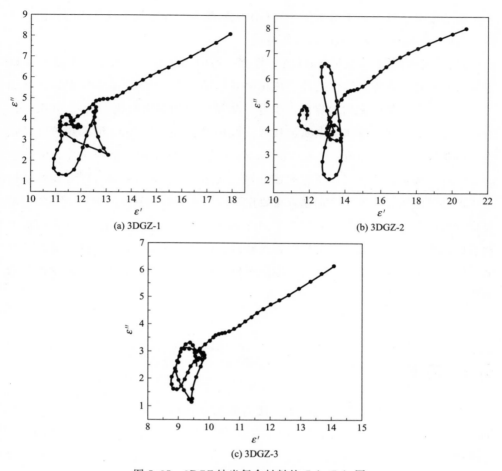

(a) 3DGZ-1

(b) 3DGZ-2

(c) 3DGZ-3

图 5.35　3DGZ 纳米复合材料的 Cole-Cole 图

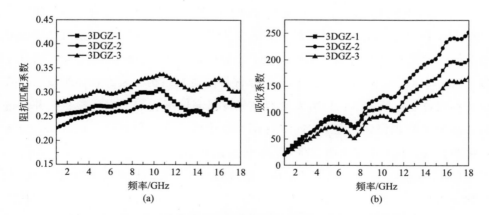

(a)

(b)

图 5.36　3DGZ 纳米复合材料的阻抗匹配系数（a）和吸收系数（b）

正切值的结果一致。鉴于纳米复合材料阻抗匹配系数和吸收系数之间的补偿和平衡，3DGZ-2 具有优异的电磁波吸收性能。

3D 石墨烯/航天飞机形 ZnO 纳米复合材料的优异的电磁波吸收性能可由以下原因来解释。首先，原位结晶合成策略可以防止 ZnO 纳米晶体的聚集，增加了 ZnO 和 3D 石墨烯之间的界面，引起异质结构中的界面极化[21,33]。其次，在 3DGZ 纳米复合材料中作为电磁波接收天线的航天飞机形 ZnO 纳米颗粒可以将电磁波能量转换为耗散电流[34]。此外，ZnO 纳米晶体中的晶格缺陷作为极化中心，增强了极化，从而引起了电磁波衰减。再者，3DGZ 独特的 3D 多孔微结构在决定电磁波吸收性能方面也起着重要作用。当入射的电磁波入射到 3DGZ 纳米复合材料内部，会被其多孔结构产生的内部空间捕获。而且，高孔隙体积和极大比表面积可以为电磁波的多次反射和漫散射提供更多的活动位点，从而导致入射电磁波的传播路径的延长。最后，电磁能量转换成热量或其他形式的能量被有效地损耗。

5.4 结论

本章采用改进的模板法制备了三维石墨烯（3DG），并以其为基体，通过共沉淀法与原位结晶法成功将 α-Fe$_2$O$_3$、ZnO 纳米粒子负载到三维石墨烯的三维多孔网络结构中，获得了 3DG/α-Fe$_2$O$_3$（α-F/3DG）、3DG/ZnO（3DGZ）复合材料。并通过控制 FeCl$_3$·6H$_2$O、Zn(NO$_3$)$_2$·6H$_2$O 的加入量分别制备出三种 α-Fe$_2$O$_3$ 与 ZnO 纳米粒子相对含量不同的 α-F/3DG、α-3DGZ 复合材料，研究了 3DG 与 α-Fe$_2$O$_3$、ZnO 之间相对含量的变化对复合材料结构以及吸波性能的影响规律。采用 XRD、拉曼、XPS、BET 比表面积分析、SEM 和 TEM 等表征手段分析了 3DG、α-F/3DG 和 3DGZ 复合材料的物相结构、表面化学组成、比表面积和微观结构等。之后利用矢量网络分析仪测试了它们的电磁参数，并通过 Matlab 软件模拟得到其在 1～18GHz 频率范围内的反射损耗值，最后深入分析了两类吸波材料的电磁波吸收机理。具体结论如下。

（1）3DG 具有三维网络多孔结构，独特的三维多孔结构赋予其高达 899m^2/g 的比表面积。在厚度为 1.4mm 时，3DG 具有最小的反射损耗（RL$_{min}$），仅为 −3.57dB。导致其吸波性能较差的主要原因是其损耗机制单一，以及由介电常数与磁导率的严重不匹配所引起的阻抗匹配性较差。3DG 对电磁波的损耗机制主要为介电损耗，如电偶极子极化、界面极化、电子/离子极化等。而且其三维多孔结构促会进连续导电网络的形成，增强电磁能量进行电能、热能的转换。此外其极高的比表面积能够引起入射电磁波的多次反射，同时又会产生大量的界面极化，增强其对电磁波的损耗能力。3DG 虽展现出了一定吸波潜力，但是其却受制于阻抗匹配性差与损耗能力低的缺点。通过一定的制备技术将其与具有其他吸波机制的吸波剂进行复合是提高其吸波性能的重要方法。

（2）α-F/3DG 复合材料继承了 3DG 的三维多孔结构，呈爆米花状的 α-Fe$_2$O$_3$ 平均粒径在 $150 \sim 200$nm 之间，并均匀地负载到 3DG 的表面与空隙内。其中 α-F/3DG-1 的比表面积和总孔隙体积分别达到了 114.89m^2/g 和 0.726cm^3/g。α-F/3DG 复合材料具有优异的吸波性能，α-F/3DG-1 在厚度仅为 1.40mm 时，具有最小的反射损耗为 -55.70dB。当厚度仅为 1.70mm 时，反射损耗 $\leqslant -10$dB 所对应的频率范围为 $12.3 \sim 16.72$GHz，最宽有效吸收频宽达到了 4.42GHz；对于 α-F/3DG-3，其在 1.66mm 的厚度下具有最小的反射损耗与最宽的有效吸收频宽，分别为 -52.21dB 与 4.33GHz。由此可知，通过对 α-Fe$_2$O$_3$ 相对含量的控制，起到了调节电磁参数，改善其匹配特性与衰减特性的作用，从而获得优异的吸波性能。该复合材料吸波性能优异的主要源自其多重电磁波损耗机制以及由此所引起的协同效应。具体可归纳为 α-Fe$_2$O$_3$ 纳米粒子之间以及其与 3DG 之间较多的界面所导致的界面极化及相关弛豫，三维石墨烯的偶极极化、界面极化，以及经磁性粒子 α-Fe$_2$O$_3$ 修饰后产生的自然共振和交换共振等磁损耗机制；α-F/3DG 极高的比表面积与缺陷结构促进了电磁波的多次反射与散射，提高了其电磁波吸收性能。α-F/3DG 复合材料既展现出了优异的吸波性能，又体现出低密度的特点，在开发高性能、轻质吸波材料领域具有一定的应用潜力。

（3）3DGZ 纳米复合材料保持了 3DG 的三维多孔网络结构，粒径在 $700 \sim 900$nm 之间的航天飞机形 ZnO 纳米粒子均匀地负载到 3DG 的表面与内部。其中 α-F/3DG-2 的比表面积为 34.35m^2/g，具有高比表面积的特点。3DGZ 纳米复合材料同样表现出了优异的吸波性能，其中 3DGZ-1 在厚度仅为 1.50mm 时获得了 -34.89dB 的最小反射损耗与 4.08GHz 的最宽有效吸收频带；3DGZ-2 则在厚度分别为 1.50mm 与 1.82mm 时具有最宽的有效吸收频带与最小的反射损耗，分别为 4.08GHz 与 -48.05dB；而 3DGZ-3 的吸波性能则相对较弱，其在厚度为 1.54mm 与 1.66mm 时，具有最小的反射损耗与最宽的有效吸收频带，分别为 -19.07dB 与 3.91GHz。由此可知，通过改变 ZnO 相对含量，以调节电磁参数，改善其匹配特性和衰减特性，而获得优异的电磁波吸收性能。3DGZ 纳米复合材料之所以具有优异的吸波性能，原因主要有以下几点：首先，均匀分散的 ZnO 纳米粒子增加了其与 3D 石墨烯之间的界面，引起了界面极化。其次，ZnO 纳米颗粒可以起到接收天线的作用而将电磁波能量转换为耗散电流，进一步衰减电磁波。此外，ZnO 纳米晶体中存在的晶格缺陷作为极化中心增强了极化，促进了电磁波的损耗。再者，3DGZ 独特的 3D 多孔微结构也有利于电磁波吸收。入射电磁波会被其孔隙结构所捕获，且其多孔结构与极大比表面积使得电磁波进行多次反射和漫散射，而延长入射电磁波的传播路径，提高了吸波能力。由 3DGZ 纳米复合材料的 TG 分析可知，其在 520℃ 之前仅产生了轻微的质量损失，体现出极高的热稳定性，在开发轻量化、耐高温的高性能吸波材料领域展现出了广阔的前景。

参 考 文 献

[1] Seon-Mi Yoon，Won Mook Choi，Hionsuck Baik，et al. Synthesis of multilayer graphene balls by carbon segregation from nickel nanoparticles [J]. ACS Nano，2012，6：6803-6811.

[2] Guo H L，Wang X F，Qian Q Y，et al. A green approach to the synthesis of graphene nanosheets [J]. ACS Nano，2009，3（9）：2653-2659.

[3] Fang S，Huang D，Lv R，et al. Three-dimensional reduced graphene oxide powder for efficient microwave absorption in the S-band（2~4GHz）[J]. Rsc Advances，2017，7（41）：25773-25779.

[4] Yunchen Du，Wenwen Liu，Rong Qiang，et al. Shell thickness-dependent microwave absorption of core-shell Fe_3O_4@C composites [J]. Acs Applied Materials & Interfaces，2014，6：12997-13006.

[5] Watts P C P，Hsu W K，Barnes A and Chambers B. High permittivity from defective multiwalled carbon nanotubes in the X - Band [J]. Advanced Materials，2003，15：600-603.

[6] Zhao B，Shao G，Fan B，Zhao W，Xie Y，Zhang R. Synthesis of flower-like cus hollow microspheres based on nanoflakes selfassembly and their microwave absorption properties [J]. Journal of Materials Chemistry A，2015，3（19）：10345-10352.

[7] Xu H L，Yin X W，Zhu M，Han M K，Hou Z X，Li X L，Zhang L T，Cheng L F. Carbon hollow microspheres with a designable mesoporous shell for high-performance electromagnetic wave absorption [J]. Acs Applied Materials & Interfaces，2017，9（7）：6332-6341.

[8] Xin Sun，Jianping He，Guoxian Li，et al. Laminated magnetic graphene with enhanced electromagnetic wave absorption properties [J]. Journal of Materials Chemistry C，2013，1：765-777.

[9] 陈平，杨森，于祺，熊需海，王静. 一种三维石墨烯海绵/Fe_2O_3 复合吸波材料及其制备方法 [P]. 中国发明专利，专利号 ZL201810794924.1，2020-06-16.

[10] Chen Chen，Jiabin Xi，Erzhen Zhou，Li Peng，Zichen Chen，Chao Gao. Porous graphene microflowers for high-performance microwave absorption [J]. Nano-Micro Letters. 2018 10：26.

[11] Hui Zhang，Anjian Xie，Cuiping Wang，et al. Novel rGO/a-Fe_2O_3 composite hydrogel：synthesis，

characterization and high performance of electromagnetic wave absorption [J]. Journal of Materials Chemistry A，2013，1：8547-8552.

[12] Wu Y Z，Ward-Bond J，Li D L，Zhang S H，Shi J F，Jiang Z Y. g-C₃N₄@α-Fe₂O₃/C photocatalysts：synergistically intensified charge generation and charge transfer for NADH regeneration [J]. ACS Catalysis，2018，8：5664-5674.

[13] Wang L，Bai X Y，Wang M. Facile preparation，characterization and highly effective microwave absorption performance of porous α-Fe₂O₃ nanorod-graphene composites [J]. Journal of Materials Science：Materials in Electronics. 2018，29：3381-3390.

[14] Yang Sen，Xu Dongwei，Chen Ping，Qiu Hongfang，Guo Xiang. Synthesis of popcorn-like α-Fe₂O₃/3D graphene sponge composites for excellent microwave absorption properties by a facile method [J] . Journal of Materials Science：Materials in Electronics，2018，29：19443-19453.

[15] Shi X L，Cao M S，Yuan J，Fang X Y. Dual nonlinear dielectric resonance and nesting microwave absorption peaks of hollow cobalt nanochains composites with negative permeability [J] . Applied Physics Letters，2009，95：163108.

[16] Shi Z C，Fan R H，Zhang Z D，Qian L，Gao M，Zhang M，Zheng L T，Zhang X H，Yin L W. Random composites of nickel networks supported by porous alumina toward double negative materials [J]. Advanced Materials，2012，24：2349-2352.

[17] Kong L，Yin X W，Ye F，et al. Electromagnetic wave absorption properties of ZnO-based materials modified with ZnAl₂O₄ nanograins [J]. The Journal of Physical Chemistry C，2013，117（5）：2135-2146.

[18] Panbo Liu，Ying Huang，Jing Yan，et al. Construction of CuS nanoflakes vertically aligned on magnetically decorated graphene and their enhanced microwave absorption properties [J]. Acs Applied Materials & Interfaces，2016，8：5536-5546.

[19] 曾强. 磁性石墨烯空心微球的设计制备及其复合材料吸波性能研究 [D]. 大连：大连理工大学，2017.

[20] Sun S L，He Q，Xiao S Y，Xu Q，Li X，Zhou L. Gradient-index meta-surfaces as a bridge linking propagating waves and surface waves [J]. Nature Materials，2012，11：426-431.

[21] Wang Z，Wu L，Zhou J，Jiang Z，Shen B. Chemoselectivity-induced multiple interfaces in MWCNT/Fe₃O₄@ZnO heterotrimers for whole X-band microwave absorption [J]. Nanoscale 2014，6：12298-12302.

[22] Feng W，Wang Y M，Chen J C，Guo L X，Ouyang J H，Jia D C，et al. Microwave absorbing property optimization of starlike ZnO/reduced graphene oxide doped by ZnO nanocrystal composites [J]. Physcial Chemistry Chemical Physics，2017，19：14596-14605.

[23] Meulenkamp E A. Synthesis and Growth of ZnO Nanoparticles [J]. The Journal of Physical Chemistry B，1998，102，29：5566-5572.

[24] Kong L，Yin X，Li Q，Ye F，Liu Y，Duo G，Yuan X and Alford N. High-temperature electromagnetic wave absorption properties of ZnO/ZrSiO₄ composite ceramics [J] . Journal of the American Ce-

ramic Society，2013，96：2211-2217.

[25] Zhuo R F，Qiao L，Feng H T，Chen J T，Yan D，Wu Z G and Yan P X. Microwave absorption properties and the isotropic antenna mechanism of ZnO nanotrees [J]. Journal of Applied Physics，2008，104：094101.

[26] Wang G S，Wu Y Y，Zhang X J，Li Y，Guo L and Cao M S. Controllable synthesis of uniform ZnO nanorods and their enhanced dielectric and absorption properties [J]. Journal of Materials Chemistry A，2014，2：8644-8651.

[27] Cao M S，Shi X L，Fang X Y，Jin H B，Hou Z L，Zhou W and Chen Y J. Microwave absorption properties and mechanism of cagelike $ZnO/SiO_2 ZnO/SiO_2$ nanocomposites [J]. Applied Physics Letters，2007，91：203110.

[28] Xu D W，Xiong X H，Chen P，Yu Q，Chu H R，Yang S，Wang Q. Superior corrosion-resistant 3D porous magnetic graphene foam-ferrite nanocomposite with tunable electromagnetic wave absorption properties [J]. Journal of Magnetism and Magnetic Materials，2019，469：428-436.

[29] Wu H J，Wang L D，Shen Z Y，Zhao J H. Catalytic oxidation of toluene and p-xylene using gold supported on Co_3O_4 catalyst prepared by colloidal precipitation method [J]. Journal of Molecular Catalysis A 2011，351：188-195.

[30] Yang Sen，Guo Xiang，Chen Ping，Xu Dongwei，Qiu Hongfang，Zhu Xiaoyu. Two-step synthesis of self-assembled 3D graphene/shuttle-shaped zinc oxide（ZnO）nanocomposites for high-performance microwave absorption [J]. Journal of Alloys and Compounds，2019，797，1310-1319.

[31] Song W L，Cao M S，Wen B，Hou Z L，Cheng J，Yuan J. Synthesis of zinc oxide particles coated multiwalled carbon nanotubes：dielectric properties，electromagnetic interference shielding and microwave absorption [J]. Materials Researcg. Bulletub. 2012，47：1747-1754.

[32] Jian X，Wu B，Wei Y，Dou S，Wang X，He W，Mahmood N. Facile synthesis of Fe_3O_4/GCs composites and their enhanced microwave absorption properties [J]. Acs Applied Materials & Interfaces，2016，8：6101-6109.

[33] Kong L，Yin X，Zhang Y，Yuan X，Li Q，Ye F，Cheng L，Zhang L. Electromagnetic wave absorption properties of reduced graphene oxide modified by maghemite colloidal nanoparticle clusters [J]. The Journal of Physical Chemistry C 2013，117：19701-19711.

[34] Baoping Zhang，ChunxiangLu，Hai Li. Improving microwave adsorption property of ZnO particle by doping graphene [J]. Materials Letters，2014，116：16-19.

第6章
磁性功能化三维石墨烯泡沫的制备及吸波性能

石墨烯泡沫（graphene foams，GF）作为一种典型 3D 多孔材料，由于其优异的导热、导电、力学性能以及轻质、高比表面积及可控的孔隙率等特性，在锂电池、传感器、吸附、催化及微波吸收等技术领域具有重要的研究应用前景。大量实验研究表明，经由化学氧化-还原法制备得到的石墨烯，自身存在缺陷及残留含氧官能团使得其电导率减小，进而提高其阻抗匹配特性，有利于吸收、衰减电磁波。其次，高比表面积及高孔隙率的特性使得石墨烯泡沫非常适合作为载体来负载功能化磁性粒子，不仅解决了纳米粒子自身易团聚、分散性差的难题，而且还可以在纳米尺度上对石墨烯结构和性能进行优化设计，进而制备出具有特定结构、组成和优异性能的多功能磁性石墨烯泡沫复合吸波材料。

本章实验，利用化学还原自组装及化学原位沉积法，一步构筑 3D 多孔石墨烯泡沫，并同步将不同磁性纳米粒子（Co/Ni/Fe$_3$O$_4$）原位沉积在石墨烯片层上，制备得负载纳米晶磁性石墨烯泡沫，最终获得兼具介电损耗及磁损耗的 3D 石墨烯基泡沫复合材料[1-4]。该磁性石墨烯复合材料具有的多孔结构有利于电磁波的多重反射和散射，提高其电磁波吸收效率。结合粉末 XRD、拉曼光谱、XPS、SEM、TEM、VSM 对其复合材料的晶相结构、化学组成、微观结构及磁性能进行测试表征，利用矢量网络分析仪以同轴法测试试样电磁参数，Matlab 软件模拟其微波吸收损耗值并详细分析吸波机理。

6.1 钴基磁性石墨烯泡沫复合材料的制备及吸波性能

大量研究表明，Co 金属材料具有良好的电磁特性，在微波吸收领域发挥着重要作用。因此，具有特殊微观形貌结构的 Co 材料陆续被制备，比如纳米片状、花状、空心球状等，这些具有特殊形貌的金属 Co 粒子虽然具备一定的吸波性能，但普遍存在填充量高、密度大且易氧化易团聚的缺点。为了解决这一难题，石墨烯无疑是构筑复合材料最完美的基底材料。石墨烯具有优异的电导及介电性能、耐腐蚀、高稳定性等优点，而金属 Co 粒子为铁磁性物质，具有一定的矫顽力和饱和磁化强度，如能实现两者的复合，复合材料可能表现出更加优异的电磁性能，不仅在材料的新颖性上取得突破，而且还可以获得质量轻、稳定性强、电磁性能优异的新型复合吸波材料。本节中，采用简单的自组装法结合化学还原原位沉积过程制备负载 Co 金属纳米粒子的磁性石墨烯泡沫复合材料，相对单一的金属 Co 材料和还原氧化石墨烯，复合材料表现出更加优异的微波吸收性能。

6.1.1　MGF@Co 复合材料的制备

采用氧化石墨烯（GO）、聚乙烯醇（PVA）、水合肼、氨水、六水氯化钴为原料，通过一步高温水热还原法制备钴基磁性石墨烯泡沫（MGF@Co）。具体操作步骤如下：将预先制备的 GO 加入适量的蒸馏水中，超声分散 2h 配制成 4.0mg/mL GO 均匀分散液。分别准确量取 20mL GO 和 5mL PVA 溶液（自制），超声搅拌，混合均匀得到 A 混合液；称量 1.0g $CoCl_2 \cdot 6H_2O$ 和 0.5g CTAB 表面活性剂超声搅拌溶解于 60mL 的蒸馏水中，得到 B 混合液；将 A 混合液和 B 混合液在室温下机械搅拌混合均匀，注射器滴加氨水调节溶液 pH＝11，再搅拌加入 10mL 水合肼，得到 C 混合液，并将其密封于体积 150mL 的水热反应釜内，180℃反应 8h，待反应釜自然降温至室温，用蒸馏水多次磁力静置置换至上清液呈中性，冷冻干燥得到氮掺杂钴基磁性石墨烯泡沫（N-MGF@Co），其制备工艺流程如图 6.1 所示。反应体系中，水溶性金属钴盐 $CoCl_2 \cdot 6H_2O$ 提供金属粒子前驱体，水为反应体系溶剂，氨水为反应体系提供碱性环境，供给氢氧根（OH^-），水合肼作为还原剂和掺杂剂与金属离子和氧化石墨烯反应构筑元素掺杂的三维磁性钴基石墨烯泡沫复合材料。

6.1.2　MGF@Co 复合材料的结构表征

图 6.2 为纯钴（Co）、钴基磁性石墨烯复合材料（MGF@Co）的 XRD 谱图。如图中所示，经过水热及化学还原后，对比于氧化石墨烯的 XRD 谱图（图

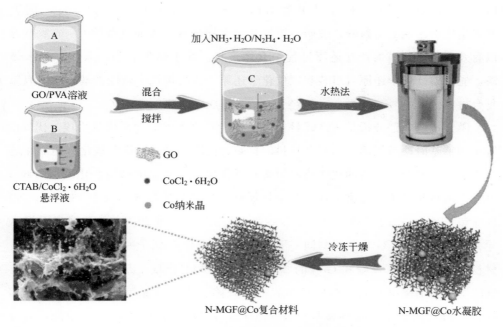

图 6.1　3D 钴基磁性石墨烯泡沫复合材料的制备工艺流程图

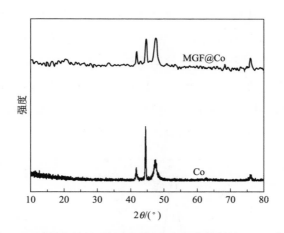

图 6.2　纯钴和钴基磁性石墨烯泡沫复合材料的 XRD 谱图

2.5)，氧化石墨烯（GO）的特征衍射峰（11.9°，层间距为 0.70nm）最终消失，GO 被还原，部分恢复 sp^2 C 原子结构形成还原氧化石墨烯（rGO），此外，GO 表面的含氧官能团（—COOH、—C=O、—OH 和—C—O—C—）大量被移除，致使石墨烯泡沫的层间距降低。XRD 谱图（细线）中，在衍射角 2θ 为 41.4°、44.3°、47.4°及 75.9°位置处出现对应于 Co 纳米晶（100）、（002）、（101）和（110）衍射晶面，通过数据查询对比，与六方紧密填充 α 相结构的 Co 纳米晶标准 XRD

PDF（JCPDS NO. 89-4308）卡片数据相一致。此外，在衍射角 $2\theta = 23.1°$ 附近并未出现石墨烯的衍射峰，表明石墨烯片层无序堆叠，表面负载的 Co 纳米晶可以有效地防止石墨烯片在还原过程中有序聚集。综上结果表明，采用一步水热法，通过 GO 化学还原自组装和原位化学还原，成功构筑了磁性钴基石墨烯泡沫复合材料。

激光拉曼光谱分析是表征碳材料微观结构变化常用的分析检测手段。图 6.3 所示为钴基磁性石墨烯泡沫复合材料的拉曼光谱图，进一步说明氧化石墨烯经过一步水热还原及水合肼的化学还原历程，碳骨架发生明显的结构变化。从图 6.3 可见，碳材料的拉曼光谱中存在两个特征峰，分别是拉曼频移位于 $1350cm^{-1}$ 的 D 峰和 $1580cm^{-1}$ 的 G 峰。其中，D 吸收峰是由石墨边缘和内部缺陷或者无规诱导共振散射产生，G 吸收峰与同一平面内属 sp^2 杂化 C 原子的对称共振有关。碳材料拉曼光谱图中 D 峰和 G 峰的峰形，峰位及相对强度（I_D/I_G）可以有效地反映出石墨烯碳材料的结构信息和表面的缺陷、掺杂情况等。相对于 GO 的 D 峰和 G 峰（图 2.4），磁性钴基石墨烯泡沫复合材料的 D 峰和 G 峰出峰位置偏向低波数，且磁性钴基石墨烯泡沫复合材料的 I_D/I_G（1.36）相对强度明显强于 GO（1.24），由此得出 GO 经过还原后内部无序度和缺陷显著增加，与图 6.2 XRD 分析结果相一致。另外，MGF@Co 复合材料 D 峰强度明显高于 G 峰强度，这与还原过程中材料的碳层层数、缺陷及碳层尺寸的变化有关。由于 I_D/I_G 相对强度比值与缺陷成正比，而与碳层尺寸成反比，MGF@Co 复合材料相对强度 I_D/I_G 远高于 GO，因此，经由化学还原后，MGF@Co 复合材料碳层尺寸变小，产生更多的小尺寸石墨化区域，同时产生更多的缺陷。

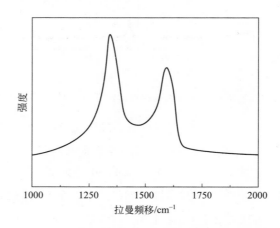

图 6.3　钴基磁性石墨烯泡沫复合材料的拉曼光谱图

　　采用 X 射线能谱（XPS）对钴基磁性石墨烯泡沫复合材料的表面化学元素组成及氧化状态进行研究分析。钴基磁性石墨烯泡沫复合材料的 XPS 全谱、C 1s 分峰谱图、Co 2p 谱图及 N 1s 谱图如图 6.4 所示。图 6.4(a) 为 N-MGF@Co 复合材料的 XPS 全谱图，谱图在 284.7eV、400.0eV、530.0eV 和 786～803.0eV 出现的尖锐峰分别对应于 C 1s、N 1s、O 1s 和 Co 2p 的特征峰，因此得知，MGF@Co 复合材料主要由 C、N、O 和 Co 四种元素组成。为了进一步确定 MGF@Co 复合材料中 C、Co 和 N 的存在形式，分别对 C、Co 和 N 进行分峰拟合分析。图 6.4(b) 为 N-MGF@Co 复合材料 C 1s 的分峰谱图，与氧化石墨烯 C 1s 谱图类似，但其含氧官能团强度明显下降；经过水热及化学还原后，与 GO 的 C/O 元素含量相比，MGF@Co 试样的 C 元素含量升高、O 元素含量下降，这是由于水合肼的化学还原和高温热还原共同作用致使 GO 大部分的含氧官能团被移除。由图 6.4(c) 所示 Co 2p 谱图可知，778.05eV 处出现由 Co^{2+} 还原得到的零价金属 Co 能谱峰，同时在位于 781.2eV 和 786.3eV 处出现 Co^{2+} 的肩峰

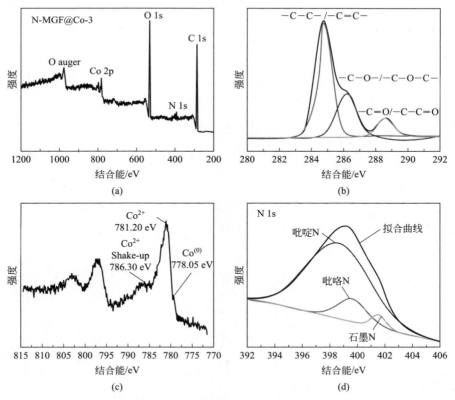

图 6.4　钴基磁性石墨烯泡沫复合材料的 XPS 全谱图（a）、C 1s 分峰谱图（b）、
Co 2p 分峰谱图（c）及 N 1s 的分峰谱图（d）

（卫星峰），结果表明在 MGF@Co 复合材料中金属 Co 和离子 Co^{2+} 共存。通常来说，氮原子掺杂石墨烯晶格中存在三种 N 原子键合构型，如吡啶 N，来源于石墨烯边缘上 sp^2 杂化 N 原子与两个 C 原子成键，并贡献一个 p 电子的 π 电子共轭体系；吡咯 N，源自 sp^3 杂化 N 原子的五元杂环，提供两个 p 电子的 π 共轭体系；石墨 N，取代石墨烯晶格中 sp^2 杂化 C 原子，并与三个相邻的 sp^2 杂化的 C 原子键合。为了进一步证实 N 原子的键合结构，MGF@Co 复合材料高分辨的 N 1s 谱图如图 6.4(d) 所示，通过 origin 软件对其进行分峰拟合。显然，N 1s 谱图可以拟合成三个峰，位于低键合能 398.5eV 处的谱峰归属于吡啶 N，处于 399.5eV 处的谱峰划归于吡咯 N，位于能量最高位置 401～402.0eV 的谱峰属于石墨 N 的特征峰。

图 6.5 为 MGF@Co 复合材料的扫描/透射电镜及 EDS 图。如图 6.5(a) 和 (b) 所示，石墨烯片存在大量褶皱和弯曲，并折叠堆积成三维多孔的泡沫网状结构。另外，纳米尺寸的 Co 金属粒子均匀地分散在石墨烯片层的内外两侧或者被石墨烯片层包裹，且纳米粒子呈现大小均一的球形，无明显的团聚，石墨烯片层无明显的空白区域。因此，扫描电镜结果表明石墨烯片可有效地防止球形金属 Co 粒子发生团聚，使其达到良好的分散效果，有利于形成多重界面效应，增强复合材料的微波吸收性能。TEM 结果进一步证实金属 Co 粒子的分布均匀性。由图 6.5(e) 可得，复合材料由大量褶皱透明的石墨烯片和超精细的金属粒子组

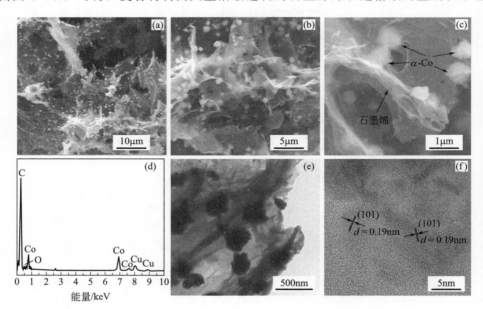

图 6.5　MGF@Co 复合材料的扫描电镜 [(a)、(b)、(c)]、EDS(d) 及透射电镜图 [(e)、(f)]

成，且 Co 金属纳米粒子均匀地分散在石墨烯片上，无明显团聚，每个粒子的直径大约为 200nm，与 XRD 结论相一致。图 6.5(f) 为单个 Co 纳米粒子的晶格图像，其晶格间距为 0.19nm，与 Co 纳米粒子的（101）晶格平面相吻合[5]。

6.1.3　MGF@Co 复合材料的耐腐蚀性能

随着环境不断恶化，材料的耐腐蚀性能逐渐成为人们关注的问题。实验采用振动样品磁强计（VSM）测试样品的磁性能，得到材料的饱和磁化强度、矫顽力及剩余磁化强度信息，根据复合材料在盐酸溶液浸泡前后磁性能的变化评估其耐腐蚀性。图 6.6 为钴基磁性石墨烯泡沫复合材料盐酸溶液浸泡前后的室温磁滞回线。表 6.1 为酸处理前后钴基磁性石墨烯泡沫复合材料的磁性能。由图 6.6 及表 6.1 可知，酸浸泡处理前后钴基磁性石墨烯泡沫复合材料的室温磁滞回线均呈突出的 S 形，无明显的剩磁，其饱和磁化强度分别为 59.4emu/g 和 54.6emu/g。另外，酸溶液处理前后的复合材料均拥有较大的矫顽力，这与复合材料含有磁性金属粒子的尺寸、形貌和磁晶各向异性有关。众所周知，材料的磁性能受其本身所含磁性粒子的形貌、大小及含量影响[6,7]。由于在复合材料中引入大量非磁性的石墨烯，使得 MGF@Co 复合材料的饱和磁化强度远远小于纯金属 Co 的饱和磁化强度，磁性能减弱。经由盐酸溶液浸泡过后，部分金属粒子被盐酸溶液溶解，使得磁性成分含量下降。经计算得知，复合材料的饱和磁化强度仅仅下降 8%，因此可以得出复合材料显示出优异的耐腐蚀性能，这一点得益于复合材料独特的三维多孔网络结构。另外，研究发现酸处理前后复合材料的水或者乙醇分散液在外磁场（磁铁）的作用下快速移向磁铁，表现出良好的软磁性。

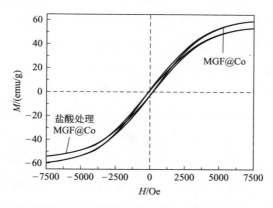

图 6.6　盐酸溶液处理前后 MGF@Co 复合材料的室温磁滞回线

表 6.1　MGF@Co 复合材料酸浸泡前后的磁性能

样品	M_s/(emu/g)	M_r/(emu/g)	H_c/Oe
MGF@Co	59.4	2.2	135.5
盐酸处理 MGF@Co	54.6	1.85	125.0

注：M_s 为饱和磁化强度；M_r 为剩余磁化强度；H_c 为矫顽力。

6.1.4　MGF@Co 复合材料的吸波性能

通常，评估吸波材料的电磁波吸收性能，需要考虑以下因素：最小反射损耗（RL_{min}）、有效吸收频宽（EAB）及吸波剂匹配厚度（d_m）。反射损耗值是衡量吸波材料吸收能力的重要考量值，反射损耗值越小，吸收强度越高；有效吸收频宽是指反射损耗在 $-10dB$ 以下，等同于 90% 的入射电磁波被吸波剂吸收损耗。依据同轴样测试法，将测试样品粉末与熔融石蜡混合均匀，压制成内径 3.04mm、外径 7.00mm 的同轴圆环，采用 Aglilent 8720ET 型矢量网络分析仪测试其电磁参数。

将测试得到的电磁参数代入基于公式（1.23）和式（1.24）编写的 Matlab 模拟程序中即可得到试样相应厚度下的反射损耗。图 6.7 所示为纯 Co、rGO 及酸溶液处理前后 MGF@Co 复合材料的三维反射损耗图。由图 6.7(a) 及表 6.2 可知，纯 Co 纳米晶的反射损耗值在吸波剂匹配厚度 1.5～5.0mm、测试频率范围 1～18GHz 内均达不到 $-10dB$，说明纯 Co 纳米晶的电磁波吸收强度弱，吸收频带窄，不能够单独作为电磁波吸收剂使用。而单独 rGO 的反射损耗优于纯 Co 纳米晶，在匹配厚度为 1.8mm、频率在 13.2GHz 处存在最强吸收峰值（$-29.6dB$），但其吸收性能仍然无法满足吸波剂"宽、薄、强"的性能要求。有趣的是，当 Co 金属纳米晶化学沉积到还原氧化石墨烯片层结构上时，复合材料的电磁波吸收性能大幅度提高，最小反射损耗在频率为 15.4GHz、匹配厚度为 1.9mm 处达到 $-65.8dB$，单一匹配厚度下的有效吸收频宽达 5.2GHz。更重要的是，通过调整吸波剂的匹配厚度在 1.5～5.0mm 范围变化，复合材料可以实现在 4.15～18.0GHz 范围内的有效频宽吸收。图 6.7(d) 为复合材料经过酸溶液浸泡后的三维反射损耗随频率及匹配厚度变化图。如图所示，酸处理后的磁性石墨烯泡沫复合材料仍显示出处优异的电磁波吸收性能，当吸波剂匹配厚度在 1.5～5.0mm 范围变化时有效吸收频宽达到 13.4GHz，最强吸收峰略微降低，在 10.3GHz、匹配厚度 3.2mm 时，最小反射损耗为 $-47.1dB$，然单一匹配厚度下的有效吸收频带略微加宽，为 5.4GHz。

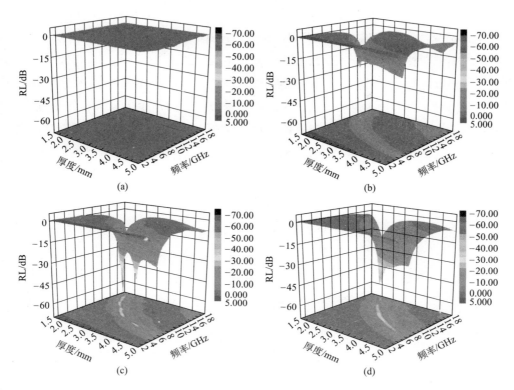

图 6.7　Co（a）、rGO（b）和 MGF@Co（c）复合材料及酸处理后
MGF@Co（d）复合材料的反射损耗三维图

表 6.2　纯 Co、rGO 和酸溶液处理前后的 MGF@Co 复合材料的电磁吸波性能

样品	d_m/mm	f_m/GHz	RL_{min}/dB	EAB/GHz
纯 Co	5.0	8.40	−2.41	0
rGO	1.8	13.2	−29.6	3.3
MGF@Co	1.9	15.4	−65.8	5.2
盐酸处理 MGF@Co	3.2	10.3	−47.1	5.4

注：d_m 为吸波剂匹配厚度；f_m 为吸波频率；RL_{min} 为最小反射损耗；EAB 为有效吸收频宽。

　　为了进一步探讨复合材料的吸波机理，纯 Co、rGO 和酸溶液处理前后 MGF@Co 复合材料的复介电常数及复磁导率随频率的变化曲线如图 6.8 所示。众所周知，复合材料的电磁波吸收性能主要依赖于材料的复介电常数（$\varepsilon_r = \varepsilon' - j\varepsilon''$）及复磁导率（$\mu_r = \mu' - j\mu''$），其中，复介电常数及复磁导率实部（$\varepsilon'$ 和 μ'）分别代表着电场能和磁场能的储存能力，虚部（ε'' 和 μ''）与材料对电场能及磁场能衰减损耗能力有关。将测试样品粉末与熔融石蜡按照质量比 27% 混合均匀，压制成内径 3.04mm、外径 7.00mm 的同轴圆环测试样，采用 Aglilent 8720ET 型矢量网络分析仪测试其复介电常数和复磁导率，并计算得到其相应的介电损耗角正切（$\tan\delta_\varepsilon = \varepsilon''/\varepsilon'$）及磁损耗角正切（$\tan\delta_\mu = \mu''/\mu'$）。对比分析得，纯 Co 的 ε' 和 ε'' 较小，在整个测试频率范围内几乎保持不变 [图 6.8(a) 和图 6.8(b)]，且明显小于 rGO 和 MGF@Co 复合材料，这主要与 rGO 及 MGF@Co 复合材料中还原氧化石墨烯本身残留的含氧官能团及金属粒子之间产生界面极化作用有关。另外，rGO 和 MGF@Co 复合材料的 ε' 和 ε'' 值明显随着频率的增大而逐渐减小直至趋于稳定；在高频区域，rGO 和酸溶液处理前后 MGF@Co 复合材料 ε'' 存在多个介电共振峰 [图 6.8(b)]，其原因可归结于多孔/异质结构材料存在多级界面引起极化作用增强（界面极化、缺陷/偶极极化、空间电荷极化）。

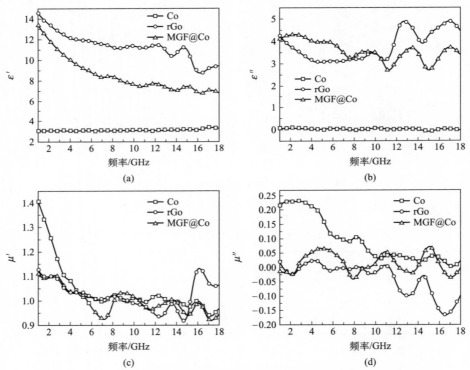

图 6.8　Co、rGO 和酸溶液处理前后 MGF@Co 复合材料的复介电常数及
复磁导率随频率变化曲线

图 6.8(c) 和 (d) 分别为 Co、rGO 和 MGF@Co 复合材料的复磁导率实部（μ'）和虚部（μ''）随频率变化的关系曲线图。纯 Co 的 μ' 和 μ'' 随频率的增大而急剧减小，在高频（8~18GHz）下降速率缓慢，且数值明显高于 rGO 和 MGF@Co 复合材料，这是由于引入大量非磁性石墨烯材料的缘故。rGO 和 MGF@Co 复合材

料的 μ' 和 μ'' 随着频率的变化显示出多重波动峰值，究其原因与材料本身存在的共振现象有关，在低频出现的共振峰与材料的自然共振相关，而高频共振峰归属于材料的交换共振。由于酸处理后，部分磁性金属被刻蚀，导致其磁导率常数略微降低。此外，在高频区域，由于在交变电磁场中，材料内部发生磁场能向电场能的转变，致使 rGO 和 MGF@Co 复合材料的 μ'' 值出现负值，这一现象与材料内部存在的电子极化松弛、界面极化弛豫有密切关系。

损耗因子（介电损耗角正切、磁损耗角正切）是表征吸波材料衰减损耗能力的重要参数，为了量化评估不同材料的损耗能力，Co、rGO 和 MGF@Co 复合材料的介电损耗角正切（$\tan\delta_\epsilon = \epsilon''/\epsilon'$）和磁损耗角正切（$\tan\delta_\mu = \mu''/\mu'$）与频率 f 的曲线关系如图 6.9（a）和图 6.9（b）所示。结果显示，相比于纯 Co 和纯 rGO [图 6.9(a)]，将钴与石墨烯进行复合之后，明显增强了材料的介电损耗能力，使得复合材料可以更有效地消耗、衰减电磁波；纯 Co 具有最强的磁损耗能力，MGF@Co 复合材料的磁损耗角正切高于纯 rGO，因此 MGF@Co 复合材料具有优于 rGO 的磁损耗能力。此外，MGF@Co 复合材料在整个频率范围内介

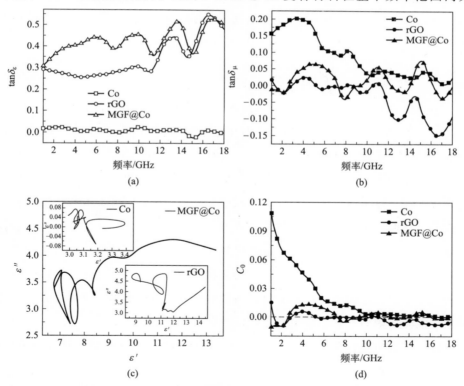

图 6.9　Co、rGO 和 MGF@Co 复合材料的介电损耗角正切（a）、磁损耗角正切（b）、
Cole-Cole 环（c）及涡流损耗（d）

电损耗角正切均大于磁损耗角正切，说明介电损耗是钴基磁性石墨烯泡沫复合材料的主要损耗机理。酸处理后，由于部分磁性金属被刻蚀，减弱了复合材料界面极化及对应的松弛，导致其介电损耗和磁损耗能力下降。

一般来说，极化和松弛过程是引起介电损耗的主要因素，根据德拜松弛理论，材料的相对介电常数可以由以下公式描述：

$$\varepsilon(\omega) = \varepsilon' - j\varepsilon''$$

$$\varepsilon(\omega) = \varepsilon_\infty + \frac{\varepsilon_s - \varepsilon_\infty}{1 - j\omega t} \tag{6.1}$$

在此，ε_s、ε_∞ 和 τ 分别为静态介电常数、相对介电常数和极化松弛时间。由以上公式，可以得出：

$$\varepsilon' = \varepsilon_\infty + \frac{\varepsilon_s - \varepsilon_\infty}{1 + (2\pi f)^2 \tau^2} \tag{6.2}$$

$$\varepsilon'' = \frac{2\pi f \tau (\varepsilon_s - \varepsilon_\infty)}{1 + (2\pi f)^2 \tau^2} \tag{6.3}$$

基于公式(6.2) 和式(6.3)，复介电常数实部（ε'）与虚部（ε''）之间的关系式是：

$$\left(\varepsilon' - \frac{\varepsilon_s + \varepsilon_\infty}{2}\right)^2 + (\varepsilon'')^2 = \left(\frac{\varepsilon_s - \varepsilon_\infty}{2}\right)^2 \tag{6.4}$$

因此，对复介电常数的实部与虚部作图会成一个半圆，称作 Cole-Cole 半圆，每一个 Cole-Cole 半圆代表一次极化松弛过程。图 6.9(c) 所示为 Co、rGO 和 MGF@Co 复合材料的 Cole-Cole 环，由图可知 MGF@Co 复合材料存在多个半圆环，也就预示 MGF@Co 复合材料存在多个松弛过程，有利于材料提高其微波吸收性能。更重要的是，MGF@Co 复合材料的 Cole-Cole 环不是规整的，有些变形、扭曲，说明在复合材料中还存在其他的损耗机制，如 Maxwell-Wagner 松弛、电子极化、界面极化、偶极极化等。

还原氧化石墨烯相比于氧化石墨烯来说，电导率升高。根据自由电子理论，高的电导率（低电阻率）可以有效提高相对介电常数的虚部，进而增强对电磁波的损耗能力，因而电导损耗也在介电损耗中发挥重要作用。

磁性吸波剂还存在另一种损耗机制，即磁损耗，主要由磁性材料的滞后损耗、多畴壁共振、涡流效应、自然共振和交换共振引起。其中滞后损耗在弱磁场中可以忽略不计，同样由于多畴壁共振通常发生在低频（<2GHz）亦可忽略。依据趋肤效应，涡流损耗表达式如式(6.5) 所描述[8]：

$$C_0 = \mu''(\mu')^{-2} f^{-1} = 2\pi\mu_0 \sigma d^2/3 \tag{6.5}$$

μ_0、σ、d 分别是真空磁导率、电导率和吸波剂厚度。由式(6.5)可知，若磁损耗仅仅与涡流损耗有关，则 C_0 应保持常数，不随频率的变化而变化。图6.9(d)为 Co、rGO 和 MGF@Co 复合材料的涡流损耗随频率变化的曲线图。由图可知，Co、rGO 和 MGF@Co 复合材料三者的涡流损耗因子 C_0 在 1～10GHz 急剧下降，而在 10～18GHz 内近乎保持恒定（几乎为 0），说明在高频区涡流损耗发挥作用。其中，自然共振可由以下公式表达[9]：

$$2\pi fr = rH_\alpha \tag{6.6}$$

$$H_\alpha = 4|K_1|/3H\mu_0 M_s \tag{6.7}$$

式中，r 为旋磁比；H_α 为各向异性场能量；$|K_1|$ 为各向异性常数；M_s 为饱和磁化强度。分析可知，位于低频区的共振频率属于自然共振，理论计算得到的共振频率小于实际实验得到的共振频率，主要是由于磁性纳米晶形状各向异性所致。此外，根据 Aharoni 理论得知处于高频的共振频率归于交换共振。因此综合分析可得，MGF@Co 复合材料的磁损耗机制主要包括涡流损耗、自然共振（低频）和交换共振（高频）。

此外，电磁波反射通常包括表面反射和多重反射，其中，多重反射通常是由于材料内部不均匀性的散射效应引起。众所周知，通过调整和设计成具有多孔、空心、核壳、多层、分层等结构可以实现多重反射，进而有效延长电磁波传播路径，提高材料的微波吸收性能[8,10]。

电磁波在传播过程中入射到任何介质时，在介质材料的入射面均会发生反射和透射现象。电磁波在材料介质内部传播并发生相互作用，转化能量的过程即为电磁波损耗。因此，吸波材料要实现优异吸波性能取决于两个基本条件：其一是阻抗匹配条件，即减少电磁波在介质表面的反射，最大限度地入射到介质材料的内部（前提），这就要求原传播介质的波阻抗与吸收材料的波阻抗相匹配，使得电磁波最大效率地射入介质内部；其二是衰减特性，即入射到介质内部的电磁波能够快速有效地进行衰减、吸收、损耗，减少二次反射。

根据公式(1.21)和式(1.22)可以分别计算纯 Co、rGO 和 MGF@Co 复合材料的阻抗匹配系数（Z）和吸收系数（α），如图 6.10 所示。可以明显地看出纯 Co 和 MGF@Co 复合材料比 rGO 拥有更大的匹配系数 [图 6.10(b)]。因为石墨烯的介电常数大，电导率高，易使得电磁波在其表面反射，导致其匹配性能差，另外在 1～8GHz 范围内，纯 Co 的匹配系数呈现下降趋势，8～18GHz 存在轻微波动大致保持不变，而 MGF@Co 复合材料的匹配系数在测试范围内保持上

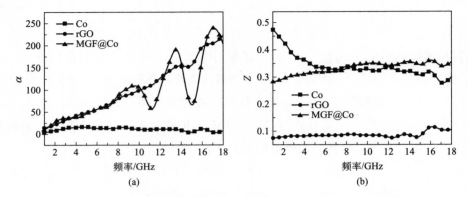

图 6.10 Co、rGO 和 MGF@Co 复合材料的吸收系数 (a) 和阻抗匹配系数 (b)

升趋势，并逐渐高于纯 Co。由图 6.10(a) 可知，纯金属粒子 Co 的吸收系数最小，而 rGO 和 MGF@Co 复合材料的吸收系数远远大于纯金属 Co，说明其衰减能力较强。综合以上分析，纯 Co 的匹配特性较好，但其衰减能力最差，rGO 拥有较好的衰减能力，但其匹配特性最差，致使两者均不能显示优异的电磁波吸收性能，相比而言，MGF@Co 复合材料拥有较优异的匹配特性和衰减特性，因此使其具有较优异的电磁波吸收性能，相比纯 Co 和单一 rGO，MGF@Co 复合材料的吸收强度高，有效吸收频带宽。

6.1.5 Co 含量对 MGF@Co 复合材料吸波性能的影响

为了进一步探究金属粒子钴含量对复合材料吸波性能的影响，控制合成过程中钴离子的添加量（1.0g、1.5g 和 2.0g），分别制备了三种不同钴金属含量的磁性石墨烯泡沫复合材料（$S_{1.0}$、$S_{1.5}$ 和 $S_{2.0}$），图 6.11 为三种磁性泡沫复合材料反射损耗值在不同匹配厚度下随频率变化的曲线图。

由图 6.11 可知，钴金属粒子含量对复合材料的吸波性能存在一定影响，随着金属含量的升高，最小反射损耗值会在更高的匹配厚度下实现，且向低频位置移动；另外随着吸波剂匹配厚度的增大，三种复合材料的反射损耗峰值均向低频区移动，这种趋势可以采用四分之一（$\lambda/4$）波长匹配模型解释，具体公式如式（6.8）所示[11]：

$$t_m = \frac{nc}{4f_m(|\mu_r||\varepsilon_r|)^{1/2}} \quad (n=1,2,3,\cdots) \tag{6.8}$$

式中，t_m 为吸波剂匹配厚度；f_m 为最小反射损耗的峰位频率；$|\mu_r|$ 和 $|\varepsilon_r|$ 分别为吸波材料在 f_m 时的相对磁导率、相对介电常数的模量。随着磁性石墨烯泡沫复合材料中金属粒子钴含量增加，致使复合材料中石墨烯的相对含量降低，

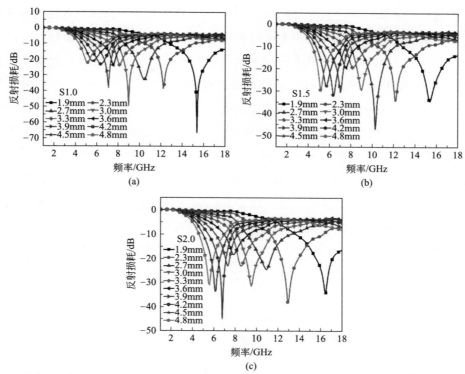

图 6.11 试样 $S_{1.0}$（a）、$S_{1.5}$（b）和 $S_{2.0}$（c）在不同匹配厚度下的反射损耗曲线图

从而导致磁性石墨烯泡沫复合材料的介电常数明显减小，磁导率增大，而两者的乘积（$\mu_r \times \varepsilon_r$）呈现下降趋势，依据四分之一（$\lambda/4$）波长匹配模型可知，复合材料的谐振频率增大，因此在同一匹配厚度下复合材料的反射损耗峰值向高频移动，即低金属粒子含量的样品可以在较薄的匹配厚度下达到最大反射损耗。另外，MGF@Co 复合材料过程中部分还原，结构中残余的含氧官能团及悬挂键等缺陷在外电磁场的作用下，可作为极化中心诱导极化，增强复合材料的微波吸收性能；且随着金属 Co 含量的增加，增强了 MGF@Co 复合材料的多重界面效应，增强界面极化及相应的协同作用效应，促进吸波性能提高。但是，进一步增加金属 Co 含量，由于其自身良好的电导性，导致 MGF@Co 复合材料匹配特性下降，影响复合材料的微波吸收性能。

6.2 镍基磁性石墨烯泡沫复合材料的制备及吸波性能

上节中制备的钴基磁性石墨烯泡沫复合材料，与其他常规的具有不同形貌的

Co 金属粒子和具有其他三维结构的 Co 基吸波材料相比较，微波吸收性能明显提高。Co 金属粒子与还原氧化石墨烯的共存有利于引入大量的界面极化弛豫，与单一 Co 金属材料和还原氧化石墨烯相比较，三维组装体复合材料内部丰富的孔隙结构使其阻抗匹配特性和吸波性能得以优化提高。但是，不足的是构筑的 MGF@Co 复合材料的有效吸收频率范围为 12.6~18.0GHz，属于高频带微波吸收材料。随着吸波隐身技术的不断发展和提升，开展低频带吸波材料的研究则显得颇为重要。金属 Ni 粒子具有较高的磁导率、饱和磁化强度和高 Snoek 极限，可以在高频区域保持高磁导率以获得良好的阻抗匹配，因而具有极好的微波吸收潜力[12]。因此，通过合适的技术手段将其与其他损耗型材料复合，制备兼具多种损耗机制的复合吸波材料，可以获得微波吸收性能进一步提高的复合材料。上节中的实验方法具有普适性，完全可以拓展至制备含有金属 Ni 粒子的磁性石墨烯泡沫三维组装体复合材料，有望满足吸波材料的质轻、高强、低频区的吸收性能要求。

6.2.1 MGF@Ni 复合材料的制备

以氧化石墨烯（GO）、聚乙烯醇（PVA）、水合肼、氨水、六水氯化镍为原料，通过一步高温水热还原法制备镍基磁性石墨烯泡沫（MGF@Ni）。具体操作步骤如下：将预先制备的 GO 加入适量的蒸馏水中，超声分散 2h 配制成 4.0mg/mL GO 均匀分散液。分别准确量取 20mL GO 和 5mL PVA 溶液（自制），超声搅拌，混合均匀得到 A 混合液；称量 2.26g NiCl$_2$·6H$_2$O 和 0.5g CTAB 表面活性剂超声搅拌溶解于 60mL 的蒸馏水中，得到 B 混合液；将 A 混合液和 B 混合液在室温下机械搅拌混合均匀，注射器滴加 10mL 水合肼，得到 C 混合液，并将其密封于体积为 150mL 的水热反应釜内，180℃反应 8h，待反应釜自然降温至室温，用蒸馏水多次磁力静置置换至上清液呈中性，冷冻干燥得到镍基磁性石墨烯泡沫（MGF@Ni），其制备工艺流程如图 6.12 所示。反应体系中，水溶性金属盐 NiCl$_2$·6H$_2$O 提供金属粒子前驱体，水为反应体系溶剂，水合肼为反应体系提供碱性环境，供给氢氧根（OH$^-$），同时作为还原剂和掺杂剂与金属离子和氧化石墨烯反应构筑元素掺杂的镍基三维磁性石墨烯泡沫复合材料。

6.2.2 MGF@Ni 复合材料的结构表征

图 6.13 为纯镍（Ni）、镍基磁性石墨烯复合材料（MGF@Ni）的 XRD 谱

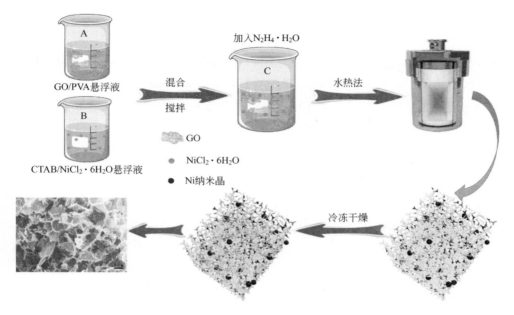

图 6.12　3D 镍基磁性石墨烯泡沫复合材料的制备工艺流程图

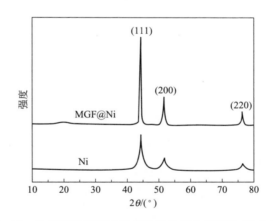

图 6.13　纯镍和镍基磁性石墨烯泡沫复合材料的 XRD 谱图

图。由图可知，经由水热和化学还原之后，相比于 GO 的 XRD 谱图，GO 被还原，其特征衍射峰（11.9°）消失，部分恢复 sp² 杂化 C 原子结构并形成还原氧化石墨烯（rGO），此外，GO 表面的含氧官能团—COOH、—C=O、—OH 及—C—O—C—被大量移除，致使 GO 的层间距（d）降低。XRD 谱图中，在衍射角 2θ 为 44.5°、51.8° 及 76.4° 位置处出现分别对应于金属 Ni 纳米晶（111）、（200）和（220）衍射晶面，与 Ni 金属相标准 XRD PDF（JCPDS NO.04-0850）卡片数据相一致。另外，相比于纯金属 Ni 的 XRD 衍射峰，MGF@Ni 复合材料的 XRD

衍射峰更加尖锐。在衍射角 $2\theta=23.1°$ 附近并未出现石墨烯的衍射峰，表明石墨烯片层结构无序堆叠，侧面说明 Ni 纳米晶可以有效地防止石墨烯片在还原过程中有序聚集。综上所述，采用一步水热法，通过 GO 化学还原自组装和原位化学还原成功构筑了磁性镍基石墨烯泡沫复合材料（MGF@Ni）。

采用激光拉曼光谱进一步分析并表征其复合材料碳元素微观结构变化。图 6.14 所示为原材料石墨、GO 及 MGF@Ni 复合材料的拉曼光谱图，进一步说明 GO 历经水热还原及水合肼的化学还原的历程，碳骨架结构明显发生变化。如图所示，复合材料的拉曼光谱中同样存在 $1350cm^{-1}$（D 峰）和 $1580cm^{-1}$（G 峰）两个特征峰。相对于 GO 的 D 峰和 G 峰，MGF@Ni 复合材料的 D 峰和 G 峰出峰位置偏向低波数，且 MGF@Ni 复合材料的 I_D/I_G（1.26）相对强度略强于 GO（1.24），由此得出 GO 经过还原后内部无序度和缺陷显著增加。MGF@Ni 复合材料的缺陷及无序度增加，作为极化中心易诱导产生极化、弛豫等现象，有利于增强复合材料的微波吸收性能[13]。

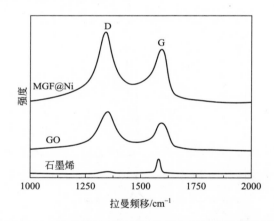

图 6.14　镍基磁性石墨烯泡沫复合材料的拉曼谱图

采用 XPS 对 MGF@Ni 复合材料的表面化学元素组成及元素氧化状态进行分析。GO 和 MGF@Ni 复合材料的 XPS 全谱、C 1s 分峰谱图、Ni 2p 谱图及 N 1s 谱图如图 6.15 所示。相比于 GO，MGF@Ni 复合材料在含有 C、O 元素的同时还存在 Ni 和 N 元素，且含量较低。在 MGF@Ni 复合材料的 XPS 全谱图，在 284.7eV、400.0eV、530.0eV 和 855～885.0eV 出现的尖锐峰分别对应于 C 1s、N 1s、O 1s 和 Ni 2p 的特征峰。

为了进一步确定 MGF@Ni 复合材料中 Ni、C 和 N 的存在形式，分别对其进行分峰拟合分析。由图 6.15(b) Ni 2p 谱图所示，856.0 和 875.0eV 处出现由

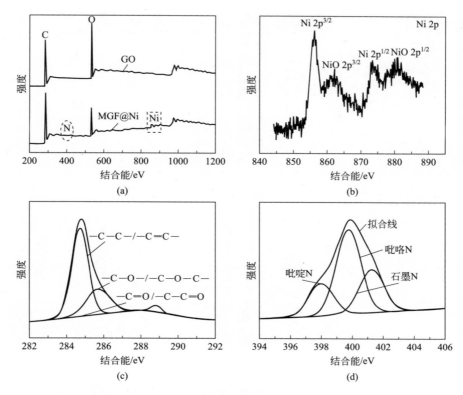

图 6.15　镍基磁性石墨烯泡沫复合材料的 XPS 全谱图（a）、Ni 2p 分峰谱图（b）、
C 1s 分峰谱图（c）及 N 1s 的分峰谱图（d）

Ni²⁺ 还原得到的零价金属 Ni 能谱峰，同时在位于 862.0eV 和 883.0eV 附近处出现 Ni²⁺ 的肩峰（卫星峰），结果表明在 MGF@Ni 复合材料中金属 Ni 和离子 Ni²⁺ 共存。图 6.15(c) 为 MGF@Ni 复合材料 C 1s 的分峰谱图，与氧化石墨烯 C 1s 谱图类似，但其含氧官能团强度明显降低；相比于 GO，经过水热及化学还原之后，MGF@Ni 复合材料的 C 元素含量升高、O 元素含量下降，C/O 元素比升高，XRD 及 XPS 分析结果一致表明水合肼的化学还原和高温热还原共同作用致使 GO 大部分的含氧官能团被移除。N 元素分峰拟合结果证实在 MGF@Ni 复合材料中存在三种 N 原子键合结构：低结合能 398.5eV 处的谱峰归属于吡啶 N，中结合能 399.5eV 处的谱峰划归于吡咯 N，高结合能 401~402.0eV 处的谱峰属于石墨 N 的特征峰。大量文献研究表明，N 元素的有效掺杂可以提高复合材料的介电损耗，改善阻抗匹配，进而增强复合材料的微波吸收性能[14]。

　　图 6.16 为 MGF@Ni 复合材料酸溶液处理前 [(a)、(b)] 及处理后 [(c)、

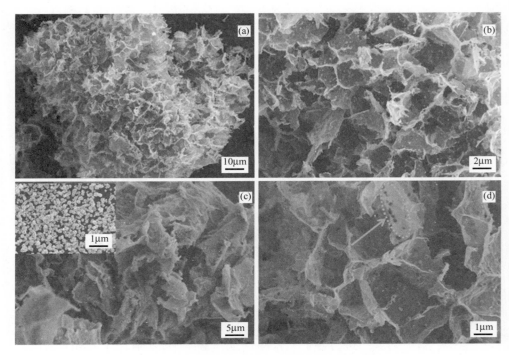

图 6.16　MGF@Ni 复合材料酸处理前后的扫描电镜

（d）］的扫描电镜图。从 SEM 图中可以清楚地看出石墨烯片大量褶皱和弯曲，并折叠堆积成三维多孔的泡沫网状结构，内部含有大小不均等但彼此交联的孔洞，这一点说明复合材料具有多孔疏松、密度小的特点。放大的 SEM 图［图 6.16（b）］中，石墨烯片层结构表面负载或者包裹着大量的金属 Ni 纳米颗粒，且分布较为均匀，无明显的团聚和空白无负载区域。结果证实，石墨烯片层可以有效地防止金属 Ni 纳米粒子团聚，达到良好的分散效果，有利于其复合材料形成多重界面效应，增强材料的微波吸收性能。图 6.16（c）左上角插入的图片为纯金属 Ni 粒子的 SEM 图，由图可知金属粒子存在团聚，分散性差。复合材料经过酸溶液浸泡后，部分金属粒子被腐蚀，石墨烯片层表面出现孔洞，如图 6.16（d）箭头所指出（金属粒子负载的位置），结果与磁性能 VSM 分析相一致，同时也证实磁性纳米粒子被锚定在石墨烯片层中，有利于抑制金属粒子的腐蚀。

　　TEM 结果进一步证实金属 Ni 纳米粒子的粒径及分布均匀性。由典型的 TEM 图（图 6.17）可得，复合材料由大量褶皱透明的石墨烯片和超精细的金属粒子组成，大量球形金属 Ni 纳米粒子均匀地负载于石墨烯片上，无明显团聚，每个粒子的直径大约为 200～250nm。这也证实石墨烯片可有效解决纳米粒子自身分散性差、易团聚的难题。图 6.17(c) 为单个 Ni 纳米粒子的晶格图像，其晶格间距为 0.20nm，与金属 Ni 纳米粒子（111）晶格平面相吻合。

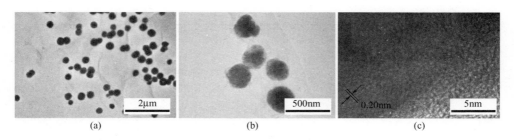

图 6.17　MGF@Ni 复合材料的透射电镜图

6.2.3　MGF@Ni 复合材料的耐腐蚀性能

为了考查 MGF@Ni 复合材料的耐腐蚀性能，对复合材料进行酸溶液浸泡若干天处理并对其磁性能进行 VSM 测试表征。图 6.18 是 MGF@Ni 复合材料放置于酸溶液的初始状态。由图可知，将其放置于外磁场（磁铁）中，复合材料迅速移向外磁场方向，且另一侧呈现无色透明液体，经由酸溶液处理若干天后，再次将其放置于磁铁旁，复合材料依旧快速移向磁场，但其溶液变成浅蓝色，说明有部分金属 Ni 与酸溶液反应产生 Ni^{2+}，为了进一步量化复合材料的磁性能变化，对酸溶液处理前后的复合材料进行室温条件下的 VSM 测试，具体数据参数列入表 6.3。

(a) 0天　　　　　　　(b) 5天

图 6.18　MGF@Ni 复合材料在酸溶液中处理不同时间的光学照片

表 6.3　MGF@Ni 复合材料酸浸泡前后的磁性能

样品	M_s/(emu/g)	M_r/(emu/g)	H_c/Oe
Ni	51.8	6.5	53
MGF@Ni	25.1	2.5	85.9
盐酸处理 MGF@Ni(5d)	17.8	1.9	115

注：M_s 为饱和磁化强度；M_r 为剩余磁化强度；H_c 为矫顽力。

纯金属 Ni 粒子、酸溶液处理前后的 MGF@Ni 复合材料均表现出典型的铁磁性能，呈现 S 形曲线，如图 6.19 所示。此外，由于复合材料中引入大量非磁性的石墨烯片层，导致其饱和磁化强度（M_s）明显小于纯金属 Ni，经由酸溶液浸泡过后，复合材料的 M_s 进一步降低，这是由于部分金属粒子被酸溶液溶解，致使复合材料中金属粒子含量下降，导致 M_s 再次减小，此结果与图 6.18（b）相一致。通过纯金属及复合材料 M_s 的大小推算复合材料中金属粒子含量大约为 48.5％。此外，纯金属 Ni 和 MGF@Ni 复合材料的矫顽力分别为 53.0Oe、85.9Oe，金属 Ni 的矫顽力明显小于 MGF@Ni 复合材料，减小的矫顽力可能是由于金属粒子的尺寸效应引起，当金属粒子的尺寸超过临界值时，将会产生更小的矫顽力。

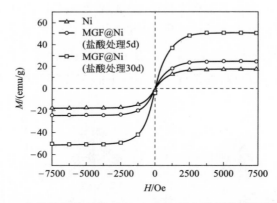

图 6.19　盐酸溶液处理前后 MGF@Ni 复合材料的室温磁滞回线

6.2.4　MGF@Ni 复合材料的吸波性能

依据同轴样测试法，将测试样品粉末与熔融石蜡按照质量比 23％混合均匀，压制成内径 3.04mm、外径 7.00mm 的同轴圆环，采用 Aglilent 8720ET 型矢量网络分析仪测试其电磁参数。测试得到样品的电磁参数，代入基于公式(1.23)和式(1.24) 编写的 Matlab 模拟程序中即可得到试样相应厚度下的反射损耗。图

6.20 所示为纯 Ni、rGO 及 MGF@Ni 复合材料酸溶液处理前后的三维反射损耗图。

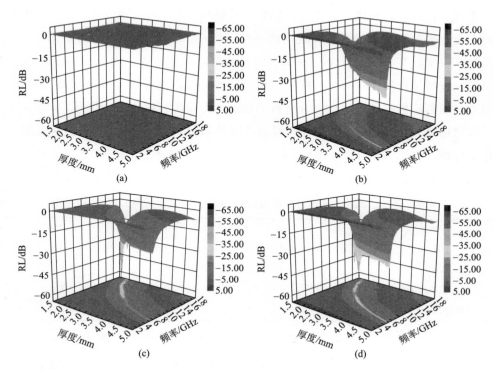

图 6.20　Ni（a）、rGO（b）和 MGF@Ni（c）复合材料及酸处理后 MGF@Ni（d）
复合材料的反射损耗三维图

由图 6.20(a) 及表 6.4 可知，纯 Ni 纳米晶的反射损耗值在吸波剂匹配厚度 1.5～5.0mm、测试频率范围 1～18GHz 内均达不到－10dB，说明纯 Ni 纳米晶的电磁波吸收强度弱，吸收频带窄，不能够单独作为电磁波吸收剂使用。而单独 rGO 的反射损耗值优于纯 Ni 纳米晶，在匹配厚度为 4.90mm、频率在 4.23GHz 处存在最强吸收峰值（－31.5dB），但－10dB 以下的有效吸收频带仅仅为 1.1GHz，其吸收性能仍然无法满足吸波剂"宽、薄、强"的性能要求。值得注意的是，当金属 Ni 纳米晶化学沉积到还原氧化石墨烯片层结构上时，复合材料的电磁波吸收性能大幅度提高，最小反射损耗在频率 13.9GHz，匹配厚度 2.3mm 处达到－58.7dB。此吸波剂匹配厚度下－10dB 以下的有效吸收频宽达到 5.8GHz，比 MGF@Co 复合材料具有更宽的有效吸收频带，且填充量较小，因此具有更优异的微波吸收性能。所以，介电材料和磁性材料的完美匹配，以及适当的吸波剂匹配厚度有利于材料提高微波吸收性能。另外，将所得到的样品与相关文献报道的镍基和石墨烯基复合材料的微波吸收性能比较可知，构筑的三维多孔 MGF@Ni 复合材料的微波吸收性能优于此前其他报道的大多数 Ni 纳米晶体/石墨烯复合材料，在较低填充量、较薄的匹配厚度下即可实现宽频、高强微波吸收。更重要的是，通过调整吸波剂的匹配厚度在 1.5～5.0mm 范围变化，复合材料可以实现在 4.38～18.0GHz 宽范围内的有效频宽吸收。图 6.20(d) 为复合材料经过酸溶液浸泡过后的三维反射损耗随频率及匹配厚度变化图，如图所示，酸处理后的磁性石墨烯泡沫复合材料仍显示出优异的电磁波吸收性能，在吸波剂匹配厚度在 1.5～5.0mm 范围变化时有效吸收频宽达到 13.74GHz，最强吸收峰略微降低，在 13.8GHz、匹配厚度 2.1mm，最小反射损耗为 −45.4dB，此厚度下的有效吸收频带变窄，为 5.2GHz。

表 6.4 纯 Ni、rGO 和酸溶液处理前后的 MGF@Ni 复合材料的电磁吸波性能

样品	d_m/mm	f_m/GHz	RL_{min}/dB	EAB/GHz
纯 Ni	4.8	8.48	−2.17	0
rGO	4.9	4.23	−31.5	1.1
MGF@Ni	2.3	13.9	−58.7	5.8
盐酸处理 MGF@Ni	2.1	13.8	−45.4	5.2

注：d_m 为吸波剂匹配厚度；f_m 为吸波频率；RL_{min} 为最小反射损耗；EAB 为有效吸收频宽。

为了进一步探讨吸波机理，纯 Ni、rGO 和酸处理前后 MGF@Ni 复合材料的复介电常数及复磁导率随频率的变化如图 6.21 所示。对比分析得，不同样品的 ε' 和 ε'' 表现出明显的频率依赖性。其中，rGO 和酸处理前后 MGF@Ni 复合材料的 ε' 随频率的增大而逐渐减小，最终趋于不变，而 ε'' 表现出不同的变化规律，rGO 的 ε'' 随 f 增大而不断增大，MGF@Ni 复合材料的 ε'' 随 f 的增大而逐渐减小，且在高频区（8～18GHz），两者的 ε'' 出现多重波动峰，其原因可归结于多孔/异质结构材料存在多级界面引起极化作用增强（界面极化、缺陷/偶极极化、空间电荷极化）；纯金属 Ni 纳米晶的 ε' 和 ε'' 在 1～18GHz 近乎保持稳定，相对比较小，且明显小于 rGO 和 MGF@Ni 复合材料 [图 6.21(a) 和图 6.21(b)]，这主要与 rGO 及 MGF@Ni 复合材料中还原氧化石墨烯本身残留的含氧官能团及金属粒子之间产生界面极化作用有关。

图 6.21(c) 和图 6.21(d) 分别为 Ni、rGO 和酸处理前后 MGF@Ni 复合材料的复磁导率实部（μ'）和虚部（μ''）随频率变化的关系图。纯 Ni 的 μ' 随频率的增大而减小，在高频（10～18GHz）下降速率缓慢，且数值高于 rGO 和 MGF@Ni 复合材料，这是引入大量非磁性石墨烯材料的缘故，其 μ'' 随频率的升高出

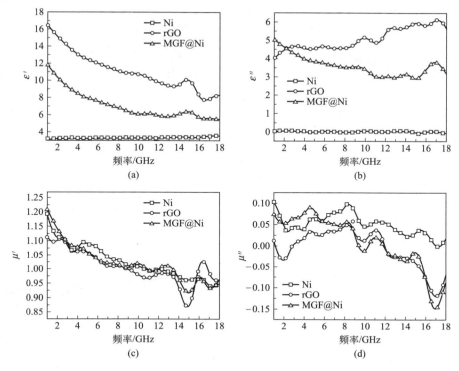

图 6.21　Ni、rGO 和 MGF@Ni 复合材料的复介电常数及复磁导率

现多重波动峰，这与材料本身存在的共振现象有关。rGO 和 MGF@Ni 复合材料的 μ' 和 μ'' 随着频率的变化显示出多重波动峰值，究其原因与材料本身存在的共振现象有关，在低频出现的共振峰与材料的自然共振相关，而高频共振峰归属于材料的交换共振。此外，在高频区域，由于在交变电磁场中，材料内部发生电荷移动，磁场能向电场能转变，致使 rGO 和 MGF@Ni 复合材料的 μ'' 值出现负值，这一现象与材料内部存在的电子极化松弛、界面极化弛豫有密切关系。

　　Ni、rGO 和 MGF@Ni 复合材料的介电损耗角正切（$\tan\delta_\varepsilon=\varepsilon''/\varepsilon'$）和磁损耗角正切（$\tan\delta_\mu=\mu''/\mu'$）与频率 f 的曲线关系如图 6.22(a) 和图 6.22(b) 所示。结果显示，相比于纯 Ni 和纯 rGO，将 Ni 与石墨烯进行有效复合后，MGF@Ni 复合材料的介电损耗能力明显提高，更有效地消耗、衰减电磁波；纯金属 Ni 磁损耗能力最强，MGF@Ni 复合材料的磁损耗角正切略低于 Ni 而高于 rGO，因此 MGF@Ni 复合材料具有优于 rGO 的磁损耗能力。高损耗角正切意味着较优异的损耗能力，在整个测试频率范围内 MGF@Ni 复合材料 $\tan\delta_\varepsilon$ 均大于 $\tan\delta_\mu$，说明介电损耗是复合材料的主要损耗机理。图 6.22(c) 所示为 Ni、rGO 和 MGF@Ni 复

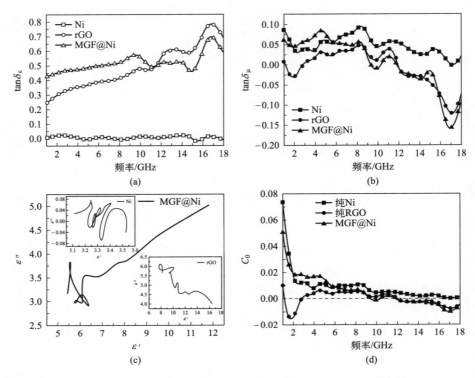

图 6.22　Ni、rGO 和 MGF@Ni 复合材料的介电损耗角正切（a）、磁损耗角正切（b）、
Cole-Cole 环（c）及涡流损耗（d）

合材料的 Cole-Cole 环。由图可知 MGF@Ni 复合材料存在多个 Cole-Cole 半圆
环，说明在复合材料中发生多重介电松弛过程。由文献参考可知，在异质结构
中，介电松弛多来源于界面极化和偶极极化，其中，前者是由于复合材料中存在
大量界面（包括粒子与粒子、粒子与石墨烯），而后者常常由复合材料中存在的
缺陷偶极诱导引起，两者均有利于提高复合材料的微波吸收性能。更重要的是，
MGF@Ni 复合材料的 Cole-Cole 环并不是严格规整的，发生变形、扭曲，说明
复合材料中除了德拜松弛之外还存在其他类型的损耗机制，如电子极化和 Max-
well-Wagner 松弛等。此外，前人研究结果表明经水热及化学双重还原作用可有
效提高石墨烯材料的电导性。因此，相比于氧化石墨烯，本实验所构筑的具有三
维多孔结构的复合材料导电性良好，而材料的导电性对吸收和反射具有很大的影
响，从而电导损耗对提高复合材料吸收性能也扮演着重要角色，且这种特殊的三
维多孔结构可以促使电磁波在其内部发生多重反射及散射，增强对电磁波损耗能
力。另外，图 6.22(b) 所示的 Cole-Cole 环在低频区域拖着长长的尾巴，无明显

的半圆环也是由于较高的电导损耗从而掩盖了极化和松弛信号。

磁损耗是另一种重要的损耗机理，对复合材料的微波吸收性能具有重要影响。其中，滞后损耗在弱磁场中可以忽略不计，同样由于多畴壁共振通常发生在低频（<2GHz），亦可忽略。图 6.22(d) 为 Ni、rGO 和 MGF@Ni 复合材料的涡流损耗随频率变化的曲线图。由公式(6.5)可知，若磁损耗仅仅与涡流损耗有关，则 C_0 应保持常数，不随频率的变化而变化。Ni、rGO 和 MGF@Ni 复合材料三者的涡流损耗的涡流损耗因子 C_0 在 1～10GHz 急剧下降，在 10～18GHz 存在微弱波动（近乎为常数），说明涡流损耗对于材料的微波吸收性能发挥作用。另外，自然共振主要处在低频区，理论计算得到的共振频率小于实际实验得到的共振频率，主要是磁性纳米晶形状各向异性所致。此外，根据 Aharoni 理论得知处于高频的共振频率归于交换共振。因此，MGF@Ni 复合材料的磁损耗机制主要包括涡流损耗、自然共振和交换共振。另外，由于酸溶液的刻蚀处理，复合材料中部分磁性金属被刻蚀，磁导率常数略微降低，且复合材料界面极化及对应的松弛减弱，介电损耗和磁损耗能力下降。

图 6.23 为 Ni、rGO 和 MGF@Ni 复合材料的阻抗匹配系数（Z）和吸收系数（α）随频率的变化曲线图。可以明显地看出纯金属粒子 Ni 和 MGF@Ni 复合材料比 rGO 拥有更大的匹配系数 [图 6.23(a)]，但由于 rGO 的介电常数较大、电导率高、匹配性能差，导致电磁波在其表面产生更多的反射，微波吸收性能欠佳。在 1～8GHz 范围内，纯 Ni 的 Z 随频率呈现下降趋势，而 MGF@Ni 复合材料的 Z 在 1～18GHz 测试范围保持上升趋势。由图 6.23(b) 可知，纯 Ni 的 α 最小，而 rGO 和 MGF@Ni 复合材料的衰减系数远远大于纯金属 Ni，说明其具有较强的微波衰减能力。基于以上综合分析，虽然纯金属 Ni 的匹配特性较好，但

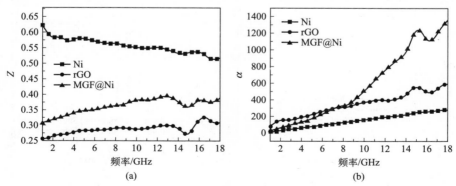

图 6.23　Ni、rGO 和 MGF@Ni 复合材料的阻抗匹配系数（a）和吸收系数（b）

因其衰减能力最差，致使纯金属无法显示优异的电磁波吸收性能，不能单独作为微波吸收剂使用；rGO 拥有较好的衰减能力，但其匹配特性最差，亦不能显示优异的电磁波吸收性能，相比而言，MGF@Ni 复合材料拥有较优异的匹配特性和衰减特性，因此使其具有较优异的电磁波吸收性能，吸收强度显著增强，有效吸收频带明显变宽。

6.2.5 Ni 含量对 MGF@Ni 复合材料吸波性能的影响

为了进一步探究金属粒子含量对复合材料吸波性能的影响，控制合成过程中镍离子的添加量（0.008mol、0.009mol、0.0095mol 和 0.01mol），分别制备了四种不同 Ni 含量的磁性石墨烯泡沫复合材料（分别标记为 S_1、S_2、S_3 和 S_4），图 6.24 为四种不同含量的 MGF@Ni 复合材料反射损耗值在不同匹配厚度下随频率变化的曲线图。由图可知，Ni 含量对复合材料的吸波性能存在一定影响，随着金属含量的升高，最小反射损耗会在更高的匹配厚度下实现，且向高频位置移动；另外随着吸波剂匹配厚度的增大，复合材料的反射损耗峰值均向低频区移动，这种趋势可以采用四分之一波长（$\lambda/4$）匹配模型解释。随着复合材料中金

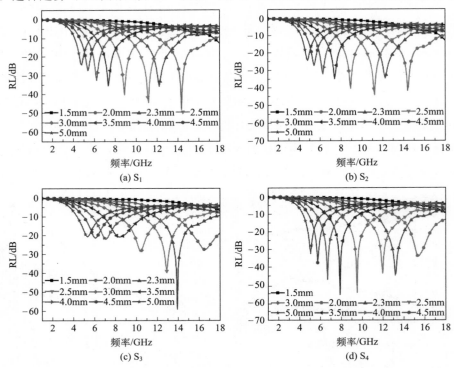

图 6.24　试样 S_1、S_2、S_3 和 S_4 在不同匹配厚度下的反射损耗曲线图

属粒子含量增加，致使复合材料中石墨烯的相对含量降低，从而复合材料的介电常数明显减小，磁导率增大，而两者的乘积（$\mu_r \times \varepsilon_r$）呈现下降趋势，依据四分之一波长（$\lambda/4$）匹配模型可知，复合材料的谐振频率增大，因此在同一匹配厚度下复合材料的反射损耗峰值向高频移动，即低金属粒子含量的样品可以在较薄的匹配厚度下达到最大反射损耗。另外，MGF@Ni 复合材料制备过程中被部分还原，结构中仍然存在部分含氧官能团及悬挂键等缺陷，这些存在的缺陷在外场的作用下作为极化中心诱导极化，增强 MGF@Ni 复合材料的微波吸收性能；且随着金属 Ni 含量的增加，在复合材料结构中引入更多的界面，增强了多重界面效应，同时也诱导更强的界面极化及相应的协同作用效应，促进吸波性能提高。但是，进一步增加金属粒子含量，金属粒子属于良导体，由于其自身良好的电导性，导致 MGF@Ni 复合材料匹配特性下降，从而影响复合材料的微波吸收性能。

6.3　铁基磁性石墨烯泡沫复合材料的制备及吸波性能

上述所构筑的镍基磁性石墨烯泡沫复合材料相比于钴基复合材料，其有效吸收频带明显加宽，且最小反射损耗值向低频移动，初步达到了通过低频吸波剂制备的设计构想，但是，与 $2 \sim 18\text{GHz}$ 全波段依然有一定的差距。因此，为了进一步提高其有效吸收频宽，采用亚铁离子盐作为绿色还原剂，同时作为磁性粒子前驱体，通过一步高温水热法结合同步共沉淀制备 MGF@Fe$_3$O$_4$ 复合材料[4]，预期复合材料的有效吸波频带可以进一步拓宽。

6.3.1　MGF@Fe$_3$O$_4$ 复合材料的制备

以 GO、PVA、NH$_3$·H$_2$O、FeCl$_2$·4H$_2$O 为原料，通过一步高温水热法结合同步氧化还原制备铁基磁性石墨烯泡沫（MGF@Fe$_3$O$_4$）。具体操作步骤如下：将预先制备的 GO 加入适量的蒸馏水中，超声分散 2h 配制成 5.0mg/mL GO 均匀分散液。分别准确量取 20mL GO 和 5mL PVA 溶液（自制），超声搅拌，混合均匀得到 A 混合液；称量 1.5g FeCl$_2$·4H$_2$O 超声搅拌溶解于 100mL 的蒸馏水中，得到 B 混合液；将 A 混合液和 B 混合液在室温下机械搅拌混合均匀，注射器滴加 NH$_3$·H$_2$O 调节混合液 pH=11，得到 C 混合液，并将其密封于体积 150mL 的水热反应釜内，140℃反应 8h，待反应釜自然降温至室温，用蒸馏水多次磁力静置置换至上清液呈中性，冷冻干燥得到铁基磁性石墨烯泡沫（MGF@Fe$_3$O$_4$），其制备工艺流程如图 6.25 所示。反应体系中，水溶性金属盐 FeCl$_2$·4H$_2$O 提供金属粒子前驱体，水为反应体系溶剂，氨水为反应体系提供碱性环境，供给氢氧根（OH$^-$），与金属离子和氧化石墨烯反应构筑铁基三维磁性石墨烯泡沫复合材料。

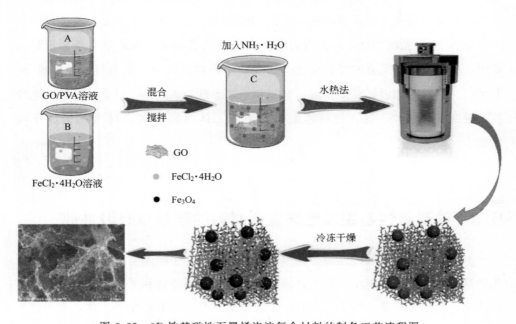

图 6.25　3D 铁基磁性石墨烯泡沫复合材料的制备工艺流程图

6.3.2　MGF@Fe$_3$O$_4$ 复合材料的结构表征

图 6.26 为纯四氧化三铁（Fe$_3$O$_4$）和铁基磁性石墨烯复合材料（MGF@Fe$_3$O$_4$）的 XRD 谱图。对比 GO 的 XRD 谱图（图 2.5）可知，经由水热和化学还原之后，GO 的特征衍射峰（11.9°）消失，部分恢复 sp^2 杂化 C 原子结构并形成还原氧化石墨烯（rGO），此外，GO 表面大量的含氧官能团—COOH、—C＝O、—OH 及—C—O—C—被移除，致使层间距（d）降低。在 MGF@Fe$_3$O$_4$ 的 XRD 谱图中，在衍射角 2θ 为 30.2°、35.4°、37.3°、43.3°、53.2°、57.0°、63.1°及 74.1°位置处出现分别对应于 Fe$_3$O$_4$ 纳米晶（220）、（311）、（222）、（400）、（422）、（511）、（440）和（533）衍射晶面，与立方晶型 Fe$_3$O$_4$ 纳米晶标准 XRD PDF（JCPDS NO.19-0629）卡片数据相一致。此外，在衍射角 2θ＝23.1°

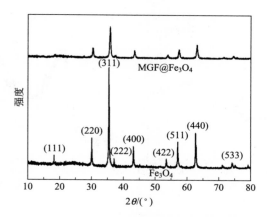

图 6.26　纯 Fe_3O_4 和铁基磁性石墨烯泡沫复合材料的 XRD 谱图

附近并未出现石墨烯的特征衍射峰，表明还原氧化石墨烯片层结构无序堆叠，侧面说明 Fe_3O_4 粒子可以有效地防止还原氧化石墨烯片有序聚集。

图 6.27 所示为石墨、GO 和 MGF@Fe_3O_4 复合材料的拉曼光谱图，进一步说明碳材料骨架发生变化。如图所示，碳材料的拉曼光谱中存在两个特征峰，分别是拉曼频移位于 $1350cm^{-1}$ 的 D 峰和 $1580cm^{-1}$ 的 G 峰。相对于 GO（图 2.4），MGF@Fe_3O_4 复合材料的 D 峰和 G 峰出峰位置稍偏向低波数，且 MGF@Fe_3O_4 复合材料的 I_D/I_G（1.33）相对强度明显强于 GO（1.24）和石墨（0.75），由此可知 GO 经过还原后内部无序度和缺陷显著增加，与图 6.26 XRD 分析结果相一致。MGF@Fe_3O_4 复合材料引入更多的缺陷及增加的无序度，易作为极化中心诱导极化、弛豫等现象，增强复合材料的微波吸收性能[13]。

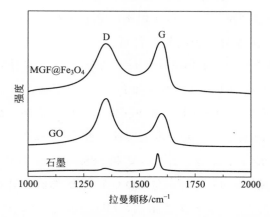

图 6.27　铁基磁性石墨烯泡沫复合材料的拉曼谱图

图 6.28 为 MGF@Fe_3O_4 复合材料的 XPS 全谱图、Fe 2p 及 C 1s 分峰谱图，

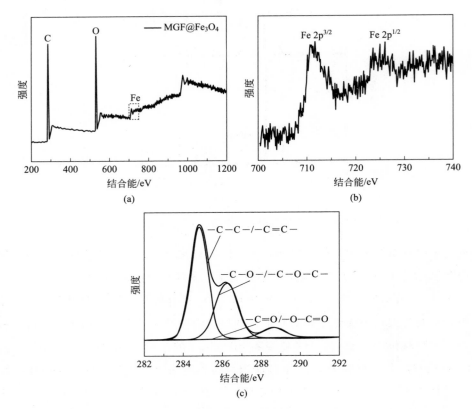

图 6.28　铁基磁性石墨烯泡沫复合材料的 XPS 全谱图 （a）、
Fe 2p（b）及 C 1s（c）分峰谱图

进而分析表征其复合材料表面化学元素组成及元素氧化状态。由 MGF@Fe$_3$O$_4$
复合材料的 XPS 全谱图可知，与 GO 相比，除了含有 C、O 元素之外，复合材
料在 710eV 存在 Fe 元素峰，说明复合材料含有 C、O 和 Fe 元素，分别对 C 和
Fe 元素进行分峰拟合处理，如图（b）、（c）所示。Fe 元素分峰谱图中，结合能
711.6eV 和 725.8eV 分别对应 Fe 2p$^{3/2}$ 和 Fe 2p$^{1/2}$ 电子态，与对应位置 Fe$_3$O$_4$ 特
征峰一致，说明在氧化物中 Fe（Ⅱ）和 Fe（Ⅲ）共存；此外，在结合能 719.0eV
处没有明显 Fe$_2$O$_3$ 的卫星峰，进一步证实证实粒子为 Fe$_3$O$_4$。图 6.28(c) C 1s
分峰谱图中，结合能 284.8eV、286.4eV 和 288.4eV 分别对应于 C—C（sp^2，
C1），C—O（C2）和 C=O（C3），与 GO C 1s 谱图类似，但其含氧官能团强度
明显下降；与 GO 的 C/O 元素含量相比，MGF@Fe$_3$O$_4$ 试样的 C 元素含量升
高、O 元素含量下降，说明水热还原和化学还原共同作用导致 GO 大部分的含氧
官能团被移除。综上所述，结合 XRD 和 XPS 分析，结果表明采用一步水热法，

通过 GO 化学还原自组装和原位化学共沉淀成功构筑了磁性铁基石墨烯泡沫复合材料（MGF@Fe$_3$O$_4$）[3]。

图 6.29 和图 6.30 分别为 MGF@Fe$_3$O$_4$ 复合材料的扫描及透射电镜图。从图 6.29 可见，MGF@Fe$_3$O$_4$ 复合材料呈现三维结构，且石墨烯片褶皱、弯曲、组装成多孔结构，纳米尺寸的 Fe$_3$O$_4$ 粒子均匀地分布在石墨烯片层中。透射电镜图（图 6.30）进一步证实了粒子尺寸大小及分布。由图 6.30 可得，粒径大约为 150nm 的 Fe$_3$O$_4$ 粒子均匀地分布在透明状石墨烯片上，无明显的团聚，且石墨烯片层未出现明显的空白区域，证实 Fe$_3$O$_4$ 粒子分布的均匀性。由 Fe$_3$O$_4$ 粒子的 HRTEM（图 6.30）可得，颗粒的晶面间距为 0.29nm，对应于尖晶石结构 Fe$_3$O$_4$ 粒子的（220）晶面。

图 6.29　MGF@Fe$_3$O$_4$ 复合材料的扫描电镜图

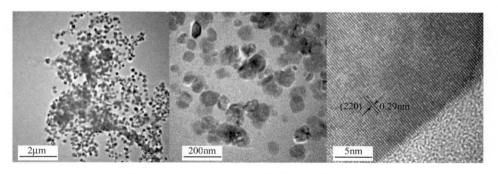

图 6.30　MGF@Fe$_3$O$_4$ 复合材料的透射电镜图

6.3.3　MGF@Fe$_3$O$_4$ 复合材料的耐腐蚀性能

为了考查 MGF@Fe$_3$O$_4$ 复合材料的耐腐蚀性能，将复合材料在酸溶液中浸泡若干天后，对其磁性能进行 VSM 测试表征。图 6.31(a) 是 MGF@Fe$_3$O$_4$ 复合材料放置于酸溶液的初始状态。由图可知，将其放置于外磁场（磁铁）中，复合材料迅速移向外磁场方向，且另一侧呈现无色透明液体，经由酸溶液处理若干天后，再次将其放置于磁铁旁，复合材料依旧快速移向磁场，但其溶液变成浅黄色，说明有部分金属与酸溶液反应产生了 Fe^{3+}。为了进一步量化复合材料的磁性能变化，对酸溶液处理前后的复合材料进行室温条件下的 VSM 测试，具体数据参数列入表 6.5。

(a) 0d   (b) 1d   (c) 3d   (d) 5d   (e) 7d

图 6.31 MGF@Fe_3O_4 复合材料在酸溶液中处理不同时间的光学照片

表 6.5 MGF@Fe_3O_4 复合材料酸浸泡前后的磁性能

样品	M_s/(emu/g)	M_r/(emu/g)	H_c/Oe
Fe_3O_4	94.59	14.95	106.70
MGF@Fe_3O_4	41.73	4.03	57.12
盐酸处理 MGF@Fe_3O_4	40.43	3.86	49.87

注：M_s 为饱和磁化强度；M_r 为剩余磁化强度；H_c 为矫顽力。

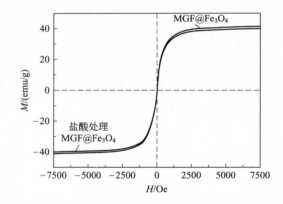

图 6.32 盐酸溶液处理前后 MGF@Fe_3O_4 复合材料的室温磁滞回线

如图 6.32 可见，纯金属 Fe_3O_4 粒子、酸溶液处理前后的 MGF@Fe_3O_4 复合材料均表现出典型的铁磁性能，呈现 S 形曲线。此外，由于复合材料中引入大量非磁性的石墨烯片层，导致其饱和磁化强度（M_s）明显小于纯金属 Fe_3O_4，经由酸溶液浸泡过后，复合材料的 M_s 进一步降低，这是由于部分金属粒子被酸溶液溶解，致使复合材料中金属粒子含量下降，导致 M_s 再次减小。通过纯金属及复合材料 M_s 的大小推算复合材料中金属粒子含量大约为 44.1％，酸溶液处理后复合材料的饱和磁化强度仅仅下降 3％左右，表明复合材料具有优异的耐腐蚀性能。此外，纯金属 Fe_3O_4 和 MGF@Fe_3O_4 复合材料的矫顽力分别为106.70Oe、57.12Oe，金属 Fe_3O_4 的矫顽力明显大于 MGF@Fe_3O_4 复合材料，可能是由于金属粒子的尺寸效应引起。

6.3.4　MGF@Fe_3O_4 复合材料的吸波性能

图 6.33 所示为纯 Fe_3O_4、rGO 和 MGF@Fe_3O_4 复合材料酸溶液处理前后的三维反射损耗图。由图 6.33(a) 及表 6.6 可知，纯金属 Fe_3O_4 纳米晶的反射损耗值在吸波剂匹配厚度 1.5～5.0mm，测试频率范围1～18GHz 内均达不到

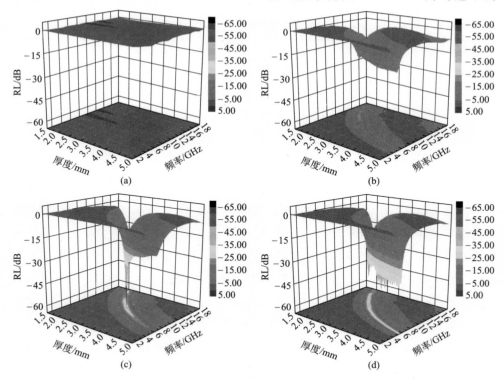

图 6.33　Fe_3O_4（a）、rGO（b）和 MGF@Fe_3O_4 复合材料（c）
及酸处理后 MGF@Fe_3O_4 复合材料（d）的反射损耗三维图

−10dB，说明其不能够单独作为电磁波吸收剂使用。而单独 rGO 的反射损耗值优于纯金属 Fe_3O_4 纳米晶，当吸波剂匹配厚度为 2.4mm、频率 11.2GHz 处存在最强反射损耗值（−22.4dB），此厚度下的有效吸收频宽达到 4.0GHz，仍然无法满足吸波剂"宽、薄、强"的性能要求。值得注意的是，当经过化学还原及原位共沉淀将金属 Fe_3O_4 纳米晶沉淀到还原氧化石墨烯片层结构上构筑成 3D 多孔磁性石墨烯基复合材料时，复合材料的微波吸收能力明显提高，其最小反射损耗值在频率为 10.8GHz，匹配厚度为 3.1mm 时达到−64.4dB，充分显示出不同材料之间协同作用对于微波吸收性能的影响。另外，当吸波剂匹配厚度在 1.5～5.0mm 调整变化时，复合材料在 4.65～18.0GHz 范围内实现超宽频带有效吸收。图 6.33(d) 为复合材料经过酸溶液浸泡过后的三维反射损耗随频率及匹配厚度变化图，由图可知，酸处理后的 MGF@Fe_3O_4 复合材料仍具有良好的微波吸收性能，在吸波剂匹配厚度在 1.5～5.0mm 范围变化时有效吸收频宽仍然可以达到 13.4GHz，最强反射损耗值略微降低，在 14.2GHz、匹配厚度 2.3mm 时，达到−49.4dB，有效吸收频宽为 6.2GHz。

表 6.6　纯 Fe_3O_4、rGO 和酸溶液处理前后 MGF@Fe_3O_4 复合材料的电磁吸波性能

样品	d_m/mm	f_m/GHz	RL_{min}/dB	EAB/GHz
Fe_3O_4	5	4.74	−2.33	0
rGO	2.4	11.2	−22.4	4.0
MGF@Fe_3O_4	3.1	10.8	−64.4	6.0
盐酸处理 MGF@Fe_3O_4	2.3	14.2	−49.4	6.2

注：d_m 为吸波剂匹配厚度；f_m 为吸波频率；RL_{min} 为最小反射损耗；EAB 为有效吸收频宽。

对于微波吸收材料而言，决定材料吸收性能的电磁参数主要包括复介电常数实部、虚部（ε'、ε''）及复磁导率常数实部、虚部（μ'、μ''）。为了进一步探讨吸波机理，将测试样品粉末与熔融石蜡按照 23%（质量分数）混合均匀，压制成内径 3.04mm、外径 7.00mm 的同轴圆环测试样，采用 Aglilent 8720ET 型矢量网络分析仪测试其复介电常数和复磁导率，并计算得到其相应的介电损耗角正切（$\tan\delta_\varepsilon = \varepsilon''/\varepsilon'$）及磁损耗角正切（$\tan\delta_\mu = \mu''/\mu'$）。图 6.34 所示为纯 Fe_3O_4、rGO 和酸处理前后 MGF@Fe_3O_4 复合材料的复介电常数及复磁导率随频率变化曲线图。由图可知，复介电常数及复磁导率实部及虚部表现出明显的频率依赖性，随频率的升高而逐渐减小，而仅在高频处存在轻微波动变化，且 rGO 的复介电常数实部及虚部明显高于纯金属粒子和复合材料，将石墨烯与金属粒子复合后，会改变复合物的组成及微观结构，进而影响其复合材料对电磁波的储存和损

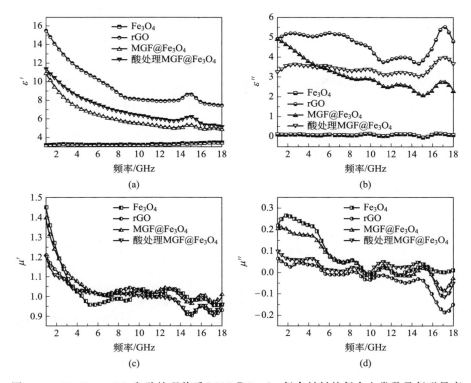

图 6.34　Fe_3O_4、rGO 和酸处理前后 MGF@Fe_3O_4 复合材料的复介电常数及复磁导率

耗能力。另外，从材料的复磁导率随频率的变化曲线图 ［图 6.34（c）、（d）］ 得知，在低频 1～6GHz 范围内，三种材料的 μ' 和 μ'' 急剧下降，而在 6～18GHz 范围内变化不大，但存在轻微波动变化，且 μ' 数值小于 1，原因主要是当微波入射到介质时在损耗介质内部产生涡流损耗。值得注意的是，在 12～18GHz 频率范围内，复介电常数虚部（ε''）存在波峰，对应频率位置复磁导率的虚部（μ''）出现波谷，且数值为负数。针对这种现象，研究学者认为在介质材料内部交变磁场产生电场，促使磁场能量转变为电场能，从而导致复磁导率虚部下降复介电常数虚部上升。另外，复合材料经过酸溶液的浸泡处理后，介电常数及磁导率常数发生变化，但整体随频率的变化趋势不变。由于金属粒子含量的降低，降低了复合材料界面极化及相对应引起的松弛过程，导致其介电损耗和磁损耗能力下降。

微波吸收材料常常以介电损耗和磁损耗评价其吸收衰减能力强弱，图 6.35 所示为纯 Fe_3O_4、rGO 和 MGF@Fe_3O_4 复合材料的介电损耗角正切、磁损耗角正切、Cole-Cole 环及涡流损耗。由图可知，整体来说介电损耗能力强弱顺序为：

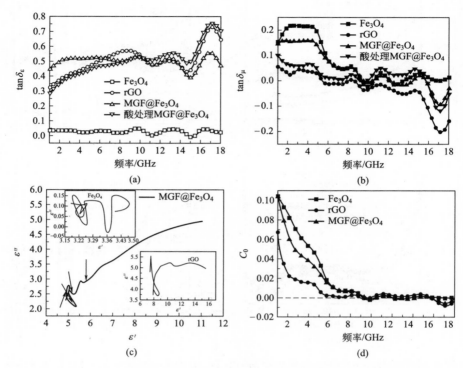

图 6.35　Fe_3O_4、rGO 和酸处理前后 $MGF@Fe_3O_4$ 复合材料的介电损耗角正切 （a）、
磁损耗角正切 （b）、Cole-Cole 环 （c） 及涡流损耗 （d）

rGO＞$MGF@Fe_3O_4$＞Fe_3O_4，磁损耗能力在 1～10GHz 范围内 Fe_3O_4＞$MGF@$ Fe_3O_4＞rGO，在 10～18GHz 内无明显差别。重要的是，对于 $MGF@Fe_3O_4$ 复合吸波材料而言，其介电损耗角正切明显高于磁损耗角正切，说明介电损耗为其具有优异吸波性能的主要影响因素而并非磁损耗。图 6.35(c) 所示为 Fe_3O_4、rGO 和 $MGF@Fe_3O_4$ 复合材料的 Cole-Cole 环。由图可知，$MGF@Fe_3O_4$ 复合材料存在多个 Cole-Cole 半圆环，说明在复合材料中发生多重介电松弛过程；由文献参考可知，在异质结构中，介电松弛多来源于界面极化和偶极极化，其中，前者是由于复合材料中存在大量界面（包括粒子与粒子、粒子与石墨烯），而后者常常由复合材料中存在的缺陷偶极诱导引起，两者均有利于提高复合材料的微波吸收性能。更重要的是，$MGF@Fe_3O_4$ 复合材料的 Cole-Cole 环并不是严格规整的，发生变形、扭曲，说明复合材料中除了德拜松弛之外还存在其他类型的损耗机制，如电子极化和 Maxwell-Wagner 松弛等，且在低频区域由于较高的电导

掩藏了极化和松弛信号，使得 Cole-Cole 环曲线呈现出长长的尾巴，无明显半圆环存在。

　　磁损耗是另一种重要的损耗机理，对复合材料的微波吸收性能具有重要影响。其中，滞后损耗在弱磁场中可以忽略不计，同样由于多畴壁共振通常发生在低频（＜2GHz）亦可忽略。图 6.35（d）为 Fe_3O_4、rGO 和 $MGF@Fe_3O_4$ 复合材料的涡流损耗随频率变化的曲线图。若磁损耗仅仅与涡流损耗有关，则 C_0 应保持常数，不随频率的变化而变化。纯 Fe_3O_4、rGO 和 $MGF@Fe_3O_4$ 的涡流损耗因子 C_0 在 1～8GHz 急剧下降，在 8～18GHz 存在微弱波动（近乎为常数），说明涡流损耗在高频区对吸收性能起到一定积极作用。材料的磁损耗曲线存在多个共振峰，理论计算得到的共振频率小于实际实验得到的共振频率，主要是磁性纳米晶形状各向异性所致。此外，根据 Aharoni 理论得知处于高频的共振频率归于交换共振，而位于低频区的共振频率属于自然共振。因此，$MGF@Fe_3O_4$ 复合材料的磁损耗机制主要包括涡流损耗、自然共振和交换共振。

　　Fe_3O_4、rGO 和 $MGF@Fe_3O_4$ 的匹配系数及吸收系数如图 6.36 所示。从图 6.36 可见，纯金属 Fe_3O_4 粒子的匹配系数最高，说明其更容易使得电磁波进入材料内部，然而其吸收系数太小，导致其微波吸收性能差；纯 rGO 拥有最高的吸收系数，衰减能力高，然其匹配系数小，电磁波很少进入内部，因此无法进行有效衰减、吸收，微波吸收性能欠佳；相比于纯金属和纯 rGO，$MGF@Fe_3O_4$ 复合材料拥有适中的匹配系数和吸收系数，使得进入复合材料内部的电磁波能够有效的衰减、吸收，表现出优异的微波吸收性能。

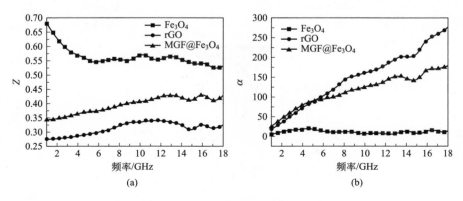

图 6.36　Fe_3O_4、rGO 和 $MGF@Fe_3O_4$ 复合材料的

阻抗匹配系数（a）和吸收系数（b）

6.3.5　Fe_3O_4 含量对 MGF@Fe_3O_4 复合材料吸波性能的影响

金属纳米粒子含量对复合材料的微波吸收性能存在一定影响，为了探究其变化规律，控制合成过程中亚铁盐的添加量（1.5g、1.8g、2.1g），其他条件不变，合成三种不同 Fe_3O_4 含量的铁基石墨烯泡沫复合材料，分别标记为 $S_{1.5}$、$S_{1.8}$ 和 $S_{2.1}$。图 6.37 所示为三种不同 Fe_3O_4 含量的磁性石墨烯泡沫复合材料在不同匹配厚度下的反射损耗曲线。由图可知，随着含量的升高，复合材料的微波吸收性能逐渐下降，且随着匹配厚度的增大，最小反射损耗出峰位置向低频移动，此原因可由四分之一波长理论解释。复合材料中磁性粒子含量增加，导致还原氧化石墨烯的相对含量降低，致使复合材料的介电常数明显减小，磁导率增大，然而介电常数与磁导率常数两者的乘积（$\mu_r \times \varepsilon_r$）呈现下降趋势，依据四分之一波长（$\lambda/4$）匹配模型可知，复合材料的谐振频率增大，因此在同一匹配厚度下复合材料的反射损耗峰值向高频移动，即低金属粒子含量的样品可以在较薄的匹配厚度下实现最大反射损耗吸收。另外，MGF@Fe_3O_4 复合材料结构中残余的含氧官能团及悬挂键等缺陷，在外场作用下的诱导极化、弛豫等现象，增强

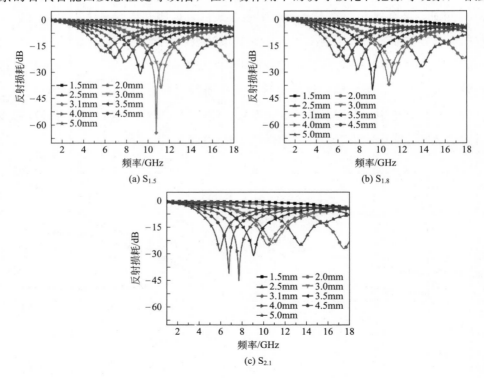

图 6.37　试样 $S_{1.5}$、$S_{1.8}$ 和 $S_{2.1}$ 在不同匹配厚度下的反射损耗

了 MGF@Ni 复合材料的微波吸收性能；且随着磁性粒子含量增加，在复合材料结构中引入更多的界面，增强了多重界面效应，同时也诱导更强的界面极化及相应的协同作用效应，促进吸波性能提高。但是，进一步增加金属粒子含量，金属粒子属于良导体，由于其自身良好的电导性，导致 MGF@Fe$_3$O$_4$ 复合材料匹配特性下降，从而影响复合材料的微波吸收性能（见表 6.7）。

表 6.7　不同 Fe$_3$O$_4$ 含量的 MGF@Fe$_3$O$_4$ 复合材料的微波吸波性能

样品	d_m/mm	f_m/GHz	RL$_{min}$/dB	EAB/GHz
S$_{1.5}$	3.1	10.8	−64.4	13.3
S$_{1.8}$	3.2	10.3	−47.1	13.4
S$_{2.1}$	3.8	8.2	−53.2	13.4

6.4　结论

基于 3D 结构的石墨烯材料具有高比表面积、高孔隙率、优异的导电导热及力学性能，本章通过高温化学还原自组装法及高温原位热解过程，将不同磁性纳米粒子通过化学还原同步沉积或高温原位热解负载在 3D 石墨烯泡沫结构中，构筑多功能、高效能的磁性石墨烯泡沫复合吸波材料。采用 XRD、Raman 光谱、XPS、SEM、TEM 及 VSM 等技术手段对复合材料的晶相结构、化学元素组成、微观形貌及磁性能进行表征分析；利用矢量网络分析仪以同轴法测试复合材料的电磁参数，运用 Matlab 模拟软件计算模拟其反射损耗，并详细探讨复合材料对电磁波的吸收损耗机制。具体结论如下。

（1）经过水热还原及水合肼化学还原，氧化石墨烯被还原成为石墨烯，且在水热条件下，氧化石墨烯片层弯曲、褶皱、堆叠自组装成三维多孔泡沫结构；经过同步化学原位沉积，不同磁性纳米晶负载于石墨烯片层上，从而形成 3D 磁性功能化石墨烯泡沫复合材料。

（2）SEM 及 TEM 分析显示纳米晶均匀分布在透明石墨烯片层上，无明显团聚。磁性能（VSM）分析表明经过酸溶液浸泡，磁性石墨烯泡沫复合材料仍然显示优异的微波吸收性能，饱和磁化强度稍微降低。因此，石墨烯泡沫基复合材料具有优异的耐腐蚀性能。

（3）电磁参数分析表明，与纯金属粒子和 rGO 相比，磁性石墨烯泡沫复合材料的微波吸收性能大幅度提高，最大吸收峰位于 10.8GHz 处为 −64.4dB，相匹配的吸波剂厚度为 3.1mm，反射损耗值在 −10dB 以下的有效吸收频宽为 13.3GHz。其优异的微波吸收性能得益于复合材料存在多重损耗机制（磁损耗、介电损耗）及其独特的三维多孔结构。

（4）磁性粒子含量对石墨烯基复合材料的电磁参数及微波吸收性能存在明显的影响。随着复合材料中金属粒子含量增加，复合材料的反射损耗峰值向高频移动，低金属粒子含量的样品可以在较薄的匹配厚度下实现最大反射损耗吸收；过高或者过低的磁性粒子含量均难以实现优异的微波吸收性能，因此可以通过合理调配制备过程中的实验参数（粒子含量、填充量）来调整石墨烯基复合材料的微波吸收性能。

参 考 文 献

[1] Xu Dongwei, Liu Jialiang, Chen Ping, Yu Qi, Guo Xiang, Yang Sen, In situ deposition of α-Co nanoparticles on three-dimensional nitrogen-doped porous graphene foams as microwave absorbers [J]. Journal of Materials Science: Materials in Electronics, 2019, 30: 13412-13424.

[2] Xu Dongwei, Yang Sen, Chen Ping, Yu Qi, Xiong Xuhai, Wang Jing. 3D nitrogen-doped porous magnetic graphene foam-supported Ni nanocomposites with superior microwave absorption properties [J]. Journal of Alloys and Compounds, 2019, 782: 600-610.

[3] Xu Dongwei, Xiong Xuhai, Chen Ping, Yu Qi, Chu Hairong, Yang Sen, Wang Qi. Superior corrosion-resistant 3D porous magnetic graphene foam-ferrite nanocomposite with tunable electromagnetic wave absorption properties [J]. Journal of Magnetism and Magnetic Materials, 2019, 469: 428-436.

[4] 陈平, 徐东卫, 熊需海, 于祺, 郭翔, 王琦. 一种石墨烯泡沫负载纳米 Fe_3O_4 磁性粒子复合吸波材料及其制备方法 [P]. 中国发明专利, 专利授权号: ZL201710595949.4, 2020-04-07.

[5] Pan G H, Zhu J, Ma S L, et al. Enhancing the electromagnetic performance of Co through the phase-controlled synthesis of hexagonal and cubic Co nanocrystals grown on graphene [J]. ACS Applied Materials Interfaces, 2013, 5: 12716-12724.

[6] Liu W W, Li H, Zeng Q P, et al. Fabrication of ultralight three-dimensional graphene networks with strong electromagnetic wave absorption properties [J]. Journal of Materials Chemistry A, 2015, 3: 3739-3747.

[7] Liu Y, Chen C, Zhang Y, et al. Broadband and lightweight microwave absorber constructed by in situ growth of hierarchical Co/Fe_3O_4/reduced graphene oxide porous nanocomposites [J]. ACS Applied Materials Interfaces, 2018, 10: 13860-13868.

[8] Wu N N, Liu C, Xu D M, et al. Enhanced electromagnetic wave absorption of three dimensional porous Fe_3O_4/C composite flowers [J]. ACS Sustainable Chemical Engineering, 2018, 6: 12471-12480.

[9] Zhang X M, Ji G B, Liu W, et al. Thermal conversion of an Fe_3O_4@metal-organic framework: a new

method for an efficient Fe-Co/nanoporous carbon microwave absorbing material [J]. Nanoscale，2015，7：12932-12942.

［10］　Zhao B，Guo X Q，Zhao W Y，et al. Facile synthesis of yolk-shell Ni@void@SnO$_2$(Ni$_3$Sn$_2$) ternary composites via galvanic replacement/Kirkendall effect and their enhanced microwave absorption properties [J]. Nano Research，2017，10：331-343.

［11］　Wang F Y，Sun Y Q，Li D R，et al. Microwave absorption properties of 3D cross-linked Fe/C porous nanofibers prepared by electrospinning [J]. Carbon，2018，134：264-273.

［12］　Liu X，Wang L S，Ma Y T，et al. Facile synthesis and microwave absorption properties of yolk-shell ZnO-Ni-C/RGO composite materials [J]. Chemical Engineering Journal，2018，333：92-100.

［13］　Liu C B，Li L，Xiang Z，et al. Synthesis，characterization of chiral poly (ferrocenyl-schiff base) iron (II) complexes/RGO composites with enhanced microwave absorption properties [J]. Polymer，2018，150：301-310.

［14］　Ning M Q，Li J B，Kuang B Y，et al. One-step fabrication of N-doped CNTs encapsulating M nanoparticles (M＝Fe，Co，Ni) for efficient microwave absorption [J]. Applied Surface Science，2018，447：244-253.

第 7 章
磁性功能化三维石墨烯气凝胶的制备及吸波性能

近年来，3D 石墨烯气凝胶材料因其低密度、高比表面积、大长径比、多用途加工等众多显著特性，在电磁波吸收方面受到广泛关注。水热法自组装氧化石墨烯是制备三维大孔石墨烯气凝胶的关键。水热处理过程中，部分还原氧化石墨烯（rGO）聚结，借助范德华力、p-p 堆积和丰富的水氢键，形成三维石墨烯网络的强交联结构。然而，单一石墨烯气凝胶材料在基体中的分散性差，导电性能不佳导致界面阻抗失配，介电损耗能力有限，导致其微波吸收性能不佳。因此，掺入其他损耗型的材料是提高其微波吸收性能的有效解决方案。

幸运的是，高比表面积及高孔隙率的特性使得石墨烯气凝胶非常适合作为载体来负载功能化磁性粒子，不仅解决了纳米粒子自身易团聚、分散性差的难题，而且还可以在纳米尺度上对石墨烯结构和性能进行优化设计，进而制备出具有特定结构、组成和优异性能的多功能磁性石墨烯气凝胶复合吸波材料。

本章利用水热还原自组装法构筑 3D 磁性石墨烯气凝胶前驱体，并结合高温原位热解法将不同磁性纳米粒子（Co/Ni/Fe$_3$O$_4$）原位锚定在石墨烯片层上，制备得负载超精细纳米晶磁性石墨烯气凝胶复合材料，最终获得兼具介电损耗及磁损耗的 3D 石墨烯基气凝胶复合材料[1-3]。该磁性石墨烯复合材料具有的多孔结构有利于电磁波的多重反射和散射，提高其电磁波吸收效率。结合粉末 XRD、拉曼光谱、XPS、SEM、TEM、VSM 对其复合材料的晶相结构、化学组成、微观结构及磁性能进行测试表征，利用矢量网络分析仪以同轴法测试试样电磁参数，Matlab 软件模拟其微波吸收损耗值并详细分析吸波机理。

7.1　铁基磁性石墨烯气凝胶复合材料的制备及吸波性能

7.1.1　SHGA@Fe$_3$O$_4$ 复合材料的制备

负载超精细 Fe$_3$O$_4$ 纳米晶 3D 磁性疏水石墨烯气凝胶复合材料（SHGA@Fe$_3$O$_4$）的制备主要包括以下步骤。

（1）水凝胶前驱体的制备

采用氧化石墨烯（GO）、聚乙烯醇（PVA）、维生素 C（VC）、乙酰丙酮铁（AAFe）为原料，通过高温水热法制备水凝胶前驱体（PVA/AAFe/GO）。具体操作步骤如下：将预先制备的 GO 加入适量的蒸馏水中，超声分散 2h 配制成 5mg/mL GO 均匀分散液。分别准确量取 20mL GO 和 5mL PVA 溶液（自制），超声搅拌，混合均匀得到 A 混合液；称量 0.75g AAFe 并超声分散于 60mL 的蒸馏水中，加入 5.0g 维生素 C 机械搅拌至分散液变得澄清，得到 B 混合液；将 A 混合液和 B 混合液在室温下机械搅拌混合均匀（C 混合液），注入体积 150mL 的水热反应釜内，180℃反应 12h，待反应釜自然降温至室温，用蒸馏水多次静置置换得到水凝胶前驱体（PVA/AAFe/GO）。

（2）磁性石墨烯气凝胶的制备

将步骤（1）中水凝胶前驱体冷冻干燥得到干气凝胶前驱体，将前述获得的干气凝胶前驱体放置于管式炉中，在惰性气体 Ar 保护环境下，升温速率 10℃/min，500℃保温处理 3h。高温煅烧条件下，PVA 分解为 H$_2$O 和 CO$_2$，GO 还原成石墨烯，AAFe 热解为 Fe$_3$O$_4$ 和 CO$_2$ 等，从而得到 3D 磁性石墨烯气凝胶。为了进行空白对比实验，单纯的疏水石墨烯气凝胶和 Fe$_3$O$_4$ 可以在分别未添加 AAFe 和 GO 的合成条件下获得，高温煅烧工艺和制备磁性石墨烯气凝胶的相同。其制备工艺流程如图 7.1 所示。反应体系中，不溶于水的乙酰丙酮络合物（乙酰丙酮铁）提供金属粒子前驱体，水为溶剂，维生素 C 作为还原剂和助溶剂与乙酰丙酮金属络合物和氧化石墨烯反应构筑铁基三维磁性石墨烯气凝胶复合材料。

7.1.2　SHGA@Fe$_3$O$_4$ 复合材料的结构表征

图 7.2 为纯四氧化三铁（Fe$_3$O$_4$）、疏水性石墨烯气凝胶（HGA）和磁性超疏水石墨烯气凝胶（SHGA@Fe$_3$O$_4$）的 XRD 谱图。由图对比可知，经过水热

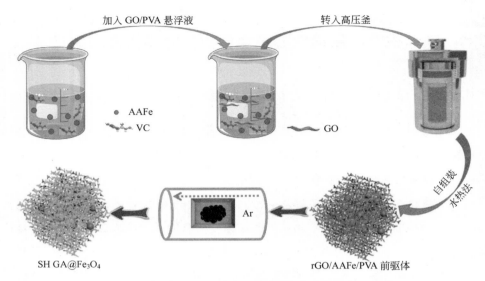

图 7.1　铁基磁性超疏水石墨烯气凝胶复合材料的制备工艺流程图

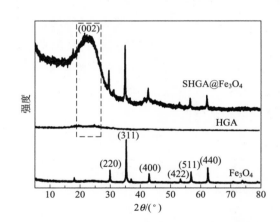

图 7.2　纯 Fe_3O_4、疏水性石墨烯气凝胶（HGA）和磁性超疏水石墨烯
气凝胶（$SHGA@Fe_3O_4$）的 XRD 谱图

还原反应及高温煅烧过后，GO 的特征衍射峰（11.9°，层间距为 0.70nm）消失，HGA 试样在 23.1°左右处出现一个强度相当弱的宽峰，依据布拉格方程（$2d\sin\theta=\lambda$）计算其层间距为 0.37nm。分析得，经水热及高温煅烧处理过后，GO 被还原，部分恢复 sp^2 C 原子结构而形成石墨烯，此外，GO 表面的含氧官能团（—COOH、—C＝O、—OH 和—C—O—C—）大量被移除，致使石墨烯气凝胶的层间距降低。XRD 谱图中，衍射角为 30.4°、35.2°、43.5°、53.3°、57.1°和63.3°的衍射峰分别对应于 Fe_3O_4 的（220）、（311）、（400）、（422）、

（511）和（440）衍射晶面，与立方结构的 Fe_3O_4 标准 XRD PDF（JCPDS NO.19-629）卡片数据相一致。较宽衍射峰（23.1°）与石墨烯（002）衍射晶面对应。与单一 HGA 相比，其衍射强度较高，说明 SHGA@Fe_3O_4 复合材料中石墨烯片层存在部分有序堆叠，且规整度高于单一 HGA。综上所述，采用水热法及高温原位热解，通过 GO 化学还原自组装和高温热解乙酰丙酮铁成功构筑了磁性疏水 3D 石墨烯气凝胶复合材料。

激光拉曼光谱分析是表征碳材料微观结构变化常用的分析检测手段。图 7.3 所示为 GO，HGA 及 SHGA@Fe_3O_4 复合材料的拉曼光谱图，进一步说明 GO 经过维生素 C 的化学还原及高温处理的热还原历程，碳骨架发生明显的结构变化。如图所示，碳材料的拉曼光谱中存在两个特征峰，分别是拉曼频移位于 $1350cm^{-1}$ 的 D 峰和 $1580cm^{-1}$ 的 G 峰。碳材料拉曼光谱图中 D 峰和 G 峰的峰形、峰位及相对强度（I_D/I_G）可以有效地反映碳材料的结构信息和表面的缺陷、掺杂情况。相对于 GO，HGA 和 SHGA@Fe_3O_4 复合材料 D 峰和 G 峰的出峰位置略微偏向低波数，且 HGA 和 SHGA@Fe_3O_4 复合材料 D 峰与 G 峰的相对强度明显强于GO。由文献报道可知，D 吸收峰和 G 吸收峰相对强度（I_D/I_G）的大小可以用来衡量碳材料结构的无规度和内部缺陷程度。计算得到 GO、HGA 和 SHGA@Fe_3O_4 复合材料的 I_D/I_G 值分别为 1.38、1.79 和 1.83，由此可知 GO 经过还原后内部无序度和缺陷显著增加。

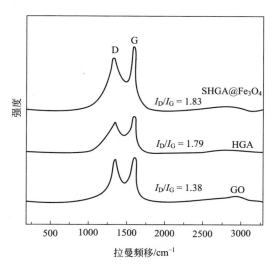

图 7.3　GO、HGA 和 SHGA@Fe_3O_4 复合材料的拉曼谱图

采用 X 射线能谱（XPS）对氧化石墨烯、疏水石墨烯气凝胶及磁性疏水石

墨烯气凝胶的表面元素进行研究分析。氧化石墨烯、疏水石墨烯气凝胶及磁性疏水石墨烯气凝胶的 XPS 全谱、磁性疏水石墨烯气凝胶 C 1s 分峰谱图如图 7.4 所示，测试得到的复合材料各自表面所含元素原子分数如表 7.1 所示。由图 7.4（a）可以得知，GO、HGA 和 SHGA@Fe$_3$O$_4$ 复合材料主要由 C、O 两种元素组成。值得注意的是，SHGA@Fe$_3$O$_4$ 复合材料未出现 Fe 元素的谱峰，分析其原因可能是由于其含量较低，超出 XPS 能谱检测线。表 7.1 标明复合材料中仅含有 0.26% 的铁元素，也进一步印证了猜想；其次由于金属 Fe$_3$O$_4$ 纳米粒子的小尺寸效应，致使其镶嵌在石墨烯片层结构中，由于 XPS 能谱检测的是表面化学元素，因此无法检测出内部所含元素的特征峰。从 C 1s 分峰谱图分析可得，经过水热及高温煅烧处理过后，与 GO 的 C/O 元素含量相比，HGA 和 SHGA@Fe$_3$O$_4$ 试样的 C 元素含量明显升高、O 元素含量急剧下降，这是由于维生素 C 的化学还原和高温热还原共同作用致使 GO 大部分的含氧官能团被移除。图 7.4（b）分别为 HGA 和 SHGA@Fe$_3$O$_4$ 复合材料的 C 1s 谱图，通过 origin 软件对

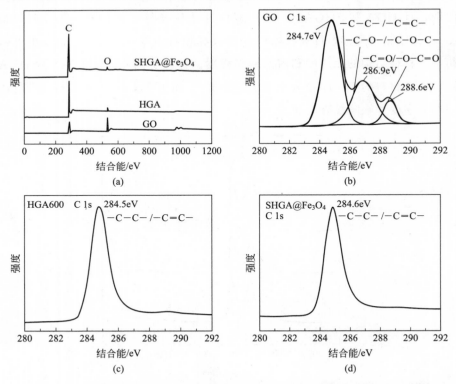

图 7.4　氧化石墨烯、疏水性石墨烯气凝胶和磁性超疏水石墨烯气凝胶的 XPS 全谱图（a）；
氧化石墨烯 C 1s 分峰谱图（b）；疏水石墨烯气凝胶 C 1s 分峰谱图（c）；
磁性超疏水石墨烯气凝胶 C 1s 分峰谱图（d）

表 7.1　GO、HGA 和 SHGA@Fe₃O₄ 复合材料的各元素含量（原子分数）

材料	C/%	O/%	Fe/%
GO	72.93	27.03	0
HGA	95.12	4.88	0
SHGA@Fe₃O₄	96.21	3.53	0.26

其进行分峰拟合。如图 7.4（b）所示，GO 的 C 1s 谱图中存在 284.7eV、286.9eV 和 288.6eV 特征峰，分别对应于—C—C—/—C=C—、—C—O—和—C=O 官能团，HGA 和 SHGA@Fe₃O₄复合材料的含氧官能团的强度明显小于 GO［图 7.4(c) 和图 7.4(d)］，其中，—C—O—和—C=O 官能团对应的吸收峰几乎消失，—C—C—/—C=C—官能团对应的吸收峰变得尖锐，说明经过化学还原和高温热还原双重作用后，绝大部分的含氧官能团被移除，进一步表明 GO 被还原生成石墨烯[4,5]。

为了进一步验证 SHGA@Fe₃O₄ 复合材料的元素组成及分布，对 SHGA@Fe₃O₄ 复合材料进行 EDS 能谱元素扫描分析，结果如图 7.5 所示。EDS 能谱分析表明 SHGA@Fe₃O₄ 复合材料中存在少量的 Fe 元素，但元素组成主要为 C，其次是 O 元素，结果与 XPS 分析相一致。

图 7.5　SHGA@Fe₃O₄ 复合材料 EDS 元素 C、O 和 Fe 分析图

图 7.6 分别为 SHGA@Fe₃O₄ 复合材料的扫描电镜及透射电镜图。如图 7.6（a）和（b）所示，石墨烯片存在大量褶皱和弯曲，相互搭接并折叠堆积成三维多孔的气凝胶网状结构。另外，由图 7.6(c)可知，超精细的 Fe₃O₄ 纳米晶均匀地分散在石墨烯片层的内外两侧或者被石墨烯片层包裹，且纳米粒子呈现大小均一的球形，无明显的团聚，石墨烯片层无明显的空白区域。因此，扫描电镜结果

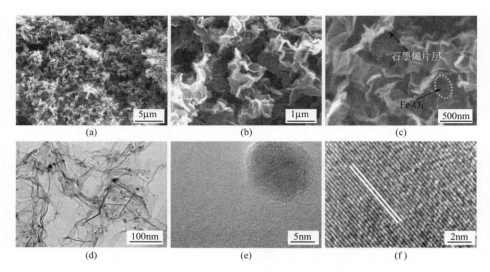

图 7.6　SHGA@Fe_3O_4 复合材料的扫描电镜及透射电镜图

表明石墨烯片可以有效地防止球形金属 Fe_3O_4 粒子发生团聚，使其达到良好的分散效果，有利于形成多重界面效应，增强复合材料的微波吸收性能。

　　SHGA@Fe_3O_4复合材料具有的特殊三维网络多孔结构不仅可以调节复合材料的电磁参数，提高阻抗匹配性能，使得电磁波更多地进入复合材料内部被消耗，而且可以使电磁波在复合材料内发生多重反射及散射，并延长其传播路径，耗散更多的电磁波能量，拓宽吸收频带[6]。

　　TEM 结果进一步证实金属 Fe_3O_4 粒子的分布均匀性。由典型的 TEM 图 [图 7.6(d)] 可得，复合材料由大量褶皱透明的石墨烯片和超精细的金属粒子组成，且 Fe_3O_4 金属纳米粒子均匀地分散在石墨烯片上，无明显团聚，每个粒子的直径大约为 10nm。图 7.6(f) 为单个 Fe_3O_4 纳米粒子的晶格图像，其晶格间距为 0.47nm，与 Fe_3O_4 纳米粒子的（111）晶格平面相吻合[7]。

7.1.3　SHGA@Fe_3O_4 复合材料的磁性能

　　试样的磁性能受其本身所含磁性粒子的形貌、大小及含量影响。采用振动样品磁强计（VSM）测试样品的磁性能，得到材料的饱和磁化强度、矫顽力及剩余磁化强度信息。图 7.7 为四氧化三铁（Fe_3O_4）、疏水石墨烯气凝胶（HGA）和磁性疏水石墨烯气凝胶复合材料（SHGA@Fe_3O_4）的室温磁滞回线图。如图 7.7 及表 7.2 所示，HGA 的饱和磁化强度、剩磁及矫顽力分别为 0.91emu/g、0.15emu/g 和 123.52Oe，无磁性。相比于 HGA，Fe_3O_4 和 SHGA@Fe_3O_4 复

合材料的室温磁滞回线均呈突出的 S 形，其饱和磁化强度及矫顽力分别为
36.59emu/g、2.53emu/g、219.48Oe 和 75.08Oe，表现出超顺磁性。由表 7.2
可得 SHGA@Fe$_3$O$_4$ 复合材料的矫顽力远远低于纯金属 Fe$_3$O$_4$，磁性粒子的粒
径越小，矫顽力越低，因此可以得出复合材料中石墨烯片可以防止磁性纳米粒子
团聚，降低其粒子粒径大小。另外，由于在复合材料中引入大量非磁性的石墨烯
片，且金属磁性纳米粒子的含量较少，导致 Fe$_3$O$_4$ 粒子成为不连续相，使得
SHGA@Fe$_3$O$_4$ 复合材料的饱和磁化强度远远小于纯金属 Fe$_3$O$_4$ 的饱和磁化强
度，磁性能减弱。以饱和磁化强度估算 SHGA@Fe$_3$O$_4$ 复合材料中金属含量仅
仅为 6.9%，赋予材料轻质特性，有望实现微波吸收材料在低重量下的高性能
吸收。

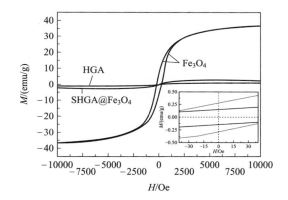

图 7.7　Fe$_3$O$_4$、HGA 和 SHGA@Fe$_3$O$_4$ 复合材料的室温磁滞回线

表 7.2　Fe$_3$O$_4$、HGA 和 SHGA@Fe$_3$O$_4$ 复合材料的磁性能

样品	M_s/(emu/g)	M_r/(emu/g)	H_c/Oe
HGA	0.91	0.15	123.52
SHGA@Fe$_3$O$_4$	2.53	0.27	75.08
纯 Fe$_3$O$_4$	36.59	7.18	219.48

注：M_s 为饱和磁化强度；M_r 为剩余磁化强度；H_c 为矫顽力。

7.1.4　SHGA@Fe$_3$O$_4$ 复合材料的疏水性能

采用静态接触角测量仪测试其接触角，如图 7.8 所示。由于化学还原及高温
热还原的双重作用，使得石墨烯材料展现良好的疏水性能。从图 7.8 可见，在不
同的煅烧温度下，磁性石墨烯复合材料的接触角均大于 130℃，优异的疏水性能

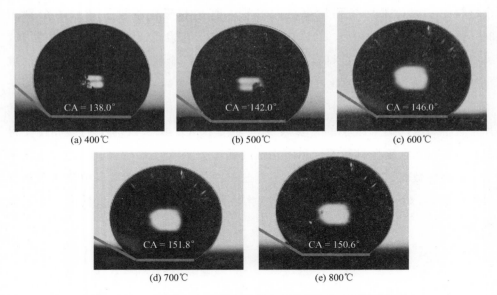

(a) 400℃ (b) 500℃ (c) 600℃

(d) 700℃ (e) 800℃

图 7.8　SHGA@Fe$_3$O$_4$ 复合材料在不同煅烧温度下的接触角

与复合材料具有的多孔形态结构及较低表面自由能密切相关。此外，随着煅烧温度的升高，接触角不断增大，表现出超疏水特性（接触角大于 150℃）。这也表明，热解过程对 SHGA@Fe$_3$O$_4$ 复合材料拥有良好的疏水性能起着不可或缺的作用，高温热解过程可有效提高复合材料表面粗糙度，产生适当的表面自由能，且随着煅烧温度的不断升高，复合材料更多的含氧基团被移除，碳元素含量升高，表现出更优异的疏水性。

7.1.5　SHGA@Fe$_3$O$_4$ 复合材料的吸波性能

优异的电磁波吸收材料不仅需要较强的吸收强度，而且需要具有较宽的吸收频带。依据传输线理论，利用同轴法，将待测试样与石蜡加热熔融混合均匀（样品与石蜡的质量比为 5∶95），测试不同试样的电磁参数，通过 Matlab 软件模拟其反射损耗，如图 7.9 所示。纯金属粒子与单纯石墨烯气凝胶表现出较差的微波吸收性能，在 1.5～5.0mm 整个模拟厚度范围内均未出现−10dB 以下的有效吸收频带。在匹配厚度分别为 3.3mm、5.0mm，频率为 16.3GHz、9.0GHz 时，两者的最小反射损耗仅仅为−1.13dB 和−8.86dB。因此，单一使用纯金属粒子或者单纯石墨烯气凝胶无法满足实际应用要求。然而，如图所示，通过化学还原及高温热分解将超精细 Fe$_3$O$_4$ 磁性纳米粒子负载于石墨烯气凝胶得到磁性石墨烯气凝胶复合材料，其微波吸收能力明显提高，在匹配厚度为 3.0mm，频率为

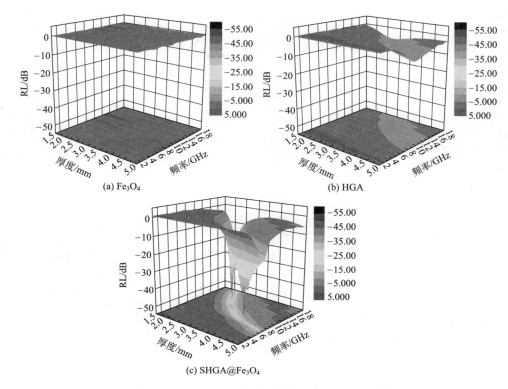

图 7.9　Fe_3O_4、HGA 和 $SHGA@Fe_3O_4$ 复合材料在不同频率、
不同厚度下的反射损耗曲线

10.86GHz 时，复合材料的最小反射损耗达到-57.94dB，有效吸收频宽达到
5.7GHz。匹配厚度在 1.5～5.0mm 范围内，复合材料的有效吸收频宽可以达到
13.2GHz。更重要的是，$SHGA@Fe_3O_4$ 复合材料在石蜡基体中的添加量仅仅为
5％，远远低于大多数已报道的石墨烯基微波吸收材料。较宽的有效吸收频带、
较薄的吸波剂匹配厚度、较低的复合材料添加量及较高的反射损耗等性能基本满
足现代技战术水平对微波吸收材料提出的"宽、薄、轻、强"等高性能要求，有
望在实际应用中发挥作用。

　　对于吸波材料，影响其微波吸收性能的电磁参数主要包括相对复介电常数
（ε' 和 ε''）和相对复磁导率常数（μ' 和 μ''）。图 7.10 所示为 Fe_3O_4、HGA 和
$SHGA@Fe_3O_4$ 三种材料的相对复介电常数及相对复磁导率随频率变化的曲线
图。由图（a）、（b）可知，HGA 和 $SHGA@Fe_3O_4$ 复合材料的复介电常数的实
部和虚部表现出明显的频率依赖性，随着频率的增加而呈现下降的趋势，在高频
区存在微弱波动，主要是由极化弛豫现象引起。在 1～18GHz 测试范围内，

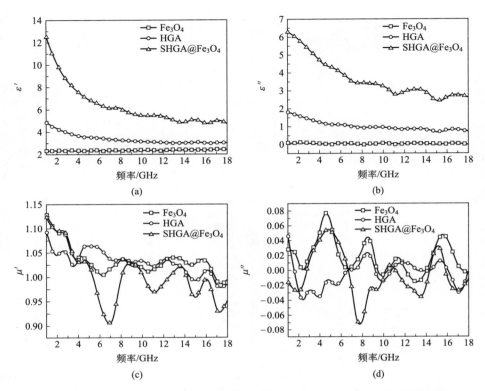

图 7.10　Fe_3O_4、HGA 和 $SHGA@Fe_3O_4$ 复合材料的复介电常数及复磁导率

HGA 和 $SHGA@Fe_3O_4$ 复合材料的复介电常数的实部分别从 4.86、12.55 下降到 3.05、4.74，虚部分别从 1.81、6.25 下降至 0.72、2.57。相比较三种材料，$SHGA@Fe_3O_4$ 复合材料拥有最大的复介电常数的 ε' 和 ε''，预示着其具有较好的能量储存及损耗能力，进而推断其可能具有优异电磁波吸收性能。图 7.9 也很好地印证了我们的推断。图 7.10(c)、(d) 所示为三种材料的复磁导率参数（μ' 和 μ''）随频率变化图。由图可知，Fe_3O_4、HGA 和 $SHGA@Fe_3O_4$ 三种材料的相对磁导率实部及虚部差别不大，其 μ' 和 μ'' 值分别在 1 和 0 附近上下波动。值得注意的是，HGA 和 $SHGA@Fe_3O_4$ 的相对磁导率虚部在高频区出现负值，此现象与材料内部存在的电子极化松弛、界面极化弛豫及材料导电性有关。石墨烯材料具有良好的导电性，得到的复合材料在石墨烯与磁性纳米粒子间形成导电网络，在外磁场作用下产生感应磁场，材料内部发生电荷移动，磁场能向电场能的转变，致使 HGA 和 $SHGA@Fe_3O_4$ 复合材料的 μ'' 值出现负值。总的来说，三种材料的复磁导率差别较小，且虚部值都在 0 附近，因此磁损耗不是该材料的主要损耗机制。

电磁波吸收材料的介电损耗及磁损耗是评价材料损耗能力强弱的重要参数。图 7.11(a)、（b）所示为 Fe_3O_4、HGA 和 $SHGA@Fe_3O_4$ 三种不同材料的介电损耗角正切、磁损耗角正切随频率的变化曲线图。从数值分析，三种材料的介电损耗顺序：$SHGA@Fe_3O_4 > HGA > Fe_3O_4$，即 $SHGA@Fe_3O_4$ 复合材料具有最高的介电损耗，也印证了之前相对介电常数讨论部分的推断。相对于介电损耗，三种材料的磁损耗相差不大，均在 $-0.08 \sim 0.08$ 之间波动，其中处于低频 $2 \sim 10GHz$ 范围的共振峰来自于自然共振，而位于高频区的共振峰由交换共振引起。另外，$SHGA@Fe_3O_4$ 复合材料在整个频率范围内介电损耗角正切远远大于磁损耗角正切，说明介电损耗是其主要损耗机理，而非磁损耗。此外，导电性能较优的二维还原氧化石墨烯片互相交错搭接形成三维导电网络，载流子在微波作用下于导电网络中定向运动，从而产生电导损耗，有利于提高复合材料的微波吸收性能。另外电磁波进入高孔隙率的三维石墨烯气凝胶复合材料内部发生不断的反射及散射，使得电磁波以热能的形式被耗散掉，进而提升复合材料的微波吸收性能[8]。

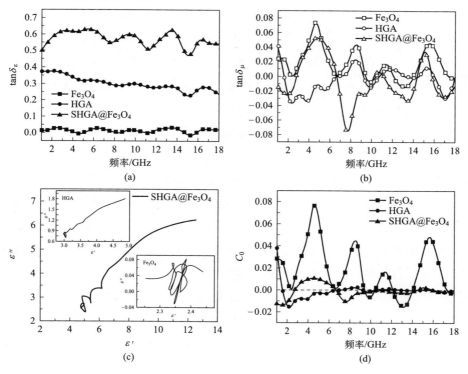

图 7.11　Fe_3O_4、HGA 和 $SHGA@Fe_3O_4$ 复合材料的介电损耗角正切（a）、
磁损耗角正切（b）、Cole-Cole 环（c）及涡流损耗（d）

图 7.11(c) 所示分别为三种不同材料的 Cole-Cole 环随频率的变化曲线图。一般来说，极化和松弛过程是引起介电损耗的主要因素，根据德拜松弛理论，对复介电常数的实部与虚部作图会成一个半圆，称作 Cole-Cole 半圆，每一个 Cole-Cole 半圆代表一次极化松弛过程。由图 7.11(c) 可知 SHGA@Fe_3O_4 复合材料存在多个半圆环，说明 SHGA@Fe_3O_4 复合材料具有多个松弛过程，有利于材料提高其微波吸收性能。更重要的是，SHGA@Fe_3O_4 复合材料的 Cole-Cole 环不是规整的，有些变形、扭曲，说明在复合材料中还存在其他的损耗机制，如 Maxwell-Wagner 松弛、电子极化、界面极化、偶极极化等。

滞后损耗、多畴壁共振、涡流效应、自然共振和交换共振等是引起吸波材料磁损耗的主要因素。其中滞后损耗在弱磁场中可以忽略不计，同样由于多畴壁共振通常发生在低频（<2GHz）亦可忽略。自然共振常常发生在低频区域，且当粒子尺寸降低至纳米水平时，共振频率向高频移动。根据 Aharom 提出的理论，发生在高频的共振峰归属于交换共振[9]。相比 MGF@Fe_3O_4 复合材料，SHGA@Fe_3O_4 复合材料中含有的金属粒子尺寸更小，表面存在有许多的悬挂键和缺陷（尺寸效应），在电磁场的激发诱导下，存在的悬挂键和缺陷可作为极化中心，增强电磁波损耗。图 7.11(d) 所示分别为 Fe_3O_4，HGA 和 SHGA@Fe_3O_4 三种不同材料的涡流损耗随频率的变化曲线图。由于导电性能良好的还原氧化石墨烯片的存在，可能诱导产生涡流损耗，对磁损耗能力具有一定的积极贡献，且图 7.11(b) 复合材料的 Cole-Cole 环低频区域拖着长长的尾巴也是复合材料存在较好电导损耗的反映。依据趋肤效应，若磁损耗仅仅与涡流损耗有关，则 C_0 应保持常数，不随频率的变化而变化。纯金属 Fe_3O_4 的涡流损耗因子 C_0 在 $1\sim$ 18GHz 范围内剧烈波动，并不等于常数，说明涡流损耗不起作用；而 HGA 和 SHGA@Fe_3O_4 两者的涡流损耗因子 C_0 在 10～18GHz 内近乎保持恒定（几乎为 0），进而说明涡流损耗在高频区对于材料的吸波性能起到一定作用。

吸波剂材料的微波吸收性能常常与材料本身阻抗匹配系数 Z 和吸收系数 α 有关。吸收材料的输入阻抗 Z_{in} 与自由空间的波阻抗 Z_0 之间的阻抗比值 $|Z_{in}/Z_0|$ 接近 1，具有最好的匹配条件，这是获得最佳微波吸收性能的前提。据此，我们分别计算 Fe_3O_4、HGA 和 SHGA@Fe_3O_4 复合材料的 $|Z_{in}/Z_0|$ 值并绘图，如图 7.12(a) 所示。可以观察到在 $1.0\sim18.0$GHz 的频率范围内，纯金属 Fe_3O_4、HGA 和 SHGA@Fe_3O_4 复合材料的阻抗匹配系数大小顺序依次为 SHGA@Fe_3O_4、Fe_3O_4 和 HGA，纯金属粒子的匹配系数较优，按理说应该具有最好的微波吸收性能，然而，从图 7.12(b) 可知，纯金属粒子表现出最差的吸收系数，因此其

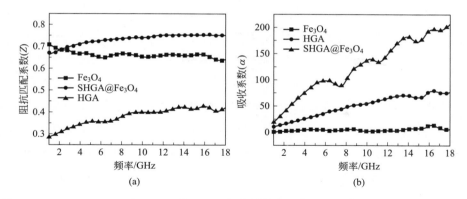

图 7.12　Fe_3O_4、HGA 和 $SHGA@Fe_3O_4$ 复合材料的阻抗匹配系数（a）和吸收系数（b）

微波吸收性能不佳，也就是说单一条件优异的匹配系数或者吸收系数均不能代表较优异的吸收性能，而 $SHGA@Fe_3O_4$ 复合材料同时显示出较优异的匹配系数和最高的吸收系数，因此具有最优异的微波吸收性能。

7.1.6　$SHGA@Fe_3O_4$ 填充量对石蜡基复合材料吸波性能的影响

石蜡基复合材料中 $SHGA@Fe_3O_4$ 的填充量影响同轴测试样的电磁参数，进而对复合材料微波吸收性能存在影响，为了探究其变化规律，控制合成过程中乙酰丙酮铁的添加量和热解温度，调整石蜡基同轴测试样的比例，测试四种不同 $SHGA@Fe_3O_4$ 含量的同轴圆环，绘图并分析其影响变化。选取 600℃-3％、600℃-5％和 600℃-7％三组样品进行比较。图 7.13 分别显示了不同 $SHGA@Fe_3O_4$ 填充量、不同匹配厚度下石蜡基复合材料的 3D 反射损耗，具体数据列于表 7.3 中。由图 7.13 及表 7.3 可知，随着石蜡基复合材料中 $SHGA@Fe_3O_4$ 添加量的升高，复合材料的微波吸收性能先增强后减弱，表现出明显的渗流行为，即存在最佳配比（或者渗流阈值），且整体上复合材料的介电常数的实部和虚部随着填充系数的升高而增大，这种现象可以由有效介质理论解释[10]。相比而言煅烧温度 600℃，石蜡基同轴含量为 5％的吸波性能最佳；随着匹配厚度的增大，最小反射损耗出峰位置向低频移动，此原因可由四分之一波长理论解释。此外，随着吸波剂匹配厚度的不断增大，不同 $SHGA@Fe_3O_4$ 填充量的石蜡基复合材料最小反射损耗值均逐渐向低频移动，当 $SHGA@Fe_3O_4$ 填充量为 3％（质量分数）时，石蜡基复合材料最小反射损耗约为−48dB。当填充量升高至 5％，石蜡基 $SHGA@Fe_3O_4$ 复合材料的微波吸收性能显著提高，最小反射损耗值及有效吸收频宽明显优于前者。然而，当进一步提高 $SHGA@Fe_3O_4$ 填充量时，石蜡基复合材料反射损耗逐渐减小，微波吸收性能变弱。其原因可能是：随着 SHGA@Fe_3O_4 填充量的不断增大，石蜡基复合材料的复介电常数急剧增大，而复磁导率常数几乎保持不变（存在微小波动），这种复介电常数过高而复磁导率偏低就导致复合材料的阻抗不匹配，微波吸收性能减弱。不同 SHGA@Fe_3O_4 填充量的石蜡基复合材料微波吸收性能及电磁参数范围分别列于表 7.3 和表 7.4。由表 7.3 可知，SHGA@Fe_3O_4 填充量为 5％的石蜡基复合材料的最小反射损耗和有效吸收频宽均优于其他填充比例的复合材料，因此，可以通过调控 SHGA@Fe_3O_4 填充量来调控复合材料的微波吸收性能。

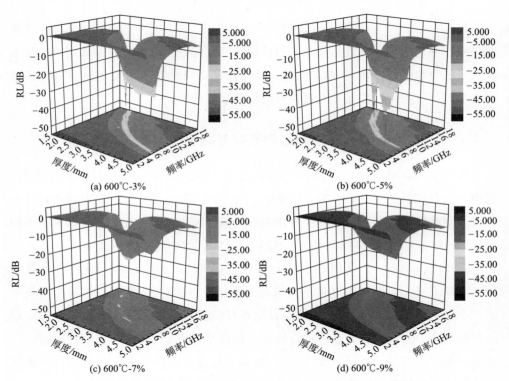

图 7.13　石蜡基复合材料在不同 SHGA@Fe_3O_4 填充量、
不同厚度下的反射损耗曲线

表 7.3　不同 SHGA@Fe_3O_4 填充量的石蜡基同轴样品的微波吸收性能

填充量	RL_{min}/dB	频率范围（RL＜−10dB）/GHz	EAB/GHz
3％	−48.9	11.6～18	6.4
5％	−51.7	11.4～18	6.6
7％	−21.9	11.7～18	6.3
9％	−22.6	12.9～18	5.1

注：RL_{min} 为最小反射损耗；EAB 为有效吸收频宽。

表 7.4　不同 SHGA@Fe_3O_4 填充量的复合材料的电磁参数范围

样品	ε'	ε''	μ'	μ''
3%	4.72~11.89	2.78~4.70	0.93~1.11	−0.11~0.02
5%	4.75~12.55	2.39~6.25	0.91~1.13	−0.07~0.05
7%	5.32~15.11	3.42~7.82	0.91~1.13	−0.08~0.06
9%	5.20~15.95	4.31~7.74	0.95~1.10	−0.14~0.02

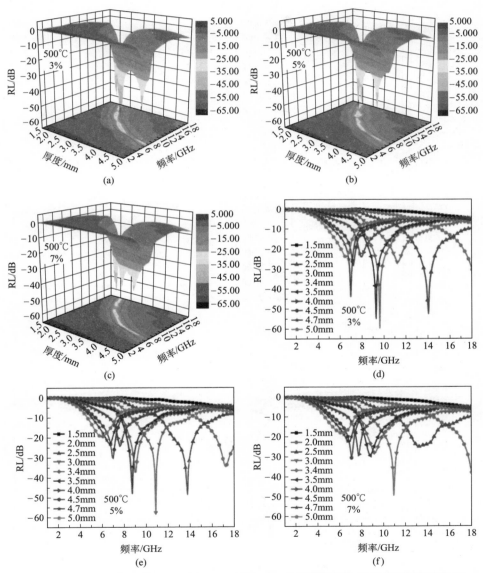

图 7.14　500℃煅烧温度下，不同 SHGA@Fe_3O_4 填充量的复合材料的微波吸收性能

7.1.7 煅烧温度对 SHGA@Fe₃O₄ 复合材料吸波性能的影响

吸波材料的微波吸收性能与填充量及煅烧温度密切相关。热解温度对复合材料的化学成分和微观结构存在一定影响，进而影响复合材料的微波吸收性能。当热解温度分别设定到 500℃、600℃、700℃ 时，SHGA@Fe₃O₄ 在不同填充量（3%、5%、7%）下的微波吸收性能存在较大差异。图 7.14～图 7.16 体现了吸

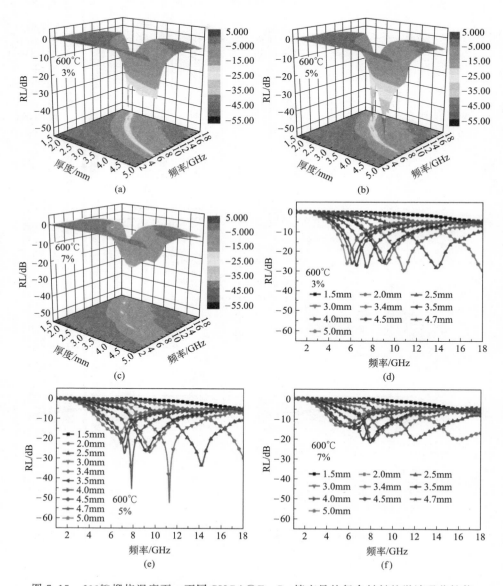

图 7.15　600℃煅烧温度下，不同 SHGA@Fe₃O₄ 填充量的复合材料的微波吸收性能

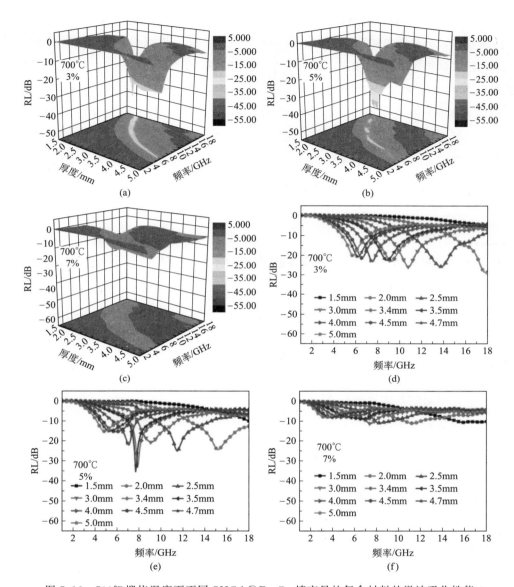

图 7.16 700℃煅烧温度下不同 SHGA@Fe₃O₄ 填充量的复合材料的微波吸收性能

波剂在不同煅烧温度及不同含量时的反射损耗值。由图 7.14 可知，500℃热解温度条件下，3%、5% 和 7% SHGA@Fe₃O₄ 填充量的石蜡基复合材料在吸波剂匹配厚度分别为 3.4mm、3.0mm 和 3.0mm 时的最大反射损耗分别为 −59.4dB、−57.9dB 和 −48.8dB；吸波剂匹配厚度在 1.5~5mm 范围内时，有效吸收频宽分别达到 13.1GHz、13.4GHz 和 12.3GHz；填充量升高，复合材料的微波吸收性能先逐渐提高后减弱。此外，在相同填充量下，石蜡基复合材料的微波吸收性能也存在差异。随着热解温度的升高，同等填充量下石蜡基复合材料的介电常数快速升高，介电损耗增大，然而磁导率常数几乎不变，导致石蜡基复合材料阻抗不匹配，微波吸收性能减弱。最小反射损耗值和有效吸收频宽是评价吸波材料吸收性能优劣的主要指标参数，基于以上数据分析，考量综合性能可以得出500℃-5％的微波吸收性能最佳。此外，由于复合材料的微波吸收性能受衰减特性和匹配特性支配，因此，可以通过控制煅烧温度来调控复合材料的电磁特性，使其达到复合材料介电损耗和磁损耗之间的平衡，实现材料优异的微波吸收性能。

7.2 钴基磁性石墨烯气凝胶复合材料的制备及吸波性能

7.2.1 SHGA@Co 复合材料的制备

负载超精细 Co 纳米晶 3D 磁性超疏水石墨烯气凝胶复合材料（SHGA@Co）的制备主要包括以下步骤。

（1）水凝胶前驱体的制备

采用氧化石墨烯（GO）、聚乙烯醇（PVA）、维生素 C（VC）、乙酰丙酮钴（AACo）为原料，通过高温水热法制备水凝胶前驱体（PVA/AACo/GO）。具体操作步骤如下：将预先制备的 GO 加入适量的蒸馏水中，超声分散 2h 配制成 5mg/mL GO 均匀分散液。分别准确量取 20mL GO 和 5mL PVA 溶液（自制），超声搅拌，混合均匀得到 A 混合液；称量 1.5g 乙酰丙酮钴并超声分散于 60mL 的蒸馏水中，加入 3.0g 维生素 C 机械搅拌至分散液变得澄清，得到 B 混合液；将 A 混合液和 B 混合液在室温下机械搅拌混合均匀（C 混合液），注入体积 150mL 的水热反应釜内，180℃反应 12h，待反应釜自然降温至室温，用蒸馏水多次静置置换得到水凝胶前驱体（PVA/AACo/GO）。

（2）磁性石墨烯气凝胶的制备

将步骤（1）中水凝胶前驱体冷冻干燥得到干气凝胶前驱体，将前述获得的干气凝胶前驱体放置于管式炉中，在惰性气体 Ar 保护环境下，升温速率 10℃/min，550℃保温处理 3h。高温煅烧条件下，PVA 分解为 H_2O 和 CO_2，GO 还原成石墨烯，AACo 热解为金属 Co 和 CO_2 等，从而得到 3D 磁性石墨烯气凝胶。

为了进行空白对比实验，单纯的疏水石墨烯气凝胶和纯 Co 可以在分别未添加 AACo 和 GO 的合成条件下获得，高温煅烧工艺和制备磁性石墨烯气凝胶的相同。其制备工艺流程如图 7.17 所示。

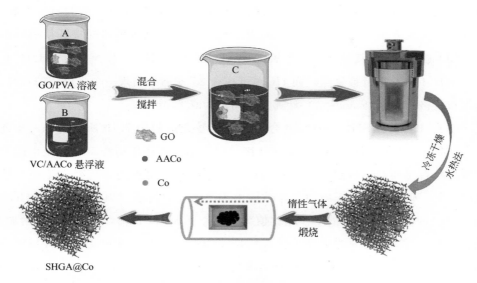

GO/PVA 溶液

混合
搅拌

C

冷冻干燥
水热法

GO
AACo
Co

VC/AACo 悬浮液

惰性气体
煅烧

SHGA@Co

图 7.17　钴基磁性超疏水石墨烯气凝胶复合材料的制备工艺流程图

7.2.2　SHGA@Co 复合材料的结构表征

可用 XRD、Raman 光谱和 XPS 等表征手段表明其还原过程。图 7.18 为纯金属单质 Co、疏水性石墨烯气凝胶（HGA）和磁性超疏水石墨烯气凝胶（SHGA@Co）的 XRD 谱图。如图 7.18 所示，纯金属单质 Co 在衍射角分别为

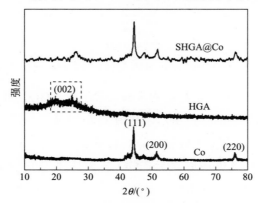

图 7.18　纯钴（Co）、疏水性石墨烯气凝胶（HGA）和磁性超疏水
石墨烯气凝胶（SHGA@Co）的 XRD 谱图

ASD 处出现特征衍射峰，分别对应于其（111）、（200）和（220）的衍射晶面，单纯的疏水性石墨烯气凝胶的 XRD 图谱在 25°处出现了一个较弱的宽衍射峰，对应于其（002）衍射晶面，而在磁性疏水石墨烯气凝胶（SHGA@Co）复合材料中，这个衍射峰消失了，表明金属粒子 Co 可以有效降低石墨烯的有序堆叠。此外，经过维生素 C 的化学还原及高温煅烧过后，氧化石墨烯的特征衍射峰消失，GO 被还原，其表面的含氧官能团（—COOH、—C＝O、—OH 和 —C—O—C—）大量被移除，而 HGA 试样在 25°左右处出现一个强度弱的宽峰，依据布拉格方程（$2d\sin\theta=\lambda$）计算其层间距为 0.37nm。

　　GO、HGA 和 SHGA@Co 复合材料的拉曼光谱如图 7.19 所示，进一步证实在制备 HGA 和 SHGA@Co 复合材料过程中 GO 的还原历程。由拉曼谱图可以看出从石墨到 GO 再到 HGA 和 SHGA@Co，复合材料的碳骨架发生明显的架构变化。碳的有序和无序的晶体结构用 I_D/I_G 比值衡量（面积），GO、HGA 和 SHGA@Co 复合材料的 I_D/I_G 比值为 1.38、1.85 和 1.79，I_D/I_G 比值增加，证实了氧化石墨烯还原之后产生更多小尺寸的石墨烯纳米薄片及出现大规模的 sp^2 杂化碳原子结构。拉曼光谱分析结果与上述 XRD 结果一致。

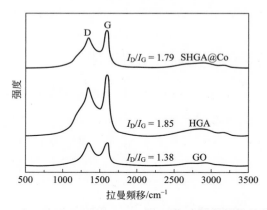

图 7.19　GO、HGA 和 SHGA@Co 复合材料的拉曼谱图

　　通过 XPS 分析进一步确定材料的表面元素组成。GO、HGA 和 SHGA@Co 复合材料的 XPS 谱图如图 7.20 所示。从图 7.20 可知，三者均主要由 C 和 O 组成，且 HGA 和 SHGA@Co 复合材料的 C 含量远远高于 GO，证实经过维生素 C 的化学还原及高温煅烧热还原之后，GO 表面大部分的含氧官能团—OH 和 —COOH等被移除。图 7.20（b）为 SHGA@Co 复合材料的 C 1s 谱图，通过 Origin软件对其进行分峰拟合。从图 7.20（b）可见，C 1s 谱图中存在 284.4eV、286.3eV、286.7eV 和 289.0eV 四个特征峰，分别对应于—C—C—/—C＝C—、

—C—OH、—C—O—和—C $=$ O 四个官能团，但其含氧官能团的强度明显小于 GO，进一步表明 GO 被还原生成石墨烯。然而，从图 7.20(c) 可见，SHGA@ Co 复合材料的 Co 2p 谱图中无明显谱峰，分析其原因可能是由于其含量较低，超出 XPS 能谱检测线，表 7.5 中列出了复合材料中仅含有 0.11% 的钴元素，也进一步印证了猜想；由于金属 Co 纳米粒子的小尺寸效应，致使其镶嵌在石墨烯片层结构中，由于 XPS 元素分析是检测表面化学元素，具有有限的检测深度，因此无法检测出复合材料内部所含元素。

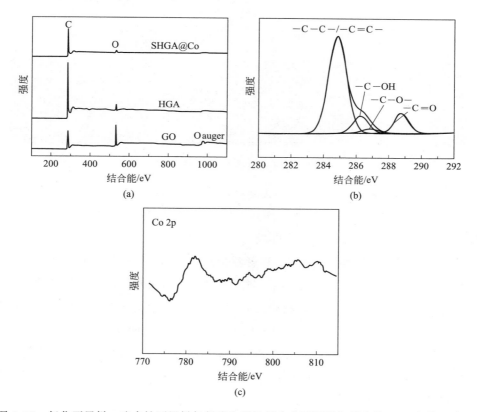

图 7.20　氧化石墨烯、疏水性石墨烯气凝胶和磁性超疏水石墨烯气凝胶的 XPS 全谱图 (a)，
磁性疏水石墨烯气凝胶 C 1s 分峰谱图 (b) 及 Co 2p 分峰谱图 (c)

表 7.5　XPS 测定复合材料中元素原子分数

样品	C/%	O/%	Co/%
GO	72.93	27.03	0
HGA	97.2	2.8	0
SHGA@Co	98.11	1.78	0.11

为了进一步验证 SHGA@Co 复合材料的元素组成及分布，对 SHGA@Co 复合材料进行 EDS 能谱元素扫描分析，结果如图 7.21 所示。EDS 能量谱图分析表明 SHGA@Co 复合材料中存在少量的 Co 元素，但元素组成主要为 C，其次是 O 元素，这一结果与 XPS 分析相一致。

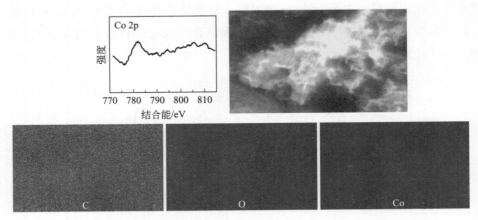

图 7.21 SHGA@Co 复合材料 EDS 元素 C、O 和 Co 分析图

SHGA@Co 复合材料的扫描电镜及透射电镜图如图 7.22 和图 7.23 所示。从图 7.22(a) 和 7.22(b) 可见，SHGA@Co 复合材料骨架由相互连接的高褶皱、折叠的石墨烯片层构成，且形成三维多孔网络，互连网络的孔径约为几微米，孔壁由多层石墨烯薄片组成。这种独特的多孔结构会引起电磁波多重反射和散射，且可有效改善阻抗匹配性能，进而有益于拓宽吸收频带，增强微波吸收性能[6]。由图 7.22(c) 可知，超精细的 Co 纳米晶均匀地锚定在石墨烯片层的内外两侧或者被石墨烯片层包裹，且纳米粒子呈现大小均一的球形，无明显的团聚，石墨烯片层无明显的空白区域。因此，扫描电镜结果表明石墨烯片有效地防止金属粒子发生团聚，使其达到良好的分散效果，有利于形成多重界面效应，增强复合材料的微波吸收性能。TEM 结果进一步证实金属 Co 粒子的分布均匀性。由图 7.23(a)、(b) 所示的 TEM 图可得，复合材料由大量褶皱透明的石墨烯片和

(a) (b) (c)

图 7.22 SHGA@Co 复合材料的扫描电镜

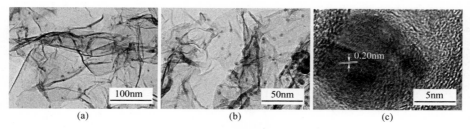

图 7.23　SHGA@Co 复合材料的透射电镜图

超精细的金属粒子组成，且 Co 金属纳米粒子均匀地分散在石墨烯片上，无明显团聚，每个粒子的直径大约为 10nm，这与 XRD 结论相一致。图 7.23(c) 为单个 Co 纳米粒子的晶格图像，其晶格间距为 0.20nm，与 Co 纳米粒子的（101）晶格平面相吻合。

7.2.3　SHGA@Co 复合材料的磁性能

在室温条件下，通过振动样品磁强计测量 Co、HGA 和 SHGA@Co 复合材料的磁滞回线，如图 7.24 所示，相关数据列于表 7.6。从图 7.24 和表 7.6 可知，纯 HGA 不存在磁性，故其饱和磁化强度接近零，而纯金属 Co 的磁滞曲线为 S 形，表现出明显的铁磁行为，具有突出的矫顽力和剩余磁化强度，其饱和磁化强度、剩余磁化强度和矫顽力分别为 74.52emu/g、20.00emu/g 和 527.80Oe。然而，SHGA@Co 复合材料室温下表现出顺磁性，无明显矫顽力和剩余磁化强度存在，且其饱和磁化强度值由纯金属的 74.52emu/g 减小到 3.22emu/g。较小的饱和磁化强度值是由于引入大量的非磁性的石墨烯片，依据饱和磁化强度比值估计 SHGA@Co 复合材料中金属含量仅为 4.3%。重要的是，顺磁性有利于 SHGA@Co 复合材料在高频范围内的微波吸收性能。

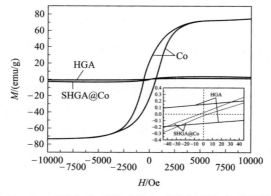

图 7.24　Co、HGA 和 SHGA@Co 复合材料的室温磁滞回线

表 7.6　Co、HGA 和 SHGA@Co 复合材料的磁性能

样品	$M_s/(emu/g)$	H_c/Oe	$M_r/(emu/g)$
纯 Co	74.52	527.80	20.00
HGA	0.91	123.52	0.15
SHGA@Co	3.22	4.50	接近 0

7.2.4　SHGA@Co 复合材料的疏水性能

采用静态接触角测量仪测试其石墨烯气凝胶复合材料的接触角，结果如图 7.25 所示。在不同的煅烧温度下，磁性石墨烯复合材料的接触角均大于 145℃，且随着煅烧温度的升高，接触角不断增大，最终石墨烯气凝胶复合材料表现出超疏水特性（接触角大于 150℃）。这是由于随着煅烧温度的不断升高，石墨烯基复合材料中更多的含氧基团被移除，致使碳元素含量增高。

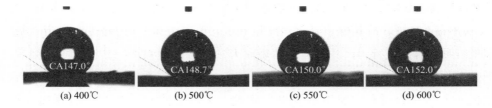

| (a) 400℃ | (b) 500℃ | (c) 550℃ | (d) 600℃ |

图 7.25　SHGA@Co 复合材料在不同煅烧温度下的接触角

图 7.26 所示为水滴在涂覆有 SHGA@Co 复合材料的自制 U 形柔性铝基板上运动轨迹。将制备的 SHGA@Co 气凝胶复合材料锚定在自制 U 形柔性铝基板上，利用注射器滴加一点水滴在 U 形轨道上，水滴在 U 形轨道左右多次滑动，最终停留在轨道底部。

7.2.5　SHGA@Co 复合材料的吸波性能

优异的电磁波吸收材料不仅需要较强的吸收强度，而且需要具有较宽的吸收频带。依据传输线理论，利用同轴法，将待测试样与石蜡加热熔融混合均匀（样品与石蜡的质量比为 4.25：95.75）测试不同试样的电磁参数，通过 Matlab 软件模拟其反射损耗，如图 7.27 所示。纯金属粒子与单纯石墨烯气凝胶表现出较差的微波吸收性能，在 1.5～5.0mm 整个模拟厚度范围内均未出现－10dB 以下的有效吸收频带。在匹配厚度分别为 5.0mm、4.9mm，频率为 16.3GHz、

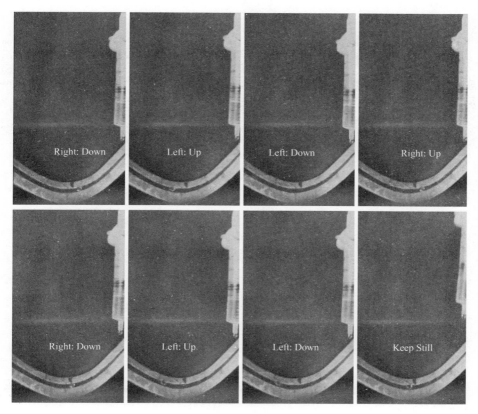

图 7.26　SMGA@Co 纳米复合材料锚固在自制 U 形柔性铝基板上的水滴滑动轨迹

9.0GHz 时，两者的最小反射损耗值仅仅为 −0.67dB 和 −6.02dB。因此，单一使用纯金属粒子或者单纯石墨烯气凝胶无法满足实际应用要求。然而，如图所示，通过化学还原及高温热分解将超精细 Co 磁性纳米粒子负载于石墨烯气凝胶得到磁性石墨烯气凝胶复合材料，其微波吸收能力明显提高，在匹配厚度为 2.4mm、频率为 14.6GHz 时，复合材料的最小反射损耗值达到 −51.6dB，有效吸收频宽达到 6.2GHz。在匹配厚度为 1.5～5.0mm 时，复合材料的有效吸收频宽可以达到 13.2GHz。更重要的是，SHGA@Co 复合材料在石蜡基体中的添加量仅仅为 4.25%，远远低于大多数已报道的石墨烯基微波吸收材料[11-21]。较宽的有效吸收频宽、较薄的吸波剂匹配厚度、较低的复合材料添加量及较高的反射损耗值等性能基本满足现代技战术水平对微波吸收材料提出的"宽、薄、轻、强"等高性能要求，有望在实际中应用。

　　微波吸收性能往往受材料的电磁参数（相对复介电常数和相对复磁导率常数）约束，据此，按照质量比 4.25% 与固体石蜡熔融混合，依据同轴法通过矢

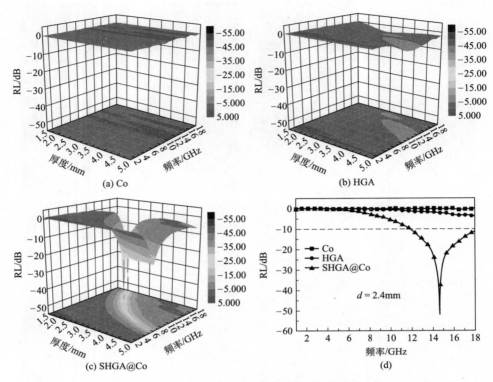

图 7.27　Co、HGA 和 SHGA@Co 复合材料反射损耗的三维图及反射损耗曲线

量网络分析仪测试 Co、HGA 和 SHGA@Co 复合材料的电磁参数（ε'、ε''、μ'、μ''），如图 7.28 所示。由图 7.28（a）可知，Co、HGA 及 SHGA@Co 复合材料的介电常数实部 ε' 的数值范围依次为 2.23～2.45、2.77～3.89 和 4.68～12.51，SHGA@Co 复合材料明显高于纯金属 Co 和 HGA，且表现出明显的频散特性，即随着频率的升高逐渐减小，Co、HGA 和 SHGA@Co 的介电常数虚部 ε'' 的数值范围依次为 -0.08～0.07、0.58～1.00 和 3.90～6.95，同样地，SHGA@Co 复合材料的介电常数虚部明显高于纯金属 Co 和 HGA，说明其具有最强的介电损耗能力。另外也证实将金属与石墨烯复合之后，可以明显提高其复合材料的介电损耗能力。图 7.28（c）和 7.28（d）所示为 Co、HGA 及 SHGA@Co 复合材料磁导率常数随频率的变化图，由图可知，Co、HGA 及 SHGA@Co 复合材料的磁导率实部范围分别为 0.99～1.12、1.00～1.10 和 0.97～1.11，且在 1～18GHz 频率范围内表现出轻微波动，而三者的磁导率虚部范围分别为 -0.02～0.06、-0.01～0.05 和 -0.05～0.02，且伴随着剧烈波动。值得注意的是，在部分范围内 μ'' 值为负值，表明磁场能被损耗掉，同时也说明复合材料的吸波机

理是磁损耗和介电损耗的共同作用。

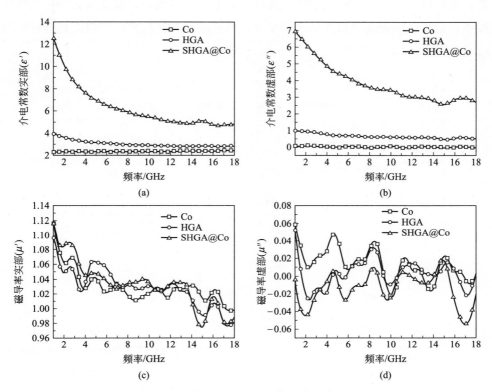

图 7.28　Co、HGA 和 SHGA@Co 复合材料的复介电常数及复磁导率

图 7.29(a) 和 7.29(c) 所示为 Co、HGA 和 SHGA@Co 的介电损耗角正切、磁损耗角正切随频率的变化。从数值分析，Co、HGA 和 SHGA@Co 的介电损耗能力大小顺序为：SHGA@Co＞HGA＞Co，即 SHGA@Co 复合材料具有最强的介电损耗能力，也印证了之前相对介电常数讨论部分的推断。相对于介电损耗，Co、HGA 和 SHGA@Co 的磁损耗能力相差不大，均在－0.06～0.06之间波动，其中处于低频 2～10GHz 范围的共振峰来自于自然共振，而位于高频区的共振峰是由交换共振引起。另外，SHGA@Co 复合材料在整个频率范围内介电损耗角正切远远大于磁损耗角正切，说明介电损耗是其主要损耗机理，而非磁损耗。图 7.29(b) 所示为 Co、HGA 和 SHGA@Co 的 Cole-Cole 环变化曲线图。由图 7.29(b) 可知，SHGA@Co 复合材料与 HGA 具有 Cole-Cole 环，即两者具有相似的松弛过程。更重要的是，SHGA@Co 复合材料的 Cole-Cole 环不是规整的，有些变形、扭曲，说明在复合材料中还存在其他的损耗机制，如 Maxwell-Wagner 松弛、电子极化、界面极化、偶极极化等。另外高温煅烧有助于改善石墨烯材料的导电性能，使其具有良好的电导损耗能力，致使极化损耗信号被掩盖，相比于第 6 章中构筑的泡沫复合材料，本章制备的磁性气凝胶复合材料的 Cole-Cole 环均不明显[8]。

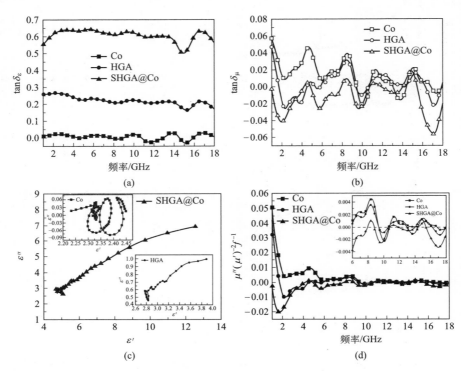

图 7.29　Co、HGA 和 SHGA@Co 复合材料的介电损耗角正切（a）、磁损耗角正切（b）、
Cole-Cole 环（c）及涡流损耗（d）

图 7.29(d) 为 Co、HGA 和 SHGA@Co 的涡流损耗随频率的变化曲线图。依据趋肤效应，若磁损耗仅仅与涡流损耗有关，则 C_0 应保持常数，不随频率的变化而变化。纯金属 Co 的涡流损耗因子 C_0 在 1～8GHz 范围内剧烈波动，并不等于常数，说明涡流损耗不起作用；而 Co 和 SHGA@Co 两者的涡流损耗因子 C_0 在 10～18GHz 内近乎保持恒定，进而说明涡流损耗在高频区对于材料的吸波性能起到一定作用。

从图 7.30(a) 可知，在 1～18.0GHz 的频率范围内，纯金属 Co、HGA 和 SHGA@Co 复合材料的阻抗匹配系数大小顺序依次为 Co、SHGA@Co 和 HGA，说明纯金属的匹配系数最优，按理说应该具有最佳的微波吸收性能，然而由图 7.30(b) 可知，纯金属 Co 表现出最差的吸收系数，而 SHGA@Co 复合材料显示出最高的吸收常数。由图 7.29(a) 得知，纯石墨烯气凝胶具有较优的介电损耗能力，但因其较高的导电性导致其阻抗匹配性能差，最终表现出弱的微波吸收性能。单一条件优异的匹配系数或者吸收系数不能代表较优异的吸收性能，SHGA@Co 复合材料具有最佳的吸收系数和较高的匹配常数，因此具有最优异的微波吸收性能。复合材料具有的大量空气-固体界面和三维多孔结构有利于调控其电磁参数，提高阻抗匹配性能。

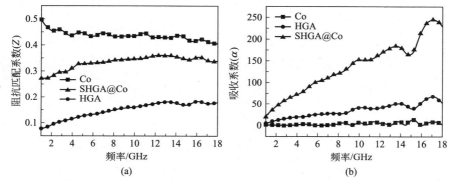

图 7.30　Co、HGA 和 SHGA@Co 复合材料的阻抗匹配系数（a）和吸收系数（b）

7.2.6　SHGA@Co 填充量对石蜡基复合材料吸波性能的影响

图 7.31 分别显示了不同 SHGA@Co 填充量的石蜡基复合材料微波吸收性能。由图可知，随着吸波剂匹配厚度的不断增大，不同 SHGA@Co 填充量的石蜡基复合材料最小反射损耗值均逐渐向低频移动，另外，SHGA@Co 填充量为 4% 的石蜡基复合材料最小反射损耗值在 −45dB 左右。当 SHGA@Co 填充量升高至 4.25% 时，石蜡基 SHGA@Co 复合材料的微波吸收性能显著提高，最小反射损耗及有效吸收频宽明显优于前者。然而，当进一步提高 SHGA@Co 填充量时，石蜡基复合材料反射损耗逐渐减小，微波吸收性能变弱。其原因可能是：随着 SHGA@Co 填充量的不断增大，石蜡基复合材料的复介电常数增大，而复磁导率常数几乎保持不变，最终这种单一方面变化导致复合材料的阻抗不匹配，其微波吸收性能减弱。不同 SHGA@Co 填充量的石蜡基复合材料微波吸收性能及电磁参数范围分别列于表 7.7 和表 7.8。由表 7.7 可得，SHGA@Co 填充量为 4.25% 的石蜡基复合材料最小反射损耗值和有效吸收频宽均优于其他比例的复合材料，因此，可以通过调整 SHGA@Co 填充量进而达到调控复合材料微波吸收性能的目的。

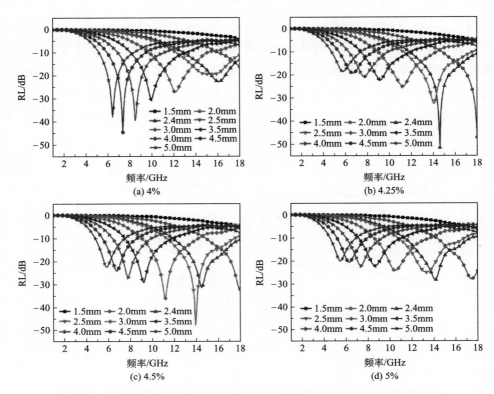

图 7.31　SHGA@Co 复合材料在不同填充量、不同厚度下的反射损耗曲线

表 7.7　不同 SHGA@Co 填充量的石蜡基同轴样品的微波吸收性能

填充量	RL_{min}/dB	频率范围(RL＜－10dB)/GHz	EAB/GHz
4%	－44.4	5.2～18.0	12.8
4.25%	－51.6	4.8～18.0	13.2
4.5%	－48.0	4.8～18.0	13.2
5%	－36.9	4.5～18.0	13.5

表 7.8　不同 SHGA@Co 填充量的复合材料的电磁参数范围

样品	ε'	ε''	μ'	μ''
4%	4.32～10.06	1.93～4.44	0.97～1.14	－0.03～0.03
4.25%	4.67～12.51	2.57～6.95	0.97～1.12	－0.05～0.02
4.5%	4.68～12.78	2.44～5.47	0.96～1.01	－0.07～0.02
5%	4.95～12.92	2.82～5.90	0.94～1.11	－0.07～0.01

7.2.7　煅烧温度对 SHGA@Co 复合材料吸波性能的影响

　　热解温度对复合材料的化学成分和微观结构存在一定影响，进一步影响复合材料的微波吸收性能，如图 7.32～图 7.34 所示。当热解温度分别设定到 450℃、550℃、650℃时，不同 SHGA@Co 填充量（3%、4%、5%）的复合材料微波

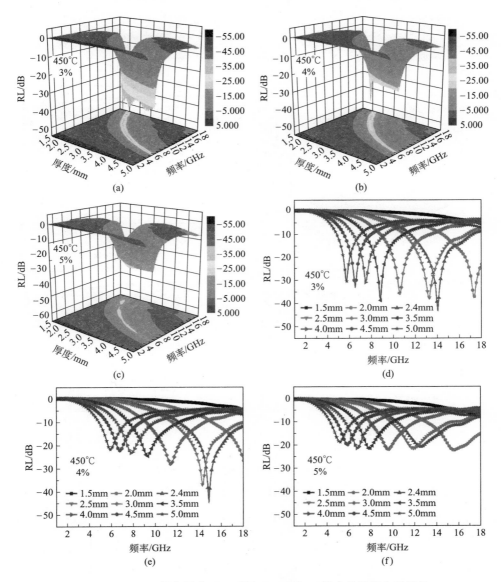

图 7.32　450℃煅烧温度下，不同 SHGA@Co 填充量的复合材料的
微波吸收性能

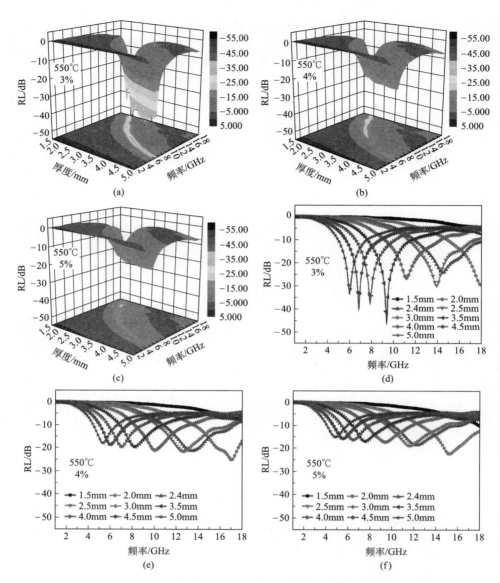

图 7.33　550℃煅烧温度下，不同 SHGA@Co 填充量的复合材料的
微波吸收性能

吸收性能存在较大差异。450℃热解温度条件下 4% SHGA@Co 填充量的石蜡基
复合材料的最大反射损耗仅为 −32.0dB，厚度为 5.0mm，吸波剂匹配厚度在
1.5～5mm 范围内时，有效吸收频宽为 14.8GHz；填充量升高，复合材料的微
波吸收性能先逐渐提高后减弱。此外，升高煅烧温度，同等填充量下，石蜡基复
合材料的微波吸收性能也存在差异；随着热解温度的升高，同等填充量下石蜡基

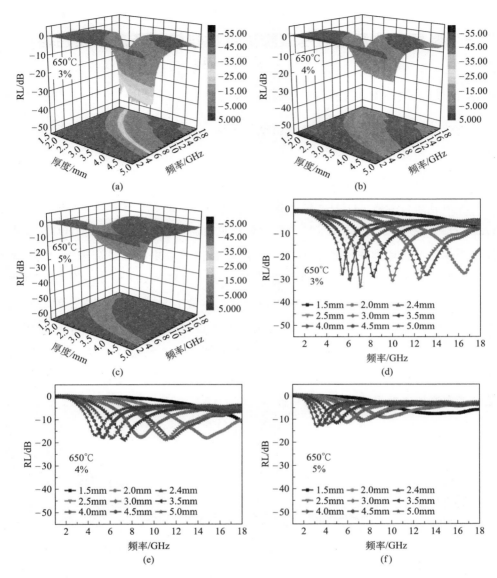

图 7.34 650℃煅烧温度下，不同 SHGA@Co 填充量的复合材料的
微波吸收性能

复合材料的介电常数快速升高，介电损耗增大，而磁导率常数几乎保持不变，这种单向变化最终导致石蜡基复合材料阻抗不匹配，微波吸收性能减弱。复合材料的微波吸收性能受衰减特性和匹配特性支配，因此，可以通过控制煅烧温度进而调控复合材料的电磁特性，满足复合材料介电损耗和磁损耗之间的平衡，获得优异的微波吸收性能。

7.3 镍基磁性石墨烯气凝胶复合材料的制备及吸波性能

7.3.1 HGA@Ni 复合材料的制备

负载超精细 Ni 纳米晶 3D 磁性疏水石墨烯气凝胶复合材料（HGA@Ni）的制备主要包括以下步骤。

(1) 水凝胶前驱体的制备

采用氧化石墨烯（GO）、聚乙烯醇（PVA）、维生素 C（VC）、乙酰丙酮镍（AANi）为原料，通过高温水热法制备水凝胶前驱体（PVA/AANi/GO）。具体操作步骤如下：将预先制备的 GO 加入适量的蒸馏水中，超声分散 2h 配制成 5mg/mL GO 均匀分散液。分别准确量取 20mL GO 分散液和 5mL PVA 溶液（自制），超声搅拌，混合均匀得到 A 混合液；称量 1.5g 乙酰丙酮镍并超声分散于 60mL 的蒸馏水中，加入 3.0g 维生素 C 机械搅拌至分散液变得澄清，得到 B 混合液；将 A 混合液和 B 混合液在室温下机械搅拌混合均匀（C 混合液），注入体积 150mL 的水热反应釜内，180℃反应 12h，待反应釜自然降温至室温，用蒸馏水多次静置置换得到水凝胶前驱体（PVA/AANi/GO）。

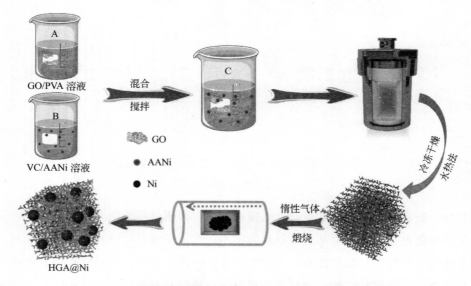

图 7.35　镍基磁性疏水石墨烯气凝胶复合材料的制备工艺流程图

(2) 磁性石墨烯气凝胶的制备

将步骤（1）中水凝胶前驱体冷冻干燥得到干气凝胶前驱体，将前述获得的干气凝胶前驱体放置于管式炉中，在惰性气体 Ar 保护环境下，升温速率 10℃/min，550℃保温处理 3h。高温煅烧条件下，PVA 分解为 H_2O 和 CO_2，GO 还原成石墨烯，AANi 热解为金属 Ni 和 CO_2 等，从而得到 3D 磁性石墨烯气凝胶。为了进行空白对比实验，单纯的氧化石墨烯和乙酰丙酮镍分别放置于管式炉中进行高温煅烧，高温煅烧工艺和制备磁性石墨烯气凝胶的相同，分别得到石墨烯气凝胶和纯镍的对比试样。其制备工艺流程如图 7.35 所示。

7.3.2　HGA@Ni 复合材料的结构表征

图 7.36 为纯镍（Ni）、疏水性石墨烯气凝胶（HGA）和磁性疏水石墨烯气凝胶（HGA@Ni）的 XRD 谱图。如图中所示，经过水热及高温煅烧过后，氧化石墨烯（GO）的特征衍射峰（11.9°，层间距为 0.70nm）最终消失，在 23.1°左右处出现一个较弱新的宽峰，依据布拉格方程（$2d\sin\theta = \lambda$）计算其层间距为 0.37nm。与 GO 相比，经水热及高温煅烧处理过后，GO 被还原，部分恢复 sp^2 C 原子结构形成石墨烯，此外，GO 表面的含氧官能团（—COOH、—C＝O、—OH 和—C—O—C—）大量被移除，致使石墨烯气凝胶的层间距降低。XRD 谱图中，出现在 44.5°、51.8°和 76.5°位置的衍射峰分别对应于 Ni 的（111）、（200）和（220）衍射晶面，与面心立方结构的 Ni 标准 XRD PDF（JCPDS NO.04-0850）卡片数据相一致。较弱的石墨烯衍射峰（23.1°）表明石墨烯片层存在部分有序堆叠，石墨烯气凝胶表面负载的 Ni 纳米晶可以有效地防止石

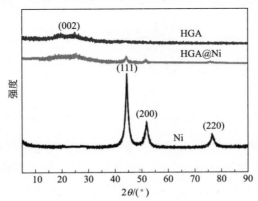

图 7.36　纯镍（Ni）、疏水性石墨烯气凝胶（HGA）和磁性疏水
石墨烯气凝胶（HGA@Ni）的 XRD 谱图

墨烯片在还原过程中有序聚集。综上所述，采用水热法及高温煅烧热解，通过GO 化学还原自组装和高温热解乙酰丙酮镍成功构筑了磁性疏水 3D 石墨烯气凝胶复合材料。

激光拉曼光谱分析是表征碳材料微观结构变化常用的分析检测手段。图7.37 所示为 GO、HGA 及 HGA@Ni 复合材料的拉曼光谱图，进一步说明 GO经过维生素 C 的化学还原及高温处理的热还原历程，碳骨架发生明显的结构变化。如图 7.37 所示，碳材料的拉曼光谱中存在两个特征峰，分别是拉曼频移位于 $1350cm^{-1}$ 的 D 峰和 $1580cm^{-1}$ 的 G 峰。其中，D 吸收峰是由石墨边缘和内部缺陷或者无规诱导共振散射产生，G 吸收峰与同一平面内属 sp^2 杂化 C 原子的对称共振有关。碳材料拉曼光谱图中 D 峰和 G 峰的峰形、峰位及相对强度（I_D/I_G）可以有效地反映出石墨烯碳材料的结构信息和表面的缺陷、掺杂情况。相对于 GO 的 D 峰和 G 峰，HGA 和 HGA@Ni 复合材料 D 峰和 G 峰的出峰位置偏向低波数，且 HGA 和 HGA@Ni 复合材料 D 峰与 G 峰的相对强度明显强于 GO。GO，HGA 和 HGA@Ni 复合材料的 I_D/I_G 值分别为 1.38、1.85和 1.72，由此得出 GO 经过还原后内部无序度和缺陷显著增加，与 XRD 分析相一致。

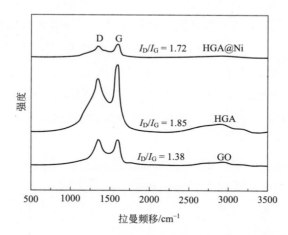

图 7.37　GO、HGA 和 HGA@Ni 复合材料的拉曼谱图

采用 X 射线能谱（XPS）对氧化石墨烯、疏水石墨烯气凝胶及磁性疏水石墨烯气凝胶的表面元素进行研究分析。氧化石墨烯、疏水石墨烯气凝胶及磁性疏水石墨烯气凝胶的 XPS 全谱、磁性疏水石墨烯气凝胶 C 1s 分峰谱图及 Ni 2p 谱图如图 7.38 所示，测试得到的复合材料各自表面所含元素原子分数如表 7.9 所示。由图 7.38(a) 可以得知，GO、HGA 和 HGA@Ni 复合材料主要由 C、O 两种

元素组成。经过水热及高温煅烧处理过后，与 GO 的 C、O 元素含量相比，HGA
和 HGA@Ni 试样的 C 元素含量明显升高、O 元素含量急剧下降，这是由于维生素
C 的化学还原和高温热还原共同作用致使 GO 大部分的含氧官能团被移除。图 7.38
(b) 为 HGA@Ni 复合材料的 C 1s 谱图，通过 origin 软件对其进行分峰拟合。如图
所示，C 1s 谱图中存在 284.4eV、286.3eV、286.7eV 和 289.0eV 四个特征峰，分
别对应于—C—C—/—C =C—、—C—OH、—C—O—和—C =O 四个官能团，
但其含氧官能团的强度明显小于 GO，进一步表明 GO 被还原生成石墨烯。然而
有趣的是，对于 HGA@Ni 复合材料，其 XPS 全谱和 Ni 2p 谱图均未探测出 Ni
的特征峰。究其原因可能是：首先 HGA@Ni 复合材料中 Ni 元素含量低于 XPS
能谱检测线，表 7.9 中标明复合材料中仅含有 0.15% 的镍元素，也进一步印
证了猜想；其次由于金属 Ni 纳米粒子小尺寸效应，致使其镶嵌在石墨烯片层
结构，因为 XPS 能谱检测的是表面化学元素，因此无法检测出 Ni 的特征峰。

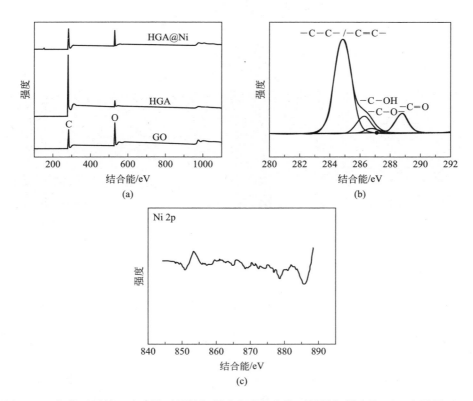

图 7.38　氧化石墨烯、疏水性石墨烯气凝胶和磁性疏水石墨烯气凝胶的 XPS 全谱图 (a)；
磁性疏水石墨烯气凝胶 C 1s 分峰谱图 (b) 及 Ni 2p 分峰谱图 (c)

表 7.9　XPS 测定复合材料中元素原子分数

样品	C/%	O/%	Ni/%
GO	72.93	27.03	0
HGA	95.12	4.88	0
HGA@Ni	77.55	22.30	0.15

　　为了进一步验证 HGA@Ni 复合材料的元素组成及分布，采用 EDS 能谱元素扫描分析对 HGA@Ni 复合材料进行表征，结果如图 7.39 所示。EDS 能谱分析表明 HGA@Ni 复合材料中存在少量的 Ni 元素，但元素组成主要为 C，其次是 O 元素，结果与 XPS 分析相一致。

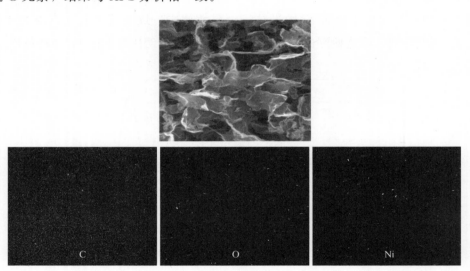

图 7.39　HGA@Ni 复合材料 EDS 元素 C、O 和 Ni 分析图

7.3.3　HGA@Ni 复合材料形貌分析

　　图 7.40 为 HGA@Ni 复合材料的扫描电镜及透射电镜图。如图 7.40(a)、(b) 所示，HGA@Ni 复合材料骨架具有相互连接的三维高排列多孔网络，互联网络的孔径约为几微米，孔壁由多层石墨烯薄片组成。另外，由图 7.40(c) 可知，超精细的 Ni 纳米晶均匀地分散在石墨烯片层的内外两侧或者被石墨烯片层包裹，且纳米粒子呈现大小均一的球形，无明显的团聚，石墨烯片层无明显的空白区域。因此，扫描电镜结果表明石墨烯片可有效地防止球形金属 Ni 粒子发生团聚，使其达到良好的分散效果，有利于形成多重界面效应，增强复合材料的微

波吸收性能。TEM 结果进一步证实金属 Ni 粒子的分布均匀性。由典型的 TEM
图 [图 7.40(d)] 可得，复合材料由大量褶皱透明的石墨烯片和超精细的金属粒
子组成，且 Ni 金属纳米粒子均匀地分散在石墨烯片上，无明显团聚，每个粒子
的直径大约为 8nm，与 XRD 结论相一致。图 7.40(f) 为单个 Ni 纳米粒子的晶
格图像，其晶格间距为 0.203nm，与 Ni 纳米粒子的 (111) 晶格平面相吻合。

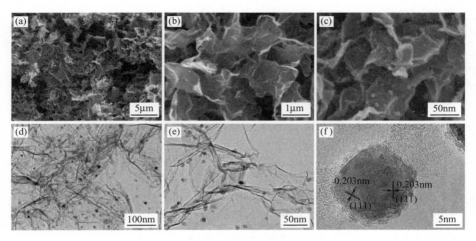

图 7.40　HGA@Ni 复合材料的 SEM [(a)、(b)、(c)] 及 TEM [(d)、(e)、(f)] 形貌图

7.3.4　HGA@Ni 复合材料的磁性能

　　试样的磁性能受其本身所含磁性粒子的形貌、大小及含量影响。采用振动样
品磁强计（VSM）测试样品的磁性能，得到材料的饱和磁化强度、矫顽力及剩
余磁化强度信息。图 7.41 为镍（Ni）、疏水石墨烯气凝胶（HGA）和磁性疏水
石墨烯气凝胶复合材料（HGA@Ni）的室温磁滞回线图。如图所示，HGA 的
饱和磁化强度很小，无磁性。Ni 和 HGA@Ni 复合材料的室温磁滞回线均呈突
出的 S 形，无明显的矫顽力及剩磁，表现出超顺磁性，其饱和磁化强度分别为
23.13emu/g 和 6.94emu/g。由于在复合材料中引入大量非磁性的石墨烯，且 Ni
磁性纳米粒子的含量较少，导致 Ni 粒子成为不连续相，使得 HGA@Ni 复合材
料的饱和磁化强度远远小于纯金属 Ni 的饱和磁化强度，磁性能减弱。另外，由
饱和磁化强度估算 HGA@Ni 复合材料中 Ni 的含量约为 30%，由表 7.10 可得
HGA@Ni 复合材料的矫顽力（几乎为 0）远远低于纯金属 Ni（5.85Oe），磁性
粒子的粒径越小，矫顽力越低，因此可以得出复合材料中石墨烯片可以防止磁性
纳米粒子团聚，降低其粒子大小。

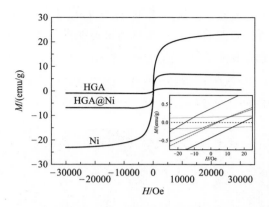

图 7.41　Ni、HGA 和 HGA@Ni 复合材料的室温磁滞回线

表 7.10　Ni、HGA 和 HGA@Ni 复合材料的磁性能

样品	M_s/(emu/g)	H_c/Oe	M_r/(emu/g)
纯 Ni	23.13	5.85	0.98
HGA	0.91	123.52	0.15
HGA@Ni	6.94	0	1.56

注：M_s 为饱和磁化强度；M_r 为剩余磁化强度；H_c 为矫顽力。

7.3.5　HGA@Ni 复合材料的疏水性能

采用静态接触角测量仪测试复合材料接触角，如图 7.42 所示。由于化学还原及高温热还原的双重作用，使得石墨烯复合材料展现良好的疏水性能。从图 7.42 可知，在油/水介质中，磁性石墨烯气凝胶全部均匀地分散在油介质中，在油/水分界面形成明显对比。另外，在不同的煅烧温度下，磁性石墨烯复合材料的接触角均大于 130°，且随着煅烧温度的升高，接触角不断增大。这是由于随着煅烧温度的不断升高，复合材料更多的含氧基团被移除，碳元素含量增高。

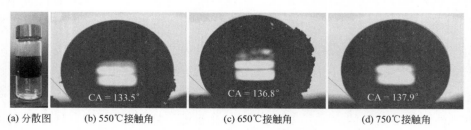

(a) 分散图　　(b) 550℃接触角　　(c) 650℃接触角　　(d) 750℃接触角

图 7.42　HGA@Ni 复合材料在油/水介质中的分散图及
复合材料在不同煅烧温度下的接触角

7.3.6　HGA@Ni 复合材料的吸波性能

通常，利用反射损耗（RL）评价吸波材料的微波吸收性能。从实际应用的角度来讲，一般以 $-10dB$ 为反射损耗（RL）阈值，低于 $-10dB$ 称为有效吸收值，代表吸收剂能有效吸收 90％的电磁波。图 7.43 为计算模拟得到的 Ni、HGA 和 HGA@Ni 复合材料的三维表征反射损耗值，以及 Ni、HGA 和 HGA@Ni 复合材料试样在 1～18GHz 的频率范围内、厚度为 3.0mm 时的反射损耗曲线，其中所有的同轴测试试样中粒子的质量分数均为 4.25％。在此，值得注意的是，纯金属 Ni 和 HGA 的微波吸收性能极差，在测试频率 1～18GHz、匹配厚度 1.5～5mm 范围内几乎不存在有效吸收值，说明单一的纯金属 Ni 和 HGA 材料在低填充量下无法实现有效吸收，不能做理想的吸波剂使用。然而，当通过合理技术手段将超精细的金属 Ni 负载在石墨烯片层上，构筑成三维多孔磁性石墨烯复合材料时，复合材料的微波吸收性能得以极大提高，当样品匹配厚度为 3.0mm 时，HGA@Ni 复合材料在频率 11.9GHz 处出现最大反射损耗值（$-52.3dB$），其有效吸收频

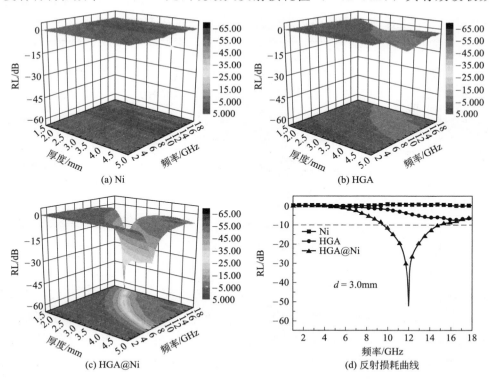

图 7.43　Ni、HGA 和 HGA@Ni 复合材料反射损耗值的三维图及样品在厚度为

3.0mm 时的反射损耗曲线

宽（−10dB 以下）覆盖范围从 11.3GHz 至 17.8GHz（6.5GHz）（$d=2.6$mm）。另外，反射损耗峰值随厚度的增加由高频明显向低频偏移。最大反射损耗（RL）和有效吸收频宽（EAB）是评价微波吸收特性的两个参数。有趣的是，有效吸收频宽随吸波剂厚度的增加而增加。因此，很难判断哪一个厚度是获得最佳微波吸收特性的吸收剂厚度的合适条件。因此，我们使用了积分区域（ΔS，RL 值低于−10dB）和微波吸收效率（RE）确定吸波性能，最终确定吸收剂厚度为 2.7mm 时可获得最佳的微波吸收性能。

微波吸收性能与吸波材料的复介电常数（$\varepsilon_r=\varepsilon'-\varepsilon''$）和复磁导率常数（$\mu_r=\mu'-\mu''$）相关。其中，实部（$\varepsilon'$ 和 μ'）和虚部（ε'' 和 μ''）分别表示电磁能量的储存能力和损耗能力。为了研究 Ni、HGA 和 HGA@Ni 复合材料的微波吸收特性，分别制备石蜡基的 Ni、HGA 和 HGA@Ni 复合材料，利用矢量网络分析仪测量其电磁参数，图 7.44(a)～(d) 分别显示了质量分数为 4.25% 的 Ni、HGA 和 HGA@Ni 复合材料的复介电常数和复磁导率的实部和虚部的频率依赖曲线。由图可知，HGA@Ni 复合材料的 ε' 和 ε'' 随频率的升高而逐渐减小，在高频处存在细微波动，且 ε' 和 ε'' 的数值远高于纯 Ni 纳米颗粒和 HGA。另外，Ni、HGA

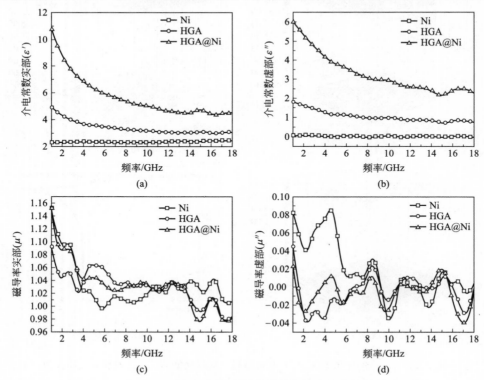

图 7.44 Ni、HGA 和 HGA@Ni 复合材料的复介电常数及复磁导率

和 HGA@Ni 复合材料的 μ' 值分别在 $1.00\sim1.15$、$0.98\sim1.09$ 和 $0.98\sim1.15$ 范围内，且波动变化大；与此同时，Ni、HGA 和 HGA@Ni 复合材料的 μ'' 值分别在 $-0.04\sim0.09$、$-0.04\sim0.05$ 和 $-0.04\sim0.02$ 范围内，HGA@Ni 纳米复合材料的复磁导率与 HGA 相差不大，略低于纯金属 Ni 纳米颗粒。然而，数值增幅不大的 μ' 和 μ'' 有利于改善材料的阻抗匹配特性，使得材料的微波吸收性能提高。

　　材料的微波吸收性能增强主要是由于其优异的介电损耗和磁损耗。图 7.45 分别为 Ni、HGA 和 HGA@Ni 复合材料的介电损耗角正切、磁损耗角正切、Cole-Cole 环及涡流损耗图。由图可知，Ni、HGA 和 HGA@Ni 复合材料的介电损耗的大小顺序为 Ni＜HGA＜HGA@Ni，且在 $1\sim18\text{GHz}$ 整个测试范围内介电损耗均远远大于磁损耗，说明在电磁波吸收或衰减过程中介电损耗起着重要的作用。一般来说，弛豫过程在介电常数行为中起着重要的作用，磁导率主要来自于涡流效应或自然共振和交换共振。通常，弛豫过程可以用 Cole-Cole 环来描述，如图 7.45(c) 所示，纯金属 Ni 纳米颗粒表现出多个 Cole-Cole 半圆图形，表明其存在多个连续的德拜偶极弛豫过程，而 HGA 和 HGA@Ni 复合材料的 Cole-Cole 环相似，表明其具有相似的损耗机制。由于高温煅烧过后，有助

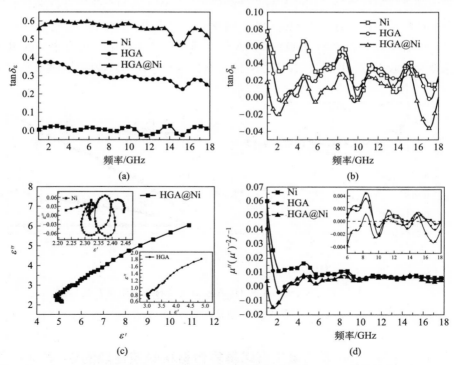

图 7.45　Ni、HGA 和 HGA@Ni 复合材料的介电损耗角正切（a）、磁损耗角正切（b）、
Cole-Cole 环（c）及涡流损耗（d）

于提高石墨烯材料的导电性，致使其具有较高的电导损耗能力，掩盖了极化损耗信号。此外，高比表面积的还原氧化石墨烯片堆积、搭接形成三维导电网络，为载流子的定向移动提供便利的运动通道，从而产生较高的电导损耗[8]。与二维片状石墨烯基复合材料相比，特殊的三维多孔结构可以束缚电磁波，使其在结构内部发生多重反射及散射，将电磁波转化成热能被消耗。通常认为，若磁损耗只源于涡流损耗，则涡流损耗因子在整个频率范围内应该是常数，不随频率的变化而变化。如图所示，在高频（10～18GHz）范围内，Ni、HGA 和 HGA@Ni 复合材料的涡流损耗因子几乎保持恒定值，这表明高频区的磁损耗只源于涡流损耗。由于超精细的 Ni 纳米晶存在的小尺寸效应，在其表面存在大量的悬挂键和缺陷，这些悬挂键和缺陷在电磁场的激发诱导下，可作为极化中心，增强电磁波损耗。

图 7.46 为纯金属 Ni、HGA 和 HGA@Ni 复合材料的阻抗匹配系数和吸收系数。从图 7.46(a) 可以看出，纯金属 Ni 单质具有最优异的阻抗匹配系数，说明大部分电磁波可以在其表面透过，进入材料内部，然而由于其吸收系数低，导致其微波吸收性能差；然而，从图 7.46(b) 可以看出，HGA 纳米薄片具有最好的衰减能力，其衰减值远远大于 1～18GHz 范围内的 Ni 纳米颗粒和 HGA@Ni 复合材料，但由于其较低的阻抗匹配系数，大部分电磁波在其表面发生反射，只有少部分进入材料内部进行损耗衰减，因此其吸收性能也不佳。而 HGA@Ni 复合材料具有适中的阻抗匹配系数，且远高于 HGA 纳米薄片。总的来说，HGA@Ni 复合材料可以有效地弥补单独的 Ni 纳米颗粒或 HGA 纳米薄片的这些缺陷，具有中等的阻抗匹配系数和吸收系数。因此，HGA@Ni 复合材料具有最佳的微波吸收性能。

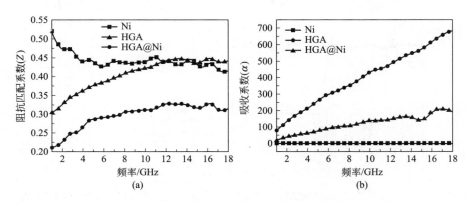

图 7.46 Ni、HGA 和 HGA@Ni 复合材料的阻抗匹配
系数（a）和吸收系数（b）

7.3.7 HGA@Ni 填充量对石蜡基复合材料吸波性能的影响

图 7.47 显示了不同 HGA@Ni 填充量的石蜡基复合材料微波吸收性能。从

图 7.47 可见，不同 HGA@Ni 填充量的石蜡基复合材料最小反射损耗值随着厚度的增大均逐渐移向低频，HGA@Ni 填充量为 4％的石蜡基复合材料最小反射损耗值达到－30dB 左右。随着 HGA@Ni 填充量增加到 4.25％，石蜡基 HGA@Ni 复合材料的微波吸收性能显著提高，最小反射损耗及有效吸收频宽明显优于前者。进一步增加 HGA@Ni 填充量，反射损耗逐渐减小，微波吸收性能变弱。原因是：随着 HGA@Ni 填充量的不断增大，石蜡基复合材料的复介电常数过度增大，而复磁导率几乎保持稳定，这种单边变化最终导致复合材料的阻抗匹配失衡，微波吸收性能减弱。不同 HGA@Ni 填充量的石蜡基复合材料微波吸收性能及电磁参数范围分别列于表 7.11 和表 7.12 中。由表 7.11 可得，4.25％ HGA@Ni 填充量的石蜡基复合材料的最小反射损耗和有效吸收频宽均优于其他比例的复合材料，因此通过 HGA@Ni 填充量变化可以很容易地调整复合材料的微波吸收性能。由表 7.12 可知，HGA@Ni 复合材料的介电常数实部和虚部大体上随着填充量的升高而增大，依据有效介质理论可以解释这种变化规律。

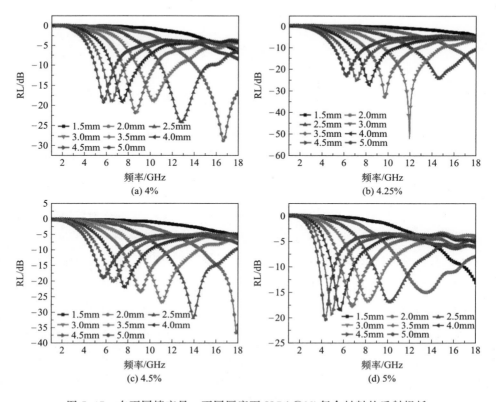

图 7.47　在不同填充量、不同厚度下 HGA@Ni 复合材料的反射损耗

表 7.11　不同 HGA@Ni 填充量的石蜡基复合材料的微波吸收性能

填充量	RL_{min}/dB	频率范围(RL<-10dB)/GHz	EAB/GHz
4%	-28.9	12.4~18	5.6
4.25%	-52.3	11.3~18	6.7
4.5%	-36.7	11.75~18	6.25
5%	-16.9	13.0~18	5.0

注：RL_{min}为最小反射损耗；EAB 为有效吸收频宽（RL≤-10dB）。

表 7.12　不同 HGA@Ni 填充量的复合材料的电磁参数范围

样品	ε'	ε''	μ'	μ''
4%	5.57~10.18	2.08~3.34	0.91~1.08	-0.05~0.05
4.25%	4.46~10.75	2.47~6.09	0.98~1.16	-0.04~0.02
4.5%	4.55~12.29	2.44~6.75	0.96~1.12	-0.05~0.03
5%	6.75~15.80	4.46~5.68	0.87~1.09	-0.11~0.04

7.3.8　煅烧温度对 HGA@Ni 复合材料吸波性能的影响

复合材料的化学成分和微观结构特征高度依赖于热解温度，进而影响复合材料的微波吸收性能。当热解温度分别设定到 450℃、550℃、650℃时，HGA@Ni 在不同填充量（3%、4%、5%）下的微波吸收性能存在较大差异，如图 7.48~图 7.50 所示。450℃热解温度条件下 4% HGA@Ni 填充量的石蜡基复合材料的最大反射损耗仅为-32.0dB，厚度为 5.0mm，吸波剂匹配厚度在 1.5~5mm 范围内时，有效吸收频宽为 14.8GHz；填充量升高，复合材料的微波吸收性能逐渐提高。有趣的是，升高煅烧温度，同等填充量下，石蜡基复合材料的微波吸收性能也存在差异，随着热解温度的升高，同等填充量下石蜡基复合材料的介电常数逐渐升高，介电损耗逐渐增大，而磁导率几乎保持稳定，无明显变化，单一参数变化最终导致复合材料的阻抗匹配失衡，微波吸收性能减弱。因此，其电磁特性受煅烧温度控制，复合材料的微波吸收性能受衰减特性和匹配特性支配，有效的介电损耗和磁损耗之间存在平衡。

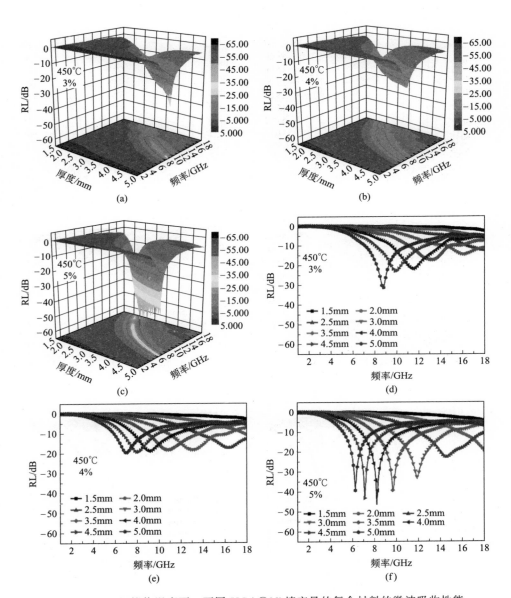

图 7.48　450℃煅烧温度下，不同 HGA@Ni 填充量的复合材料的微波吸收性能

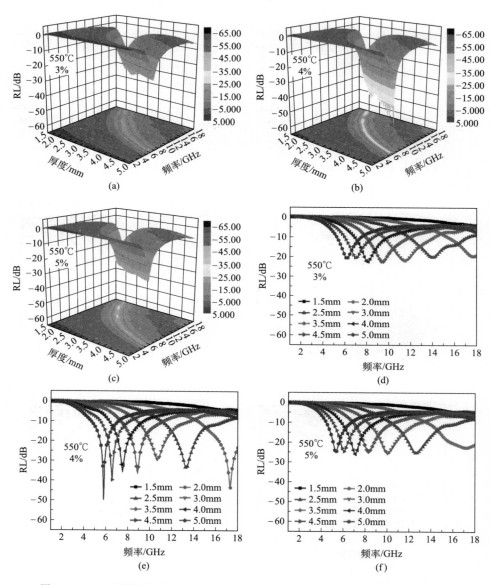

图 7.49 550℃煅烧温度下，不同 HGA@Ni 填充量的复合材料的微波吸收性能

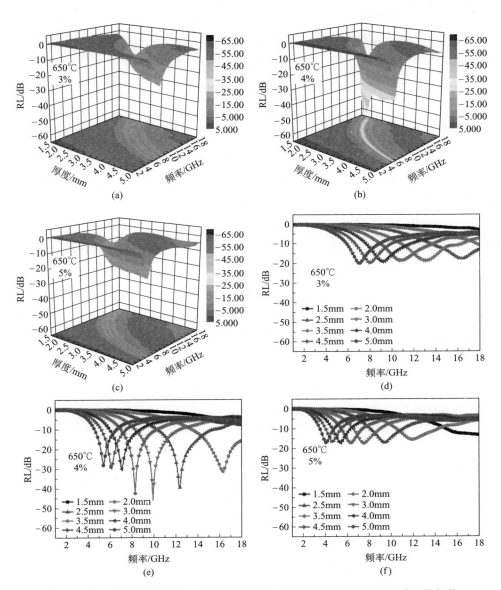

图 7.50　650℃煅烧温度下，不同 HGA@Ni 填充量的复合材料的微波吸收性能

7.4 结论

基于 3D 结构石墨烯材料具有高比表面积、高孔隙率、优异的导电导热及力学性能，本章通过高温化学还原自组装法及高温原位热解过程，将不同磁性纳米粒子通过化学还原同步沉积或高温原位热解负载在 3D 石墨烯气凝胶结构中，构筑多功能、高效能的磁性石墨烯气凝胶复合吸波材料。采用 XRD、Raman 光谱、XPS、SEM、TEM 及 VSM 等技术手段对复合材料的晶相结构、化学元素组成、微观形貌及磁性能进行表征分析；利用矢量网络分析仪以同轴法测试复合材料的电磁参数，运用 Matlab 模拟软件计算模拟其反射损耗，并详细探讨复合材料对电磁波的吸收损耗机制。具体结论如下。

（1）采用化学还原自组装及高温原位热解法，以氧化石墨烯、聚乙烯醇、金属乙酰丙酮络合物及维生素 C 为原料，将不同磁性金属纳米粒子通过高温原位热解负载在还原氧化石墨烯片上，分别构筑了 SHGA@Fe$_3$O$_4$、SHGA@Co、HGA@Ni 三种不同磁性石墨烯气凝胶复合材料。复合材料呈现 3D 褶皱结构，并表现出疏水性和超顺磁性。与单纯石墨烯及纯金属粒子相比，磁性石墨烯气凝胶复合材料的微波吸收性能有很大程度的提高。SHGA@Fe$_3$O$_4$、SHGA@Co、HGA@Ni 三种磁性石墨烯气凝胶复合材料的最小反射损耗分别达到 -57.94dB、-51.6dB、-52.3dB；有效吸收频宽分别为 5.7GHz、6.2GHz、6.5GHz。从微波吸收机理分析可知，优异的微波吸收性能得益于复合材料内部存在的多重损耗机制，包括石墨烯与金属粒子之间及金属粒子本身之间的界面极化，石墨烯的 Maxwell-Wagner 松弛、德拜松弛、偶极极化、电子/离子极化等介电损耗机理；金属粒子的电子极化、交换共振及自然共振等磁损耗机理；独特的 3D 褶皱结构为电磁波的多重反射折射提供通道，增强对电磁波损耗。

（2）3D 褶皱、高比表面积的石墨烯气凝胶为负载金属粒子提供有利条件，经过化学还原及高温煅烧热还原之后，氧化石墨烯表面的大量含氧官能团被移除，使得制备的磁性功能化石墨烯气凝胶具有良好的疏水性能。SHGA@Fe$_3$O$_4$、SHGA@Co、HGA@Ni 三种复合材料的接触角随煅烧温度的升高而增大，最大接触角分别达到 151.8°、152.0°、137.9°，其中 SHGA@Fe$_3$O$_4$、SHGA@Co 复合材料表现出更优异的超疏水性能。

（3）吸波剂的匹配厚度、煅烧温度及磁性粒子的负载量对磁性石墨烯气凝胶复合材料的微波吸收性能有着重要影响。随着匹配厚度的增加，最小吸收峰向低频移动；磁性粒子负载量升高，吸收峰向高频移动；升高煅烧温度，复合材料可以在低填充量条件下实现较好的吸收性能。

参 考 文 献

[1] Xu Dongwei, Liu Jialiang, Chen Ping, Yu Qi, Wang Jing, Yang Sen, Guo Xiang. In situ growth and pyrolysis synthesis of super-hydrophobic graphene aerogels embedded with ultrafine beta-Co nanocrystals for microwave absorption [J] . J. Mater. Chem C, 2019, 7 (13): 3869-3880.

[2] Xu Dongwei, Yang Sen, Chen Ping, Yu Qi, Xiong Xuhai, Wang Jing. Synthesis of magnetic graphene aerogels for microwave absorption by a in-situ pyrolysis [J] . Carbon, 2019. 146: 301-312.

[3] 陈平, 徐东卫, 熊需海, 于祺, 郭翔, 王琦. 一种负载磁性纳米粒子的石墨烯气凝胶复合材料的制备方法 [P] . 中国发明专利, CN201810232119. X, 2018-03-21.

[4] Jian X, Wu B, Wei W F, et al. Facile synthesis of Fe_3O_4/GCs composites and their enhanced microwave absorption properties [J] . ACS Applied Materials Interfaces, 2016, 8: 6101-6109.

[5] Zhang C, Wang B C, Xiang J Y, et al. Microwave absorption properties of CoS_2 nanocrystals embedded into reduced graphene oxide [J] . ACS Applied Materials Interfaces, 2017, 9: 28868-28875.

[6] Wu N N, Liu C, Xu D M, et al. Enhanced electromagnetic wave absorption of three dimensional porous Fe_3O_4/C composite flowers [J] . ACS Sustainable Chemical Engineering, 2018, 6: 12471-12480.

[7] Zheng X L, Feng J, Zong Y, et al. Hydrophobic graphene nanosheets decorated by monodispersed superparamagnetic Fe_3O_4 nanocrystals as synergistic electromagnetic wave absorbers [J] . Journal of Materials Chemistry C, 2015, 3: 4452-4463.

[8] Liu W W, Li H, Zeng Q P, et al. Fabrication of ultralight three-dimensional graphene networks with strong electromagnetic wave absorption properties [J] . Journal of Materials Chemistry A, 2015, 3: 3739-3747.

[9] Zhang X M, Ji G B, Liu W, et al. Thermal conversion of an Fe_3O_4@metal-organic framework: a new method for an efficient Fe-Co/nanoporous carbon microwave absorbing material [J] . Nanoscale, 2015, 7: 12932-12942.

[10] Ren F, Song D P, Li Z, et al. Synergistic effect of graphene nanosheets and carbonyl iron-nickel alloy hybrid filler on electromagnetic interference shielding and thermal conductivity of cyanate ester composites [J] . Journal of Materials Chemistry C, 2018, 6: 1476-1486.

[11] Pan G H, Zhu J, Ma S L, et al. Enhancing the electromagnetic performance of Co through the phase-controlled synthesis of hexagonal and cubic Co nanocrystals grown on graphene [J] . ACS Applied Materials Interfaces 2013, 5: 12716-12724.

[12] Zeng Q, Chen P, Yu Q, et al. Self-assembly of ternary hollow microspheres with strong wideband microwave absorption and controllable microwave absorption properties [J] . Scientific Reports, 2017, 7: 8388-8396.

[13] Bai Z Y, Guo X Q, Liu Y F, et al. International conference on intelligent manufacturing and materials [C]. 2016.

[14] Lin S A, Yu J H, Wang F H, et al. Microwave absorbing properties of Co/reduced graphene oxide in Ku-band [J]. Functional Materials Letters, 2013, 6: 1350042.

[15] Qi X S, Hu Q, Xu J L, et al. The synthesis and excellent electromagnetic radiation absorption properties of core/shellstructured Co/carbon nanotube-graphene nanocomposites [J]. RSC Advances, 2016, 6, 11382-11387.

[16] Yuan J T, Liu Q C, Li S K, et al. Metal organic framework (MOF)-derived carbonaceous Co_3O_4/Co microframes anchored on RGO with enhanced electromagnetic wave absorption performances [J]. Synthetic Metals, 2017, 228: 32-40.

[17] Yu M, Wang L R, Yang P G, et al. Preparation and high-performance microwave absorption of hierarchical dendrite-like Co superstructures self-assembly of nanoflakes [J]. Nanotechnology, 2017, 28: 485703.

[18] Liu L L, Wang L, Li Q Q, et al. High-performance microwave absorption of MOF-derived core-shell Co@N-doped carbon anchored on reduced graphene oxide [J]. ChemNanoMat, 2019, 5: 1-9.

[19] Fu C, He D W, Wang Y S, et al. Enhanced microwave absorption performance of RGO-modified Co@C nanorods [J]. Synthetic Metals, 2019, 257: 116187.

[20] Zhao H Q, Cheng Y, Zhang Y N, et al. Core-shell hybrid nanowires with Co nanoparticles wrapped in N-doped porous carbon for lightweight microwave absorption [J]. Dalton Transactions, 2019, 48: 15263-15271.

[21] Liu T S, Liu N, Gai L X, et al. Hierarchical carbonaceous composites with dispersed Co species prepared using the inherent nanostructural platform of biomass for enhanced microwave absorption [J]. Microporous and Mesoporous Materials, 2020, 302: 110210.

作者简介

陈平，男，工学博士。大连理工大学化工学院材料学科教授、博士生导师。享受国务院政府特殊津贴专家。现任辽宁省先进聚合物基复合材料工程重点实验室主任兼学科带头人。现（曾）兼任中国材料研究学会终身会员；中国复合材料学会理事、界面科学与工程专业委员会委员；全国橡塑技术专家委员会第一届委员；中国化工学会新材料专委会委员；辽宁省航空宇航学会学术委员会副主任；教育部、辽宁省等省部级科学技术奖同行评审专家；国家级学术期刊《材料研究学报》第四届、第五届编委。

长期从事高性能高分子材料和先进聚合物基复合材料方面的研究工作。在新型耐高温树脂设计合成与功能化改性、纤维表面低温等离子体改性技术与结构表征、复合材料界面结构调控与制备技术方面取得重要成就。承担完成国家重点科技攻关项目、国家 863 计划项目、国防基础科研重点项目、装备预研项目和国家与省部级科技基金项目 30 余项。研究成果广泛应用于航空航天、交通运输、石油化工、电子电气等高科技领域，先后获得国家技术发明奖 2 项；中国专利奖 1 项；省部级科学技术一、二等奖 18 项。获得国家发明专利授权 50 余项。发表学术论文 210 余篇，其中 160 篇被 SCI 收录、180 余篇被 EI 收录。出版《环氧树脂》《环氧树脂及其应用》《先进聚合物基复合材料界面及纤维表面改性》《含芳杂环结构双马来酰亚胺树脂》《双马树脂基复合材料空间损伤与界面改性》学术专著 5 部；出版教材 2 部；其中《高分子合成材料学》获得"十一五"国家级规划教材用书。先后获得 1996 年黑龙江省第四届青年科技奖、1999 年国务院政府特殊津贴，2003 年首届"辽宁省十大青年科技英才"，2004 年"辽宁省新世纪百千万人工程"百人计划，2005 年第三届"侯德榜化工科学技术奖"青年奖，2006 年由其领导组建的"先进聚合物基复合材料"团队入选首批辽宁省高校科技创新团队；2008 年首届"中国石油与化学工业协会"青年科技突出贡献奖，2010 年大连市第五批优秀专家、2014 年辽宁省第九届优秀科技工作者、2018 年第七批辽宁省优秀专家、2018 年第十届侯德榜化工科学技术奖创新奖、首批辽宁省兴辽英才计划科技创新领军人才、辽宁省特聘教授、辽宁省学术头雁等荣誉称号。主持完成的"系列耐高温双马树脂及其复合材料"入选首届中国科学技术协会"科创中国先导技术"-先进材料领域 10 强榜单。